工贸企业安全生产标准化工作指南

（电解铝、氧化铝、有色金属压力加工、有色重金属冶炼企业适用）

国家安全生产监督管理总局宣传教育中心　编

团结出版社

内容提要

本书主要内容包括安全生产标准化概述、工贸企业安全生产标准化工作、电解铝（含熔铸、碳素）企业安全生产标准化考评内容与考核评分标准、氧化铝企业安全生产标准化考评内容与考核评分标准、有色金属压力加工企业安全生产标准化考评内容与考核评分标准、有色重金属冶炼企业安全生产标准化考评内容与考核评分标准等。

本书具有权威指导性、实用性和可操作性，内容全面，深入浅出，是安全监管部门的相关负责人，以及电解铝（含熔铸、碳素）、氧化铝、有色金属压力加工、有色重金属冶炼企业的主要负责人、管理人员、安全标准化工作负责人员和实际操作人员开展的安全生产标准化达标创建、评级评审的必备工作用书，也可作为配套的培训教材。

图书在版编目（CIP）数据

工贸企业安全生产标准化工作指南 / 国家安全生产监督管理总局宣传教育中心编 . —北京：团结出版社，2012.1

企业安全生产标准化培训统编教材

ISBN 978-7-5126-0712-5

Ⅰ . ①工… Ⅱ . ①国… Ⅲ . ①对外贸易－商业加工－加工企业－安全生产－标准化－技术培训－教材　Ⅳ . ① F406.2-65

中国版本图书馆 CIP 数据核字 (2011) 第 248554 号

出　　版：	团结出版社
	（北京市东城区东皇城根南街 84 号 邮编：100006）
电　　话：	（010）65228880 65244790（出版社）
销售电话：	（010）87952246 87952248
网　　址：	www.tjpress.com
E-mail：	65244790@163.com
经　　销：	全国新华书店
印　　刷：	北京市通州天宝印刷厂
开　　本：	787×1092 1/16
字　　数：	385 千字
版　　次：	2012 年 1 月第 1 版
印　　次：	2012 年 1 月第 1 次印刷
书　　号：	ISBN 978-7-5126-0712-5
定　　价：	98.00 元

前　言

在《国务院关于进一步加强企业安全生产工作的通知》要求企业全面开展达标之后，2011 年 11 月下发的《国务院关于坚持科学发展安全发展促进安全生产形势持续稳定好转的意见》再次强调：推进安全生产标准化建设，对在规定期限内未达标的企业，要依法暂扣其生产许可证、安全生产许可证，责令停产整顿；对整改逾期仍未达标的，要依法予以关闭。其要求可谓十分严格。

国务院安委会办公室下发的《关于深入开展全国冶金等工贸企业安全生产标准化建设的实施意见》（安委办〔2011〕18 号）中明确要求各类工贸企业全面开展安全生产标准化建设工作，实现企业安全管理标准化、作业现场标准化和操作过程标准化。2013 年底前，规模以上工贸企业实现安全达标；2015 年底前，所有工贸企业实现安全达标。国家安监总局也相继发布了《全国冶金等工贸企业安全生产标准化考评办法》、《冶金等工贸企业安全生产标准化建设评审工作管理办法》以及电解铝（含熔铸、碳素）、氧化铝、有色金属压力加工、有色重金属冶炼企业等安全生产标准化专业评定标准，对工贸企业安全生产标准化达标标准、评审条件与评审程序等，予以最新的规范。

为了有助于各地安监部门以及工贸企业按照国家对安全生产标准化工作的**最新规范性要求**，开展安全生产标准化的达标创建，国家安监总局宣传教育中心特编写了这本《工贸企业安全生产标准化工作指南》（电解铝、氧化铝、有色金属压力加工、有色重金属冶炼企业适用）。

该书内容主要围绕工贸企业安全生产标准化的创建依据以及安全生产标准化的创建要求与考核标准两个核心问题展开，回答了工贸企业开展安全生产标准化创建的“**依据是什么**”、“**究竟应该怎么做**”，并具有以下突出特点：

具有权威指导性：该书以国务院安委会、国家安监总局新近印发的规范性文件和制定的相关标准为编写依据，全面系统地梳理了工贸企业安全生产标准化创建应遵守的规范性要求以及相关的评级评分办法、评审标准，并对相关的标准进行了**逐条解读**。对如何正确理解、掌握冶金企业安全生产标准化创建的相关标准、规范开展安全生产标准化的评级评分、评审等工作具有权威指导性。

具有很强的**实用性和可操作性**：本书把“**创建与考核**”作为重点，在核心内容部分，将电解铝（含熔铸、碳素）、氧化铝、有色金属压力加工、有色重金属冶炼企业等4个安全生产标准化评定标准依次逐条展开，每一条都按照标准化创建要求、考评内容与评分标准的顺序讲解，在重点讲解了"创建要求"的基础上，以表格形式，逐条明确了每一项的**考评内容——标准分值——考评办法**，非常清晰地涵盖了安全标准化创建的要求与考评标准，明确的指出安全生产标准化创建需要做什么，应该怎样做，具有很强的实用性。

该书不仅具有规范指导性，而且内容全面、深入浅出，力求一看就能懂，拿来就能用；是安全监管部门的相关负责人，以及电解铝（含熔铸、碳素）、氧化铝、有色金属压力加工、有色重金属冶炼企业的主要负责人、管理人员、安全标准化工作负责人员和实际操作人员开展的安全生产标准化达标创建、评级评审的必备工作用书，也可作为配套的培训教材。

由于编者水平有限，不妥之处敬请批评指正，以便修订。

编 者

目 录

第一章 安全生产标准化概述

第一节 安全生产标准化的相关概念

一、标准的相关概念

标准是对重复性事物和概念所做的统一规定。它以科学、技术和实践经验的综合成果为基础，经有关方面协商一致，由主管机构批准，以特定形式发布，作为共同遵守的准则和依据。该定义包含以下几个方面的含义。

（1）标准的本质属性是一种"统一规定"。这种统一规定是作为有关各方"共同遵守的准则和依据"。

（2）标准制定的对象是重复性事物和概念。这里讲的重复性指的是同一事物或概念反复多次出现的性质。只有当事物或概念具有重复出现的特性并处于相对稳定时才有制定标准的必要，使标准作为今后实践的依据，以最大限度地减少不必要的重复劳动，又能扩大"标准"重复利用范围。

（3）标准产生的客观基础是"科学、技术和实践经验的综合成果"。这就是说标准既是科学技术成果，又是实践经验的总结，并且这些成果和经验都是经过分析、比较、综合和验证基础上，加之规范化，只有这样制定出来的标准才能具有科学性。

（4）制定标准过程要"经有关方面协商一致"，就是制定标准要发扬技术民主，与有关方面协商一致，做到"三稿定标"，即征求意见稿—送审稿—报批稿。这样制定出来的标准才具有权威性、科学性和适用性。

（5）标准文件有其自己一套特定格式和制定颁布的程序。标准的编写、印刷、幅面格式和编号、发布的统一，既可保证标准的质量，又便于资料管理，体现了标准文件的严肃性。所以，标准必须由主管机构批准，以特定形式发布。标准从制定到批准发布的一整套工作程序和审批制度，是使标准本身具有法规特性的表现。

（一）我国标准的分级

《中华人民共和国标准化法》将我国标准分为国家标准、行业标准、地方标准（DB）、企业

标准 (QB) 四级。

国家标准是指对全国经济技术发展有重大意义，需要在全国范围内统一的技术要求所制定的标准。国家标准在全国范围内适用，其他各级标准不得与之相抵触。国家标准是四级标准体系中的主体。

（1）国家标准由国务院标准化行政主管部门负责组织制定和审批。

（2）国家标准的制定对象：

①通用技术术语、符号、代号（含代码）、文件格式，制图方法等通用技术语言要求和互换配合要求；

②保障人体健康和人身、财产安全的技术要求，包括产品的安全、卫生要求，生产、储存、运输和使用中的安全、卫生要求，工程建设的安全、卫生要求，环境保护的技术要求；

③基本原料、燃料、材料的技术要求；

④通用基础件的技术要求；

⑤通用的试验、检验方法；

⑥工农业生产、工程建设、信息、能源、资源和交通运输等通用的管理技术要求；

⑦工程建设的重要技术要求；

⑧国家需要控制的其它重要产品和工程建设的通用技术要求。

行业标准是指对没有国家标准而又需要在全国某个行业范围内统一的技术要求，所制定的标准。行业标准是对国家标准的补充，是专业性、技术性较强的标准。行业标准的制定不得与国家标准相抵触，国家标准公布实施后，相应的行业标准即行废止。

（1）行业标准由国务院有关行政主管部门负责制定和审批，并报国务院标准化行政主管部门备案。

（2）行业标准制定对象：对没有国家标准又需要在行业范围内统一的下列技术要求，可以制定行业标准：

①技术术语、符号（含代码）、文件格式、制图方法等通用技术语言；

②工农业产品的品种、规格、性能参数、质量标准、试验方法以及安全、卫生要求；

③工农业产品的设计、生产、检验、包装、储存、运输过程中的安全、卫生要求；

④通用零部件的技术要求；

⑤产品结构要素和互换配合要求；

⑥工程建设的勘察、规划、设计施工及验收的技术要求和方法；

⑦信息、能源、资源、交通运输的技术要求及其管理技术要求。行业标准不得与国家标准相抵触。在相应国家标准批准实施之后，该项行业标准即行废止。

地方标准是指对没有国家标准和行业标准而又需要在省、自治区、直辖市范围内统一工业产品的安全、卫生要求所制定的标准，地方标准在本行政区域内适用，不得与国家标准和标业标准相抵触。国家标准、行业标准公布实施后，相应的地方标准即行废止。

（1）地方标准由省级政府标准化行政主管部门负责制定和审批，并报国务院标准化行政主管部门和国务院有关行政主管部门备案。在相应国家标准或行业标准批准实施之后，该项地方标准即行废止。

（2）地方标准制定对象：对没有国家标准和行业标准而又需要在省、自治区、直辖市范围内统一的下列技术要求，可以制定地方标准：

①工业产品的安全、卫生要求；

②药品、兽药、食品卫生、环境保护、节约能源、种子等法律、法规规定的要求；

③其它法律、法规规定的要求。

企业标准是指企业所制定的产品标准和在企业内需要协调、统一的技术要求和管理、工作要求所制定的标准。企业标准是企业组织生产，经营活动的依据。企业标准有以下几种：

（1）企业生产的产品，没有国家标准、行业标准和地方标准的，应当制定的企业产品标准；

（2）为提高产品质量和促进技术进步制定严于国家标准、行业标准或地方标准的企业产品标准；

（3）对国家标准、行业标准的选择或补充的标准；

（4）工艺、工装、半成品等方面的技术标准；

（5）生产、经营活动中的管理标准和工作标准。企业产品标准、应在批准发布 30 日内向当地标准化行政主管部门和有关行政主管部门备案。

（二）标准的性质

国家标准、行业标准和地方标准的性质分为两类：强制性标准和推荐性标准。

强制性标准是国家通过法律的形式明确要求对于一些标准所规定的技术内容和要求必须执行，不允许以任何理由或方式加以违反、变更，这样的标准称之为强制性标准，包括强制性的国家标准（其代号为"GB"）、行业标准和地方标准（其代号为"DB"）。对违反强制性标准的国家将依法追究当事人法律责任。

推荐性标准是指国家鼓励自愿采用的具有指导作用而又不宜强制执行的标准，即标准所规定的技术内容和要求具有普遍的指导作用，允许使用单位结合自己的实际情况，灵活加以选用。但推荐性标准如经协商，并计入经济合同或企业向用户作出明示担保，有关各方则必须执行，做到统一。推荐性标准同样包括推荐性的国家标准（其代号为"GB/T"）、行业标准和地方标准（其代号为"DB/T"）。

（三）标准的分类

按照标准制定对象，通常把标准分为技术标准、管理标准和工作标准三大类。

1. 技术标准

技术标准是指对标准化领域中需要协调统一的技术事项所制定的标准。技术标准的种类分为基础标准、产品标准、方法标准、安全卫生与环境保护标准等四类。

（1）基础标准

基础标准是指在一定范围内作为其他标准的基础并具有广泛指导意义的标准。包括：标准化工作导则，如 GB/T1.4《化学分析方法标准编写规定》；通用技术语言标准；量和单位标准；数值与数据标准，如 GB/T8170《数值修约规则》等。

（2）产品标准

产品标准是指对产品结构、规格、质量和检验方法所做的技术规定。

（3）方法标准

方法标准是指产品性能、质量方面的检测、试验方法为对象而制定的标准。其内容包括检测或试验的类别、检测规则、抽样、取样测定、操作、精度要求等方面的规定，还包括所用仪器、设备、检测和试验条件、方法、步骤、数据分析、结果计算、评定、合格标准、复验规则等。

（4）安全、卫生与环境保护标准

这类标准是以保护人和物的安全、保护人类的健康、保护环境为目的而制定的标准。这类标准一般都要强制贯彻执行的。

2．管理标准

管理标准是指对标准化领域中需要协调统一的管理事项所制定的标准。

3．工作标准

工作标准是指对工作的责任、权利、范围、质量要求、程序、效果、检查方法、考核办法所制定的标准。

（四）安全生产标准（AQ）

经国家标准化管理委员会２００４年５月２０日批准，原国家安全生产监督管理局负责制定颁布有关安全生产的行业标准，标准代号为ＡＱ，行业标准的范围包括除矿用电气设备以外的矿山安全、劳动防护用品、危险化学品安全管理、烟花爆竹安全管理和工矿商贸安全生产规程等。

《安全生产行业标准管理规定》（原国家安全生产监督管理局令第 14 号）规定，下列事项应当制定相应的安全生产标准：

（1）劳动防护用品和矿山安全仪器仪表的品种、规格、质量、等级及劳动防护用品的设计、生产、检验、包装、储存、运输、使用的安全要求；

（2）为实施矿山、危险化学品、烟花爆竹安全管理而规定的有关技术术语、符号、代号、代码、文件格式、制图方法等通用技术语言和安全技术要求；

（3）生产、经营、储存、运输、使用、检测、检验、废弃等方面的安全技术要求；

（4）工矿商贸安全生产规程；

（5）生产经营单位的安全生产条件；

（6）应急救援的规则、规程、标准等技术规范；

（7）安全评价、评估、培训考核的标准、通则、导则、规则等技术规范；

（8）安全中介机构的服务规范与规则、标准；

（9）安全生产监督管理和煤矿安全监察工作的有关技术要求；

（10）法律、行政法规规定的其他安全技术要求。

安全生产标准分为强制性标准和推荐性标准。安全生产标准内容涉及需要强制执行的安全生产条件、安全管理等的，为强制性标准；其他为推荐性标准。安全生产标准与其他行业标准之间应当协调、统一。安全生产标准实施后需要上升为国家标准的，应当及时上升为国家标准。安全生产标准在相应的国家标准实施后，即行废止。

二、安全生产标准化活动相关概念

（一）安全生产标准化

根据《企业安全生产标准化基本规范》（AQ/T9006—2010），安全生产标准化，简称安全标准化，是指通过建立安全生产责任制，制定安全管理制度和操作规程，排查治理隐患和监控重大危险源，建立预防机制，规范生产行为，使各生产环节符合有关安全生产法律法规和标准规范的要求，人、机、物、环处于良好的生产状态，并持续改进，不断加强企业安全生产规范化建设。

安全生产标准化要求生产经营单位分析生产安全风险，建立预防机制，健全科学的安全生产责任制、安全生产管理制度和操作规程，各生产环节和相关岗位的安全工作符合法律法规、标准规程的要求，达到和保持一定的标准，并持续改进、完善和提高，使企业的人、机、环始终处在最好的安全状态下运行，进而保证和促进企业在安全的前提下健康快速发展。

安全生产标准化与《标准化法》中的"标准化"是不同的。《标准化法》中的"标准化"主要是通过制定、实施国家、行业等标准，来规范各种生产行为，以获得最佳生产秩序和社会效益的过程，二者有所不同。

（二）安全生产标准化活动与安全质量标准化

安全生产标准化活动是企业按照国家法律法规及标准，制定符合自身特点的各工种和岗位操作规程和作业场所标准，规范从业人员的行为，保障作业场所的安全条件，并逐步改进和提高标准，通过日常活动使安全生产工作标准化、制度化和长效化。安全生产标准化活动实质就是贯彻国家安全生产法律法规和相关标准规范，安全生产标准化活动的核心就是对照标准进行隐患排查整改，安全生产标准化活动的目的就是企业不断提高安全生产水平，达到安全标准，实现本质安全。

安全生产标准化活动覆盖企业生产经营的各个方面，不仅包括生产活动，也包括管理活动；不仅包括各工艺环节的安全标准化，也包括后勤保障各环节的安全标准化；不仅包括技术标准，而且包括操作规范；不仅涉及到每个岗位的安全操作，而且涉及到每个员工的责任和行动。等等。由此可见，安全生产标准化覆盖企业生产经营全过程各个层面、各个岗位和人员，使企业实现"全员、全过程、全方位"安全生产。

安全生产标准化活动源自安全生产质量标准化工作，而安全质量标准化，就是将标准化工作引入和延伸到安全工作中，它是企业全部标准化工作中最重要的组成部分。

安全质量标准化是煤矿企业率先提出的，是煤矿安全工作的一项创新。与传统意义上的质量标准化相比较有所不同：

一是突出了"安全第一"的方针；

二是强调企业安全生产工作的规范化和标准化；

三是体现了安全与质量之间的内在联系，把安全和质量作为一项完整的工作来抓；

四是起点更高，标准更严。

（三）安全生产标准化活动与安全标准化工作

安全生产标准化活动涵盖标准化工作，标准化工作是安全生产标准化活动的基础，安全生产标准化活动是标准化工作的载体和实现形式。安全生产标准化活动首先包括企业内部的标准化工作，即企业制定和执行符合自身特点的安全生产标准规范和操作规程，同时也包括全员排查安全隐患、持续改进提高安全生产水平等活动。其实质是把安全生产标准化工作提升为一种持续开展、全员参与的"日常活动"，强调的是通过开展相关活动，实现安全生产标准化工作的常态化、制度化和长效化。

（四）安全生产标准化活动与创建"安全生产标准化企业"

安全生产标准化活动是企业建立安全生产标准化体系，并运行和不断改进的过程。开展安全生产标准化活动的核心是使企业不断达到更高的安全标准，提高安全生产整体水平。按照有关要求，企业必须开展安全生产标准化活动，具有一定的强制性。

而创建标准化企业，通过有资质的中介机构评定达到标准化企业，是企业的一种自愿行为。但两者之间是相辅相成的，通过全面推动安全生产标准化活动，促使更多企业参与创建标准化企业，用更高的标准来提升企业的总体安全水平；另一方面，更多的企业达到标准化企业，会更进一步印证标准化活动的水平和活力。

（五）安全生产标准化活动与职业安全体系认证

安全生产标准化活动是贯彻国家法规、标准，是政府的强制行为，而体系认证为企业自愿行为；体系认证规定的体现的是原则，执行和操作起来比较抽象；而安全生产标准化活动，具有更强的可操作性和实效性。

体系认证和安全标准化活动的宗旨是不同的：

ISO9000——顾客满意；

ISO14000——社会满意；

OHSAS18001——员工满意；

安全生产标准化——政府满意。

职业健康安全管理体系的适用对象是用人单位，而安全标准化体系主要适用于生产经营单位。

两者并不矛盾，没有建立体系的企业，在开展安全标准化基础上，通过文件化和监控程序，完成体系的建立工作。已建立体系的企业，开展安全标准化，能完善程序文件，增加其操作性，把体系运行效果提高到更高层次。

（六）安全生产标准化的特点

与以往传统意义上的企业质量标准化、企业管理标准化、企业工作标准化相比，安全生产标准化具有以下鲜明的特点：

1. 强制性

依据《国务院关于进一步加强安全生产工作的决定》、《国家安全生产监督管理局关于开展安全质量标准化活动的指导意见》等有关规定，企业必须开展安全生产标准化活动。

安全生产标准化活动是企业按照国家法律法规及标准，制定符合自身特点的各工种和岗位操作规程和作业场所标准，规范从业人员的行为，保障作业场所的安全条件，并逐步改进和提高标准，通过日常活动使安全生产工作标准化、制度化和长效化。

安全生产标准化活动实质就是贯彻国家安全生产法律法规和相关标准规范，安全生产标准化活动的核心就是对照标准进行隐患排查整改，安全生产标准化活动的目的就是企业不断提高安全生产水平，达到安全标准，实现本质安全。

2. 群众性

安全生产标准化活动要求企业全体员工必须参加。全体员工无论是管理者还是实际操作者，都要结合各自的工种、岗位学习国家法律、法规和技术标准，排查生产工艺过程、环节和操作行为存在的安全隐患，对不符合国家法律、法规和技术标准的工艺、环节或操作行为进行改造、改进，实现安全水平的提高。

通过安全生产标准化活动，一方面系统培养和加强全体员工的遵纪守法意识、"安全第一"、"安全无小事"、"我要安全"的思想意识；另一方面，使全体员工系统掌握与岗位相适应的安全知识和排查安全隐患能力，以及应急自救和逃生技能。

3. 系统性

安全生产标准化活动覆盖企业生产经营的各个方面，不仅包括生产活动，也包括管理活动；不仅包括各工艺环节的安全标准化，也包括后勤保障各环节的安全标准化；不仅包括技术标准，而且包括操作规范；不仅涉及到每个岗位的安全操作，而且涉及到每个员工的责任和行动，等等。由此可见，安全生产标准化覆盖企业生产经营全过程各个层面、各个岗位和人员，使企业实现全员、全过程、全方位安全生产。

4.动态性

企业开展安全生产标准化活动的具体内容，每个企业、每个行业、每个地区，都可以有所区别、各有特点。即使在同一企业，随着环境改变、科技发展以及企业自身的变化，标准化活动的内容也将逐步丰富、不断完善和提高，在开展安全生产标准化活动中，允许并鼓励企业根据各自的实际情况和生产特点，按照学习、实践、改进、提高的模式，对开展安全生产标准化活动的形式、方式和具体内容进行动态调整、创新发展。

第二节 开展企业安全生产标准化的意义

一、企业安全生产标准化是落实企业安全生产主体责任的必要途径

国家有关安全生产法律法规和规定明确要求，要严格企业安全管理，全面开展安全达标。企业是安全生产的责任主体，也是安全生产标准化建设的主体，要通过加强企业每个岗位和环节的安全生产标准化建设，不断提高安全管理水平，促进企业安全生产主体责任落实到位。

二、企业安全生产标准化是强化企业安全生产基础工作的长效制度

安全生产标准化建设涵盖了增强人员安全素质、提高装备设施水平、改善作业环境、强化岗位责任落实等各个方面，是一项长期的、基础性的系统工程，有利于全面促进企业提高安全生产保障水平。

三、企业安全生产标准化是政府实施安全生产分类指导、分级监管的重要依据

实施安全生产标准化建设考评，将企业划分为不同等级，能够客观真实地反映出各地区企业安全生产状况和不同安全生产水平的企业数量，为加强安全监管提供有效的基础数据。

四、企业安全生产标准化是有效防范事故发生的重要手段

深入开展安全生产标准化建设，能够进一步规范从业人员的安全行为，提高机械化和信息化水平，促进现场各类隐患的排查治理，推进安全生产长效机制建设，有效防范和坚决遏制事故发生，促进全国安全生产状况持续稳定好转。

第二章 工贸企业安全生产标准化工作

第一节 国务院及有关部门对安全生产标准化的总体要求

2011 年 10 月 1 日，国务院办公厅印发了《安全生产"十二五"规划》（以下简称《规划》），《规划》中提出要规范企业生产经营行为，全面推动企业安全生产标准化工作，实现岗位达标、专业达标和企业达标。《规划》将企业安全生产标准化达标工程列为"十二五"的重点工程。《规划》中提出，到 2011 年，煤矿企业全部达到安全标准化三级以上；到 2013 年，非煤矿山、危险化学品、烟花爆竹以及冶金、有色、建材、机械、轻工、纺织、烟草和商贸 8 个工贸行业规模以上企业全部达到安全标准化三级以上；到 2015 年，交通运输、建筑施工等行业（领域）及冶金等 8 个工贸行业规模以下企业全部实现安全标准化达标。此外，国务院以及国务院安委会和其他相关部门也在先后下发的文件中提出了对企业安全生产标准化工作的总体要求，具体如下：

一、《国务院关于进一步加强安全生产工作的决定》

2004 年 1 月 19 日国务院发布了《关于进一步加强安全生产工作的决定》（国发〔2004〕2 号），它是有关安全生产的纲领性文件。

《决定》中在"强化管理，落实生产经营单位安全生产主体责任"中指出："开展安全质量标准化活动。制定和颁布重点行业、领域安全生产技术规范和安全生产质量工作标准，在全国所有工矿、商贸、交通运输、建筑施工等企业普遍开展安全质量标准化活动。企业生产流程的各环节、各岗位要建立严格的安全生产质量责任制。生产经营活动和行为，必须符合安全生产有关法律法规和安全生产技术规范的要求，做到规范化和标准化。"

《决定》首次提出了安全标准化活动的概念。活动是政府推行的，达标是由企业自主；传统的达标是行业管理的要求，分为质量达标、安全达标和效率达标。

二、《国务院关于进一步加强企业安全生产工作的通知》

2010 年 7 月 19 日，国务院发布了《关于进一步加强企业安全生产工作的通知》（国发〔2010〕23 号）。《通知》是继 2004 年国务院《关于进一步加强安全生产工作的决定》、2005

年国务院第116次常务会议提出的安全生产12项治本之策之后，国务院出台的又一个指导全国安全生产工作的纲领性文件，意义重大、影响深远，必将对加强企业安全生产工作，推进全国安全生产形势持续稳定好转起到重要作用。

《通知》在"严格企业安全管理"中强调："全面开展安全达标。深入开展以岗位达标、专业达标和企业达标为内容的安全生产标准化建设，凡在规定时间内未实现达标的企业要依法暂扣其生产许可证、安全生产许可证，责令停产整顿；对整改逾期未达标的，地方政府要依法予以关闭。"

《通知》还在"实施更加有力的监督管理"中要求："强化企业安全生产属地管理。安全生产监管监察部门、负有安全生产监管职责的有关部门和行业管理部门要按职责分工，对当地企业包括中央、省属企业实行严格的安全生产监督检查和管理，组织对企业安全生产状况进行安全标准化分级考核评价，评价结果向社会公开，并向银行业、证券业、保险业、担保业等主管部门通报，作为企业信用评级的重要参考依据。"

《通知》从企业安全管理和政府部门安全监管两个方面对于安全标准化达标作出了非常明确、具体而又严格的规定和要求。

三、《国务院关于坚持科学发展安全发展促进安全生产形势持续稳定好转的意见》

为深入贯彻落实科学发展观，实现安全发展，促进全国安全生产形势持续稳定好转，2011年11月26日，国务院下发了《关于坚持科学发展安全发展促进安全生产形势持续稳定好转的意见》（国发〔2011〕40号，以下简称《意见》）。

《意见》共10部分，33条，包括：充分认识坚持科学发展安全发展的重大意义、指导思想和基本原则、进一步加强安全生产法制建设、全面落实安全生产责任、着力强化安全生产基础、深化重点行业领域安全专项整治、大力加强安全保障能力建设、建设更加高效的应急救援体系、积极推进安全文化建设、切实加强组织领导和监督等内容。

《意见》是继《国务院关于进一步加强安全生产工作的决定》（国发〔2004〕2号，以下简称《决定》）、《国务院关于进一步加强企业安全生产工作的通知》（国发〔2010〕23号，以下简称《通知》）之后，国务院下发的又一重要文件，充分体现了党中央、国务院对安全生产工作的高度重视。《意见》从深入贯彻落实科学发展观的战略和全局高度，进一步强调了安全发展的重大意义和安全生产的极端重要性，明确了现阶段安全生产工作的指导思想和基本原则，提出了加强改进安全生产工作、促进安全发展的一系列重大政策措施，是与国务院审议印发的《安全生产"十二五"规划》（国办发〔2011〕47号）相配套、对"十二五"时期乃至更长远一个时期的全国安全生产工作具有重要指导作用的纲领性、规范性文件。

《意见》强调要着力强化安全基础管理，进一步推进安全生产标准化建设。在工矿商贸和交通运输行业领域普遍开展岗位达标、专业达标和企业达标建设，对在规定期限内未实现达标的企业，要依据有关规定暂扣其生产许可证、安全生产许可证，责令停产整顿；对整改逾期仍未达标的，要依法予以关闭。加强安全标准化分级考核评价，将评价结果向银行、证券、保险、担保等主管部门通报，作为企业信用评级的重要参考依据。

四、《国务院安委会关于深入开展企业安全生产标准化建设的指导意见》

为深入贯彻落实《国务院关于进一步加强企业安全生产工作的通知》（国发〔2010〕23 号，以下简称《国务院通知》）和《国务院办公厅关于继续深化"安全生产年"活动的通知》（国办发〔2011〕11 号，以下简称《国办通知》）精神，全面推进企业安全生产标准化建设，进一步规范企业安全生产行为，改善安全生产条件，强化安全基础管理，有效防范和坚决遏制重特大事故发生，国务院安委会于 2011 年 5 月 3 日下发了《国务院安委会关于深入开展企业安全生产标准化建设的指导意见》（安委〔2011〕4 号，以下简称《意见》）。

该《意见》强调了开展企业安全生产标准化建设的重要意义，并提出了总体要求和目标任务以及具体的实施方法以及工作要求。具体内容将在下一节详细介绍。

五、《国务院安委会办公室关于深入开展全国冶金等工贸企业安全生产标准化建设的实施意见》

为深入贯彻落实《国务院关于进一步加强企业安全生产工作的通知》（国发〔2010〕23 号）和《国务院办公厅关于继续深化"安全生产年"活动的通知》（国办发〔2011〕11 号）精神，按照《国务院安委会关于深入开展企业安全生产标准化建设的指导意见》（安委〔2011〕4 号）的总体要求，结合冶金、有色、建材、机械、轻工、纺织、烟草、商贸等工贸行业企业（以下简称工贸企业）的特点，2011 年 5 月，国务院安委会办公室下发了《关于深入开展全国冶金等工贸企业安全生产标准化建设的实施意见》（安委办〔2011〕18 号）。

该意见要求，全面落实国发〔2010〕23 号和国办发〔2011〕11 号文件精神，以落实企业安全生产主体责任为主线，以创新安全监管体制机制为着力点，以《企业安全生产标准化基本规范》（AQ/T9006—2010，以下简称《基本规范》）为依据，通过企业安全生产标准化建设，全面夯实安全生产工作基础，提高企业防范事故能力，提升安全生产监管水平，为推动企业转型升级，加快转变经济发展方式提供安全保障。

该意见提出了冶金等工贸企业安全生产标准化建设的工作目标，具体如下：

（1）全面实现安全达标。工贸企业全面开展安全生产标准化建设工作，实现企业安全管理标准化、作业现场标准化和操作过程标准化。2013 年底前，规模以上工贸企业实现安全达标；2015 年底前，所有工贸企业实现安全达标。

（2）安全状况明显改善。一般事故隐患能够及时排查治理，重大事故隐患得到整治或监控，职工安全意识和操作技能得到提高，"三违"现象得到有效禁止，企业本质安全水平明显提高，防范事故能力明显加强。

（3）各类事故明显下降。较大以上事故明显下降，各类伤亡事故不断下降，2015 年工贸企业事故总死亡人数比 2010 年下降 12.5% 以上，为全国安全生产形势根本好转创造条件、奠定基础。

该意见还明确了建立和健全考评体系的具体措施：

（1）制定考评办法。国家安全监管总局组织制定和发布《全国冶金等工贸企业安全生产标准化考评办法》，对考评过程实行统一、规范化管理。工贸企业安全生产标准化考评程序主要包括：企业自评和申请、评审组织单位对申请进行初步审查、评审单位进行现场评审并形成评审报告、安全监管部门进行审核和公告、安全监管部门或其确定的评审组织单位颁发证书和牌匾。各地安全监管部门可制订该考评办法的实施细则；对规模以下企业的考评工作，要创新方式方法，简化程序和内容，提高工作效率。

（2）确定评审单位。一级安全生产标准化企业的评审组织单位和评审单位由国家安全监管总局确定。二级、三级安全生产标准化企业的评审组织单位和评审单位由省级安全监管局综合考虑本地企业类型、数量和分布情况，以及评审单位应具备的基本条件和技术力量等因素确定，并报国家安全监管总局备案。

（3）加强考评管理。各级安全监管部门要总结经验，不断完善安全生产标准化考评工作程序，严格考评流程控制，加强对评审组织单位和评审单位的管理，规范考评工作，严把考评质量关。对于违反规定、弄虚作假的评审单位，要严肃处理；情节严重的，要取消评审资格。

第二节 企业安全生产标准化工作的指导思想、原则及目标

《国务院安委会关于深入开展企业安全生产标准化建设的指导意见》（安委〔2011〕4 号）和《国务院安委办关于深入开展全国冶金等工贸企业安全生产标准化建设的实施意见》（安委办〔2011〕18 号）等文件中明确指出了企业安全生产标准化工作的指导思想、工作原则以及工作目标。

一、企业安全生产标准化工作的指导思想

以科学发展观为统领，坚持"安全第一、预防为主、综合治理"的方针，牢固树立以人为本、安全发展的理念，全面落实《国务院关于进一步加强企业安全生产工作的通知》（国发〔2010〕23 号）和《国务院办公厅关于继续深化"安全生产年"活动的通知》（国办发〔2011〕11 号）精神，以落实企业安全生产主体责任为主线，以创新安全监管体制机制为着力点，以《企业安全生产标准化基本规范（AQ/T9006—2010）》为依据，通过企业安全生产标准化建设，全面夯实安全生产工作基础，提高企业防范事故能力，提升安全生产监管水平，为推动企业转型升级，加快转变经济发展方式提供安全保障。

二、企业安全生产标准化的工作原则

1. 统筹规划，分步实施

认真制定工作方案，合理确定阶段目标，分阶段分步骤实施。2011 年重点抓好政策法规和评定标准的制订、考评体系的建立及典型示范的创建等基础工作；2012 年全面开展安全生产标准化建设工作，成熟一批、评审一批、公告一批，确保 2015 年底前所有工贸企业实现安全达标。

2. 突出重点，分类指导

抓住重点地区、重点行业和重点企业，加大工作力度，力争取得突破；区别不同行业、不同企业，采取有效措施，创新达标途径，实现共同达标。

3. 典型引路，全面推进

创建示范地区，树立典型企业，发挥榜样作用，创新体制机制；加强经验交流，以点带面，推动各地区、各行业企业全面达标。

4. 法律约束，政策引导

加强相关立法工作，以法律手段督促达标；完善考核制度，落实工作责任，以行政手段推

进达标；建立有效激励机制，激发企业自觉性，以经济手段引导达标。

5.企业为主，政府推动

立足企业创建为主，注重企业安全生产标准化建设过程；加强政府推动和政策引导，调动各级各方面的积极性，共同推进安全达标工作。

三、企业安全生产标准化工作的总体要求和目标任务

1.企业安全生产标准化工作的总体要求

深入贯彻落实科学发展观，坚持"安全第一、预防为主、综合治理"的方针，牢固树立以人为本、安全发展理念，全面落实《国务院通知》和《国办通知》精神，按照《企业安全生产标准化基本规范》（AQ/T9006－2010，以下简称《基本规范》）和相关规定，制定完善安全生产标准和制度规范。严格落实企业安全生产责任制，加强安全科学管理，实现企业安全管理的规范化。加强安全教育培训，强化安全意识、技术操作和防范技能，杜绝"三违"。加大安全投入，提高专业技术装备水平，深化隐患排查治理，改进现场作业条件。通过安全生产标准化建设，实现岗位达标、专业达标和企业达标，各行业（领域）企业的安全生产水平明显提高，安全管理和事故防范能力明显增强。

2.企业安全生产标准化工作的目标任务

在工矿商贸和交通运输行业（领域）深入开展安全生产标准化建设，重点突出煤矿、非煤矿山、交通运输、建筑施工、危险化学品、烟花爆竹、民用爆炸物品、冶金等行业（领域）。其中，煤矿要在2011年底前，危险化学品、烟花爆竹企业要在2012年底前，非煤矿山和冶金、机械等工贸行业（领域）规模以上企业要在2013年底前，冶金、机械等工贸行业（领域）规模以下企业要在2015年前实现达标。

要建立健全各行业（领域）企业安全生产标准化评定标准和考评体系；进一步加强企业安全生产规范化管理，推进全员、全方位、全过程安全管理；加强安全生产科技装备，提高安全保障能力；严格把关，分行业（领域）开展达标考评验收；不断完善工作机制，将安全生产标准化建设纳入企业生产经营全过程，促进安全生产标准化建设的动态化、规范化和制度化，有效提高企业本质安全水平。

安全状况明显改善。一般事故隐患能够及时排查治理，重大事故隐患得到整治或监控，职工安全意识和操作技能得到提高，"三违"现象得到有效禁止，企业本质安全水平明显提高，防范事故能力明显加强。

各类事故明显下降。较大以上事故明显下降，各类伤亡事故不断下降，2015年工贸企业事故总死亡人数比2010年下降12.5%以上，为全国安全生产形势根本好转创造条件、奠定基础。

第三节 工贸企业安全生产标准化创建依据

2010 年 4 月 15 日，国家安全生产监督管理总局发布了《企业安全生产标准化基本规范》（AQ/T9006-2010），自 2010 年 6 月 1 日起实施。随后，根据国务院《关于进一步加强企业安全生产工作的通知》（国发〔2010〕23 号）和《国务院安委会关于深入开展企业安全生产标准化建设的指导意见》（安委〔2011〕4 号）等相关文件对安全生产标准化工作的要求，国家安监总局陆续发布了一些指导性文件和各个行业的安全生产标准化考评标准以及相关的考评、评审办法。这些文件和考评标准以及考评、评审办法同《企业安全生产标准化基本规范》一起构成了企业创建安全生产标准化的依据。

一、《企业安全生产标准化基本规范》

2010 年 4 月 15 日，国家安全生产监督管理总局发布了《企业安全生产标准化基本规范》安全生产行业标准，标准编号为 AQ/T9006—2010，自 2010 年 6 月 1 日起实施。

《基本规范》共分为范围、规范性引用文件、术语和定义、一般要求、核心要求等五章。在核心要求这一章，对企业安全生产工作的组织机构、安全投入、安全管理制度、人员教育培训、设备设施运行管理、作业安全管理、隐患排查和治理、重大危险源监控、职业健康、应急救援、事故的报告和调查处理、绩效评定和持续改进等方面的内容作了具体规定。

《基本规范》采用了国际通用的策划 (P.Plan)、实施 (D.Do)、检查 (C.Check)、改进 (A.Act) 动态循环的 PDCA 现代安全管理模式。通过企业自我检查、自我纠正、自我完善这一动态循环的管理模式，能够更好地促进企业安全绩效的持续改进和安全生产长效机制的建立。

《基本规范》总结归纳了煤矿、危险化学品、金属非金属矿山、烟花爆竹、冶金、机械等已经颁布的行业安全生产标准化标准中的共性内容，提出了企业安全生产管理的共性基本要求，对各行业、各领域具有广泛适用性。

《基本规范》适用于工矿企业开展安全生产标准化工作以及对标准化工作的咨询、服务和评审。所有的工矿企业都应开展安全生产标准化活动。

已经制定了行业安全生产标准化标准的行业，优先适用行业安全生产标准化标准。

二、《全国冶金等工贸企业安全生产标准化考评办法》

为贯彻落实《国务院关于进一步加强企业安全生产工作的通知》（国发〔2010〕23 号）和《国务院办公厅关于继续深化"安全生产年"活动的通知》（国办发〔2011〕11 号）精神，进一步规范和推进冶金等工贸企业安全生产标准化建设工作，国家安监总局于 2011 年 6 月制定了《全国冶金等工贸企业安全生产标准化考评办法》（安监总管四〔2011〕84 号），自印发之日起施行。2005 年 1 月 24 日原国家安全生产监督管理局印发的《机械制造企业安全质量标准化考核评级办法》（安监管管二字〔2005〕11 号）和 2008 年 1 月 31 日总局印发的《冶金企业安全标准化考评办法（试行）》（安监总管一〔2008〕23 号）同时废止。

该办法规定，企业安全生产标准化考评采取自评、申请、评审、审核公告、颁发证书和牌匾的方式进行。

该办法将安全生产标准化企业分为一级企业、二级企业和三级企业。一级企业由国家安全生产监督管理总局（以下简称总局）审核公告；二级企业由企业所在地省（自治区、直辖市）及新疆生产建设兵团安全生产监督管理部门（以下简称省级安全监管部门）审核公告；三级企业由所在地设区的市（州、盟）安全生产监督管理部门（以下简称市级安全监管部门）审核公告。

根据该办法的规定，冶金企业申请安全生产标准化评审应该具备以下条件：

(1) 设立有安全生产行政许可的，已依法取得国家规定的相应安全生产行政许可。

(2) 申请一级企业的，应为大型企业集团、上市公司或行业领先企业。申请评审之日前一年内，大型企业集团、上市集团公司未发生较大以上生产安全事故，集团所属成员企业 90% 以上无死亡生产安全事故；上市公司或行业领先企业无死亡生产安全事故。

(3) 申请二级企业的，申请评审之日前一年内，大型企业集团、上市集团公司未发生较大以上生产安全事故，集团所属成员企业 80% 以上无死亡生产安全事故；企业死亡人员未超过 1 人。

(4) 申请三级企业的，申请评审之日前一年内生产安全事故累计死亡人员未超过 2 人。

该办法规定，评审依据相应的评定标准（或评分细则，下同）采用评分的方式进行，满分为 100 分，评审标准如下：

一级：评审评分大于等于 90 分（大型集团公司 90% 以上的成员企业评审评分大于等于 90 分）；

二级：评审评分大于等于 75 分（集团公司 80% 以上的成员企业评审评分大于等于 75 分）；

三级：评审评分大于等于 60 分。

评定标准满分不为 100 分的，按 100 分制折算。

此外，该办法还详细规定了冶金企业申请安全生产标准化评审的条件、评审标准以及考评程序、安全生产标准化企业证书和牌匾的有效期等。

三、《冶金等工贸企业安全生产标准化建设评审工作管理办法》

为认真贯彻落实《国务院关于进一步加强企业安全生产工作的通知》（国发〔2010〕23 号）和《国务院办公厅关于继续深化"安全生产年"活动的通知》（国办发〔2011〕11 号）精神，按照《国务院安委会关于深入开展企业安全生产标准化建设的指导意见》（安委〔2011〕4 号）、《国务院安委会办公室关于深入开展全国冶金等工贸企业安全生产标准化建设的实施意见》（安委办〔2011〕18 号）和《全国冶金等工贸企业安全生产标准化考评办法》的要求，国家安全生产监督管理总局于 2011 年 6 月 8 日制定了《冶金等工贸企业安全生产标准化建设评审工作管理办法》。该办法对评审组织单位的的管理、条件、职责与评审单位的组织管理、条件、职责等作了详细的说明，同时规范了评审组织单位与评审单位进行评审的工作程序。

四、《冶金等工贸企业安全生产标准化基本规范评分细则》

为进一步推进冶金等工贸行业安全生产标准化工作制度化、规范化和科学化，依据国务院《通知》（国发〔2010〕23 号）和《企业安全生产标准化基本规范（AQ/T9006-2010）》，国家安全监管总局于 2011 年 8 月制定了《冶金等工贸企业安全生产标准化基本规范评分细则》。

该细则适用于冶金、有色、建材、机械、轻工、纺织、烟草、商贸等行业企业（以下统称冶金等工贸企业）根据《企业安全生产标准化基本规范》(AQ/T9006-2010) 开展安全生产标准化自评、申请、外部评审及各级安全监管部门监督审核等相关工作。冶金等工贸企业已有专业评定标准的，优先适用专业评定标准。

该标准共有 13 项一级要素、42 项二级要素及 194 条企业达标标准。

该细则将标准化等级分为一级、二级、三级，其中一级为最高。评定所对应的等级须同时满足标准化得分和安全绩效等要求，取最低的等级来确定标准化等级。

评定等级	标准化得分	安全绩效
一级	≥90	应为大型企业集团、上市公司或行业领先企业。申请评审之日前一年内，大型企业集团、上市集团公司未发生较大以上生产安全事故，集团所属成员企业 90% 以上无死亡生产安全事故；上市公司或行业领先企业无死亡生产安全事故。
二级	≥75	申请评审之日前一年内，大型企业集团、上市集团公司未发生较大以上生产安全事故，集团所属成员企业 80% 以上无死亡生产安全事故；企业死亡人员未超过 1 人。
三级	≥60	申请评审之日前一年内生产安全事故累计死亡人员未超过 2 人。

评定标准共计 1000 分，最终标准化得分换算成百分制。换算公式如下：

标准化得分（百分制）＝标准化工作评定得分÷（1000－不参与考评内容分数之和）×100。最后得分采用四舍五入，取小数点后一位数。

五、企业标准化相关评定标准

国家安全监管总局已经组织编制了冶金企业（轧钢、焦化、烧结球团、铁合金、炼铁、炼钢、煤气），氧化铝、电解铝（含熔铸、碳素），有色重金属冶炼、有色重金属压力加工、水泥、平板玻璃、建筑卫生陶瓷、白酒生产、啤酒生产、乳制品生产、造纸、食品生产、纺织、商场、仓储物流企业安全生产标准化评定标准和冶金等工贸企业安全生产标准化基本规范评分细则，共计 23 个企业安全生产标准化评定标准，并陆续以国家安全监管总局规范性文件印发。

2011 年 3 月 25 日，国家烟草专卖局发布了《烟草企业安全生产标准化规范》（YC/T384），自 2011 年 4 月 1 日起实施。该标准分为三个部分：第一部分：基础管理规范；第二部分：安全技术和现场规范；第三部分：考核评价准则和方法。分别规定了烟草企业安全标准的基础管理规范要求、安全技术和现场规范要求（包括了设备设施、作业活动、作业环境的安全规范要求及现场日常管理安全规范要求）及考核评价的准则和方法。

2011 年 4 月 20 日，国家安全监管总局发布了《国家安全监管总局关于印发水泥企业安全生产标准化评定标准的通知》（安监总管四〔2011〕55 号）和《国家安全监管总局关于印发氧化铝、电解铝（含熔铸、碳素）企业安全生产标准化评定标准的通知》（安监总管四〔2011〕56 号），通知中分别发布了《水泥企业安全生产标准化评定标准》，《氧化铝企业安全生产标准化评定标准》和《电解铝（含熔铸、碳素）企业安全生产标准化评定标准》。

2011 年 7 月 14 日，国家安全监管总局发布了《国家安全监管总局关于印发平板玻璃建筑卫生陶瓷企业安全生产标准化评定标准的通知》（安监总管四〔2011〕111 号），通知中发布了《平板玻璃企业安全生产标准化评定标准》和《建筑卫生陶瓷企业安全生产标准化评定标准》。

2011 年 7 月 15 日，国家安全生产监督管理总局办公厅发布了《国家安全监管总局关于印发白酒啤酒乳制品生产企业安全生产标准化评定标准的通知》（安监总管四〔2011〕114 号），通知中发布了《白酒生产企业安全生产标准化评定标准》、《啤酒生产企业安全生产标准化评定标准》和《乳制品生产企业安全生产标准化评定标准》。

2011 年 7 月 26 日，国家安全监管总局发布了《国家安全监管总局关于印发商场仓储物流企业安全生产标准化评定标准的通知》（安监总管四〔2011〕123 号），通知中发布了《商场企业安全生产标准化评定标准》和《仓储物流企业安全生产标准化评定标准》。

2011 年 7 月 28 日，国家安全监管总局发布了《国家安全监管总局关于印发纺织造纸食品生产企业安全生产标准化评定标准的通知》（安监总管四〔2011〕126 号），通知中发布了《纺织企业安全生产标准化评定标准》、《造纸企业安全生产标准化评定标准》和《食品生产企业安全生产标准化评定标准》。

2011 年 8 月 5 日，国家安全监管总局发布了《国家安全监管总局关于印发有色重金属冶炼有色金属压力加工企业安全生产标准化评定标准的通知》（安监总管四〔2011〕130 号），通知中发布了《有色重金属冶炼企业安全生产标准化评定标准》和《有色金属压力加工企业安全生产标准化评定标准》。

第四节 安全生产标准化的考核与评级

企业安全生产标准化考评采取自评、申请、评审、审核公告、颁发证书和牌匾的方式进行。

一、标准化企业的分级

安全生产标准化企业分为一级企业、二级企业和三级企业。一级企业由国家安全生产监督管理总局（以下简称总局）审核公告；二级企业由企业所在地省（自治区、直辖市）及新疆生产建设兵团安全生产监督管理部门（以下简称省级安全监管部门）审核公告；三级企业由所在地设区的市（州、盟）安全生产监督管理部门（以下简称市级安全监管部门）审核公告。

二、企业申请安全生产标准化评审的条件

根据该办法的规定，冶金企业申请安全生产标准化评审应该具备以下条件：

(1) 设立有安全生产行政许可的，已依法取得国家规定的相应安全生产行政许可。

(2) 申请一级企业的，应为大型企业集团、上市公司或行业领先企业。申请评审之日前一年内，大型企业集团、上市集团公司未发生较大以上生产安全事故，集团所属成员企业 90% 以上无死亡生产安全事故；上市公司或行业领先企业无死亡生产安全事故。

(3) 申请二级企业的，申请评审之日前一年内，大型企业集团、上市集团公司未发生较大以上生产安全事故，集团所属成员企业 80% 以上无死亡生产安全事故；企业死亡人员未超过 1 人。

(4) 申请三级企业的，申请评审之日前一年内生产安全事故累计死亡人员未超过 2 人。

三、评审标准

该办法规定，评审依据相应的评定标准（或评分细则，下同）采用评分的方式进行，满分为 100 分，评审标准如下：

一级：评审评分大于等于 90 分（大型集团公司 90% 以上的成员企业评审评分大于等于 90 分）；

二级：评审评分大于等于 75 分（集团公司 80% 以上的成员企业评审评分大于等于 75 分）；

三级：评审评分大于等于 60 分。

评定标准满分不为 100 分的，按 100 分制折算。

四、安全生产标准化考评程序

(1) 企业自评：企业成立自评机构，按照评定标准的要求进行自评，形成自评报告。

企业自评可以邀请专业技术服务机构提供支持。

(2) 申请评审：企业根据自评结果，经相应的安全生产监督管理部门（以下简称安全监管部门）同意后，提出书面评审申请。

申请安全生产标准化一级企业的，经所在地省级安全监管部门同意后，向一级企业评审组织单位提出申请；申请安全生产标准化二级企业的，经所在地市级安全监管部门同意后，向所在地省级安全监管部门或二级企业评审组织单位提出申请；申请安全生产标准化三级企业的，经所在地县级安全监管部门同意后，向所在地市级安全监管部门或三级企业评审组织单位提出申请。

符合申请要求的，通知相关评审单位组织评审；不符合申请要求的，书面通知申请企业，并说明理由。由评审组织单位受理申请的，评审组织单位对申请进行初步审查，报请审核公告的安全监管部门核准同意后，方可通知相关评审单位组织评审。

(3) 评审与报告：评审单位收到评审通知后，应按照相关评定标准的要求进行评审。评审完成后，经申请受理单位初步审查后，将符合要求的评审报告，报送审核公告的安全监管部门；对于不符合要求的评审报告，书面通知评审单位，并说明理由。

评审结果未达到企业申请等级的，经申请企业同意，限期整改后重审；或根据评审实际达到的等级，按本办法的规定，向相应的安全监管部门申请审核。

评审工作应在收到评审通知之日起三个月内完成（不含企业整改时间）。

(4) 审核与公告：审核公告的安全监管部门对提交的评审报告进行审核，对符合标准的企业予以公告；对不符合标准的企业，书面通知申请受理单位，并说明理由。

(5) 颁发证书和牌匾：经公告的企业，由安全监管部门或指定的评审组织单位颁发相应等级的安全生产标准化证书和牌匾。

证书和牌匾由总局统一监制，统一编号。

安全生产标准化企业证书和牌匾有效期为 3 年。期满前 3 个月，企业可按本办法的规定申请延期，换发证书、牌匾。

取得安全生产标准化证书的企业，在证书有效期内发生下列行为的，由原审核单位公告撤销其安全生产标准化企业等级：

(1) 在评审过程中弄虚作假、申请材料不真实的；

(2) 不接受检查、抽查的；

(3) 迟报、漏报、谎报、瞒报生产安全事故的；

(4) 大型企业集团、上市集团公司一级企业发生较大以上生产安全事故，或所属成员企业 10% 以上发生死亡生产安全事故的；

(5) 一级、二级、三级企业发生人员死亡生产安全事故，半年内须申请复评，复评不合格的；

(6) 企业再次发生人员死亡生产安全事故的。

被撤销安全生产标准化等级的企业，按降低至少一个等级重新申请评审；自撤销之日起满一年的，方可申请被降低前的等级。

三级企业符合撤销等级条件的，由市级审核公告单位责令限期整改，通知评审组织单位收回证书、牌匾。整改期满，经原评审单位评审，符合三级企业要求的，方可重新颁发原证书、牌匾。整改期限不得超过一年。

被撤销安全生产标准化等级的企业，应向原发证单位交回证书、牌匾。

企业取得安全生产标准化证书后，每年应对本单位安全生产标准化的实施情况至少进行一次自我评定，并形成自评报告，及时发现和解决生产中的安全问题，持续改进，不断提高安全生产水平。

企业安全生产标准化年度自评报告须按有关规定抄送相应的安全监管部门。

第五节 安全生产标准化的评审

一、评审组织单位管理

评审组织单位是指由各级安全监管部门考核确定、统一负责冶金等工贸企业安全生产标准化建设评审组织工作的单位。

安全生产标准化一级企业的评审组织单位由国家安全监管总局确定；地方安全监管部门根据工作实际自行确定安全生产标准化二、三级企业的评审组织单位，并由省级安全监管部门汇总，报国家安全监管总局备案。

1.评审组织单位应当具备下列条件：

（1）有与其开展工作相适应的固定工作场所和办公设施，具有必要的技术支撑条件；

（2）有健全的内部管理制度、评审组织程序文件、评审单位管理流程、评审档案管理制度等；

（3）设有专职工作人员，其应具备与其承担评审组织工作相适应的能力；

（4）参加有关安全生产法律法规、标准规范、文件和标准化等知识的培训；

（5）严格按照安全监管部门的工作要求，依法依规办事，认真组织开展评审工作。

2.评审组织单位职责

评审组织单位要履行以下职责：

（1）配合安全监管部门做好评审工作和对评审单位的日常管理工作。对评审单位的现场评审工作进行抽查，发现抽查结果不合格的，评审组织单位应向相应安全监管部门书面提出暂停评审单位评审工作的建议；对两次抽查结果不合格的，提出取消评审单位评审工作的建议。

（2）对安全生产标准化达标企业在颁证后半年内进行现场抽查，并将抽查情况报告相关安全监管部门。对不符合要求的达标企业，向安全监管部门书面提出撤销其安全生产标准化企业等级的建议。

（3）聘请评审专家，建立相关行业安全生产标准化评审人员库，并建立评审人员档案。

（4）经安全监管部门授权，组织评审人员的培训和考核，承担评审人员培训、考核与管理等工作。

3.评审组织单位工作程序：

（1）评审组织单位收到相关安全监管部门受理的企业申请后，应在10个工作日内完成对申请材料的合规性审查工作。文件、材料符合要求的，在相应评审业务范围内的评审单位名录中通过随机方式选择评审单位，将申请材料转交评审单位开展评审工作；不符合要求的，评审组织单位函告相关安全监管部门和申请企业，并说明原因。

（2）评审完成后，评审组织单位对评审单位的评审相关材料进行审查。审查通过后，向相关安全监管部门提交评审报告和评审评分表等材料。

（3）经安全监管部门公告的企业，由评审组织单位按照国家安全监管总局的有关规定颁发安全生产标准化证书和牌匾。

此外，评审组织单位要自觉接受安全监管部门的监督，认真做好各项评审组织工作。评审组织单位应填写《安全生产标准化评审组织单位登记表》，报相应的安全监管部门备案。

二、评审单位管理

评审单位是指由安全监管部门考核确定、具体承担安全生产标准化企业评审工作的单位。

1. 评审单位应当具备下列条件：

（1）具有法人资格，没有违法行为记录；

（2）有与其开展工作相适应的固定工作场所和办公设施，具有必要的技术支撑条件；

（3）有健全的内部管理制度、评审程序文件、评审档案、质量控制体系、管理制度和评审人员档案等；

（4）有10名以上通过评审组织单位组织的有关安全生产法律法规、标准规范、文件和标准化等知识的培训，并取得培训合格证书的评审员；

（5）有与相应评定标准专业技术要求相符、满足评审工作需要、取得评审组织单位颁发聘书的评审专家；

（6）配备负责安全生产标准化相关日常管理工作的专职工作人员；

（7）经国家安全监管总局及评审组织单位考核合格。

2. 评审单位行为规范

评审单位开展评审工作时，应当遵守下列行为规范：

评审单位不得自行或以安全监管部门及其工作人员的名义或以欺骗手段到企业招揽业务；与申请企业存在利害关系的，应当回避；坚持依法经营，遵守市场竞争规则，不采取欺诈、恶性竞争等不正当手段获取利益；做到廉洁自律，坚决杜绝商业贿赂和其他形式的经济违法犯罪行为；加强评审人员业务培训，不断提高整体素质和业务水平，保证评审结果的科学性、先进性和准确性，不剽窃、不抄袭他人成果；评审单位技术服务收费符合法律法规和有关财政收费的规定，并与申请企业签订技术服务合同，出现违法违规乱收费行为的，取消评审单位资格，并依法追究责任；评审工作资料、申请企业现场勘查记录、影像资料及相关证明材料，应及时归档，妥善保管，并遵守保密协议；认真接受安全监管部门的监督检查，自觉接受社会监督，配合评审组织单位的日常管理及检查；落实评审单位责任，积极服务于基层安全生产工作，帮助企业开展隐患排查和治理，消除事故隐患，为推动和规范企业安全生产标准化建设积极献计献策。

3. 评审人员档案

评审单位应建立评审人员档案，并将下列材料汇总后报评审组织单位备案：

（1）安全生产标准化评审人员登记表；

（2）学历和专业技术能力证明；

（3）评审员培训合格证书；

（4）其他相关材料。

4. 评审的单位的工作流程

评审单位应按照以下流程开展评审工作：

（1）评审单位收到评审组织单位授权和转交的申请材料后，应在现场评审前进行文件审查，并完成文件审查报告；与申请企业确定现场评审时间，函告申请企业，并签订技术服务合同，明确评审对象、范围，以及双方权利、义务和责任。

（2）现场评审时，按照申请企业评审的评定标准中的管理、技术、工艺等要求，配足相应的评审人员，组成评审组。评审组至少由5名以上评审人员组成，其中至少包括2名由评审组织单位备案的评审专家；指定1名评审员担任评审组长，负责现场评审工作；现场评审采用资料核对、人员询问、现场考核和查证的方法进行；现场评审完成后，向申请企业出具现场评审结论，并对发现的问题提出整改完成时间，评审组全体成员须在现场评审结论上签字。

（3）申请企业整改完成后，评审单位依据整改情况的实际需要，进行现场或整改报告复核，确认其整改效果。若整改符合相关要求，评审单位形成评审报告，由评审单位主要负责人审核后，向评审组织单位提交评审报告、评审工作总结、评审结论原件、评审得分表、评审人员信息等相关材料。

评审工作应在接到评审组织单位授权之日起3个月内完成（不包括企业整改时间）；集团公司企业一次申请评审企业较多的，由评审组织单位根据申请数量情况批准适当延长评审时间。填写《安全生产标准化评审单位登记表》，报国家安全监管总局及评审组织单位备案。

三、评审人员管理

评审人员，包括评审单位的评审员和评审组织单位聘请的评审专家。

1. 评审员应当具备下列条件：

（1）评审单位的正式职工；

（2）具有国家承认的大学以上（含大学）学历，且具有注册安全工程师、安全评价师或中级以上（含中级）专业技术职务；

（3）熟悉安全生产有关法律、法规、规章、标准、规范和相关行业安全生产标准化规范、评定标准等，掌握相应的评审方法；

（4）通过评审组织单位组织的有关安全生产法律法规、标准规范、文件和标准化等知识的培训，考试合格，取得培训合格证书，并按时接受复训。

2.评审专家应当具备下列条件：

（1）生产经营单位、科研院所、高等院校、中介机构、社会团体等相关专业技术人员，身体状况良好，能胜任评审工作；

（2）具有至少5年以上相关专业技术或安全管理现场工作经历，并经所在单位推荐确认；

（3）具有国家承认的大学以上（含大学）学历，且具有工程类高级专业技术职务；

（4）具有与评审工作要求相适应的观察、分析和判断能力，能够协助或独立开展对申请单位的文件评审和现场评审等工作；

（5）参加评审组织单位组织的有关安全生产法律法规、标准规范、文件和标准化等知识的培训；

（6）取得评审组织单位颁发的聘书。

3.评审人员的职责

评审人员应履行下列职责：

（1）认真贯彻执行国家有关安全生产的法律、法规、规章、标准、规范和相关行业安全生产标准化规范、评定标准；

（2）评审前主动向评审单位公开与申请企业的利害关系，不隐瞒任何有可能影响评审公正性的信息；

（3）仅参加相关专业领域的评审工作，遵守现场评审工作秩序，认真完成对申请单位的文件审查和现场评审等工作，提交完整的现场评审报告等资料，并对作出的文件审查和现场评审结论负责；

（4）严格遵守公正性与保密承诺，在从事合规性审查、文件审查和现场评审时，不得泄露申请单位的技术和商业秘密；

（5）认真完成安全监管部门或评审组织单位、评审单位安排的其他任务。

第三章 电解铝(含熔铸、碳素)企业安全生产标准化考评内容与考核评分标准

第一节 电解铝(含熔铸、碳素)企业安全生产标准化创建概要

为进一步推进电解铝(含熔铸、碳素)企业安全生产标准化工作制度化、规范化、科学化,国家安全生产监督管理总局依据《国务院关于进一步加强企业安全生产工作的通知》(国发〔2010〕23号)和《企业安全生产标准化基本规范》(AQ/T9006-2010),制定了《电解铝(含熔铸、碳素)企业安全生产标准化评定标准》,于2011年4月20日发布。该标准适用于电解铝企业开展安全生产标准化等级评定的自评、申请、外部评审及各级安全监管部门监督审核等相关工作,电解铝(含熔铸、碳素)企业包括联合企业中的电解铝生产单元及独立电解铝生产企业。

一、电解铝(含熔铸、碳素)企业安全生产标准化创建的核心要素

根据《电解铝(含熔铸、碳素)企业安全生产标准化评定标准》的规定,电解铝(含熔铸、碳素)企业安全生产标准化创建工作包括以下13个核心要素:

(1)安全生产目标;

(2)组织机构和职责;

(3)安全投入;

(4)法律法规与安全管理制度;

(5)教育培训;

(6)生产设备设施;

(7)作业安全;

(8)隐患排查;

(9)危险源监控;

(10)职业健康;

(11)应急救援;

(12)事故报告、调查和处理;

（13）绩效评定和持续改进。

二、参加安全生产标准化等级评审的条件

依法生产的电解铝企业，在考核年度内未发生较大及以上生产安全事故的，可以参加电解铝企业安全生产标准化等级考评。

三、电解铝（含熔铸、碳素）企业安全标准化等级评定

电解铝（含熔铸、碳素）企业安全生产标准化的等级评定分为13项考评类目（A级元素）、46项考评项目（B级元素）和253条考评内容（核心内容）。

在评定标准表中的自评／评审描述列中，企业及评审单位应根据评定标准的有关要求，针对企业实际情况，如实进行得分及扣分点说明、描述，并在自评扣分点及原因说明汇总表（见附表）中逐条列出。

评定标准中累计扣分的，直到该考评内容分数扣完为止，不得出现负分。有特别说明扣分的（在考评办法中加粗内容），在该类目内进行扣分。

评定标准共计2000分，最终标准化得分换算成百分制。换算公式如下：

标准化得分（百分制）＝标准化工作评定得分÷（2000－不参与考评内容分数之和）×100。最后得分采用四舍五入，取小数点后一位数。

电解铝（含熔铸、碳素）企业的标准化等级共分为一级、二级、三级，其中一级为最高。评定所对应的等级须同时满足标准化得分和安全绩效等要求，取最低的等级来确定标准化等级（见下表）。

评定等级	标准化得分	安全绩效
一级	≥90	考核年度内无人员死亡的生产安全事故，千人负伤率≤1；无100万元以上直接经济损失的事故；无新增职业病发生。
二级	≥75	考核年度内千人工亡率≤0.1，千人负伤率≤3；无500万元以上直接经济损失的事故；新增职业病发病率≤1‰。
三级	≥60	考核年度内千人工亡率≤0.3，无较大以上事故，千人负伤率≤5；无500万元以上直接经济损失的事故；新增职业病发病率≤2‰。

第二节 安全生产目标的标准化考评项目、内容与考评办法

一、安全生产目标的标准化考评项目和内容

1. 目标

（1）安全生产目标的管理制度中应明确目标与指标的制定、分解、实施、考核等环节内容。

（2）按照安全生产目标管理制度的规定，制定文件化的年度安全生产目标与指标，且量化目标、指标。

2. 监测与考核

（1）根据所属基层单位和部门在安全生产中的职能，分解年度安全生产目标，并制定实施计划和考核办法。

（2）按照制度规定，对安全生产目标和指标实施计划的执行情况进行监测，并保存有关监测记录资料。

（3）定期对安全生产目标的完成效果进行评估和考核，及时调整安全生产目标和指标的实施计划。评估报告和实施计划的调整、修改记录应形成文件并加以保存。

二、安全生产目标的标准化考评办法

考评类目	考评项目	考评内容	标准分值	考评办法	自评/评审描述	实际得分
一、安全生产目标	1.1 目标	安全生产目标的管理制度中应明确目标与指标的制定、分解、实施、考核等环节内容。	5	缺少制定、分解、实施、考核等环节内容的，扣2分；未能明确相应环节的责任部门或责任人或责任未量化的，扣2分。		
		按照安全生产目标管理制度的规定，制定文件化的年度安全生产目标与指标，且量化目标、指标。	10	无年度安全生产目标与指标计划的不得分；安全生产目标与指标未以企业正式文件颁发的，视为没有，不得分；每有一个目标、指标未量化的，扣2分。		
	1.2 监测与考核	根据所属基层单位和部门在安全生产中的职能，分解年度安全生产目标，并制定实施计划和考核办法。	10	无年度安全生产目标与指标分解的，不得分；无实施计划或考核办法的，不得分；实施计划无针对性的，不得分；缺一个基层单位和职能部门的指标实施计划或考核办法的，扣2分。		
		按照制度规定，对安全生产目标和指标实施计划的执行情况进行监测，并制定有关监测记录资料。	15	无安全生产目标与指标实施情况的检查或监测记录的不得分；检查和监测与制度规定不符合的，每次扣5分；检查和监测资料不齐全的，扣5分。		
		定期对安全生产目标的完成效果进行评估和考核，及时调整安全生产目标和指标的实施计划。评估报告和实施计划的调整、修改记录应形成文件并加以保存。	10	未定期进行效果评估和考核的（含无评估报告），不得分；未及时调整实施计划的，不得分；调整后的目标与指标未以文件形式颁发的，扣5分；记录资料不齐全的，扣5分。		
小计			50	得分小计		

第三节 组织机构和职责的标准化考评项目、内容与考评办法

一、组织机构和职责的标准化考评项目和内容

1. 组织机构和人员

（1）按照相关规定设置安全管理机构或配备安全管理人员。专职安全管理人员占员工总数的千分之三以上；文化程度为大专及以上，其中注册安全工程师数量比例为 10% 以上。

（2）根据有关规定和企业实际，设立安全生产委员会或安全生产领导机构。

（3）安委会或安全生产领导机构应每季度至少召开一次安全专题会议，评估本企业存在的风险，协调解决安全生产问题，以会议纪要形式保存，会议纪要中应有工作要求。

2. 职责

（1）建立、健全安全生产责任制，并对落实情况进行考核。

（2）定期对安全生产责任制进行适宜性评审与更新。

二、组织机构和职责的标准化考评办法

考评类目	考评项目	考评内容	标准分值	考评办法	自评/评审描述	实际得分
二、组织机构和职责	2.1 组织机构和人员	按照相关规定设置安全管理机构或配备安全管理人员；专职安全管理人员占员工总数的千分之三以上；文化程度为大专及以上，其中注册安全工程师数量比例为10%以上。	20	未设置或配备的，不得分；未以文件进行设置或任命的，不得分；设置或配备人员未达员工总数的千分之三，每个千分点扣5分；文化程度未达大专及以上，有一人扣2分，其中注册安全工程师数量未达10%，每少2个百分点扣5分。		
		根据有关规定和企业实际，设立安全生产委员会或安全生产领导机构。	10	未设立的，不得分；未以文件任命的，扣5分；未包括主要负责人、部门负责人等的，每少1个责任人扣2分。		
	2.2 职责	安委会或安全生产领导机构每季度至少召开一次安全专题会议，评估本企业存在的风险，以会议纪要形式保存，会议纪要中应有工作要求。	10	每少一次，扣5分；无会议纪要的，扣5分；未跟踪上次会议落实要求的，扣5分；有未完成且无整改措施的或未制订新的工作要求的，每一项扣2分。		
		建立、健全安全生产责任制，并对落实情况进行考核。	10	无安全生产责任制，不得分；每缺一个内容与安全生产责任制，扣5分；横向、纵向岗位工作与安全生产责任制不相符的，扣2分；责任制落实实际情况进行考核的，扣2分。		
		定期对安全生产责任制进行适宜性评审与更新。	10	未定期进行适宜性评审记录的，不得分；没有评审、评审更新不符合规定的，每缺一次扣2分；更新后未以文件发布的，扣2分。		
小计			60	得分小计		

第四节 安全投入的标准化考评项目、内容与考评办法

一、安全投入的标准化考评项目和内容

1. 安全生产费用

（1）保障安全生产费用投入，并建立相应使用台账。

（2）制定包含以下方面的安全生产费用的使用计划，并实施：应制定包含以下方面的安全生产费用的使用计划，并实施：

①完善、改造和维护安全防护设备设施；

②安全生产教育培训；

③配备劳动防护用品、保健、防暑降温物品；

④安全评价、重大危险源监控、事故隐患评估和整改；

⑤职业危害防治，职业危害因素检测、监测和职业健康体检；

⑥设备设施安全性能检测检验；

⑦应急救援器材、装备的配备及应急救援演练；

⑧安全标志及标识；

⑨其他与安全生产直接相关的物品或者活动。

2. 工伤保险

（1）缴纳足额的保险费（工伤保险、安全生产责任险）。

（2）保障受伤员工获取相应的工伤保险待遇。

二、安全投入的标准化考评办法

考评类目	考评项目	考评内容	标准分值	考评办法	自评/评审描述	实际得分
三、安全投入	3.1 安全生产费用	保障安全生产费用投入，并建立相应使用台账。	10	无保障机制的，不得分；保障机制执行不严格的，每次扣5分；未建立台账的，台账不完整的，每项扣5分。		
		制定包含以下方面的安全生产费用的使用计划，并实施： (1) 完善、改造和维护安全防护设备设施； (2) 安全生产教育培训； (3) 配备劳动防护用品、保健、防暑降温物品； (4) 安全评价、重大危险源评估和整改； (5) 职业危害防治、职业危害因素检测、监控和职业健康体检； (6) 设备设施安全性能检测检验； (7) 应急救援器材、装备及应急救援演练； (8) 安全标志及标识； (9) 其他与安全生产直接相关的物品或者活动。	30	无该使用计划的，不得分；计划内容缺失的，每缺一个方面扣5分；未按计划实施的，每一项扣4分。		
	3.2 工伤保险	缴纳足额的保险费（工伤保险）。	20	未缴纳的，不得分；无缴费相关资料的，不得分，每一人未缴的，扣5分。本分值扣完后值再加扣20分。		
		保障受伤职工获取相应的工伤保险待遇。	20	有关工伤保险评估、年费、返回资料，赔偿等资料不全的，每一项扣5分；未进行工伤认定的，工伤等级鉴定每少一人，扣2分。		
小计			80	得分小计		

第五节 法律法规与安全管理制度的标准化
考评项目、内容与考评办法

一、法律法规与安全管理制度的标准化考评项目和内容

1. 法律法规、标准规范

（1）安全生产法律法规与其他要求的管理制度应包含建立识别、获取、评审、更新等环节，明确部门、人员职责等内容。

（2）各职能部门和基层单位应定期识别和获取本部门适用的安全生产法律法规与其他要求，并向主管部门汇总。

（3）每半年进行一次识别和获取适用的安全生产法律法规与其他要求，并发布其清单。及时将适用的安全生产法律法规与其他要求传达给从业人员。

（4）每年进行一次职业健康安全方面的合规性评价，编制输出合规性评价报告。

（5）及时将识别和获取的安全生产法律法规与其他要求融入到企业安全生产管理制度中。

2. 规章制度

（1）文件管理制度应明确安全生产规章制度和操作规程编制、发布、使用、评审、修订等内容。

（2）按照相关规定建立和发布健全的安全生产规章制度，至少包含下列内容：安全目标管理、安全生产责任制管理、法律法规标准规范管理、安全投入管理、工伤保险、文件和档案管理、风险评估和控制管理、安全教育培训管理、特种作业人员管理、设备设施安全管理、消防安全管理、建设项目安全"三同时"管理、施工和检维修安全管理、危险物品及重大危险源管理、作业安全管理、相关方及外用工（单位）管理、安全技术措施审批管理、职业健康管理、安全标志、劳动防护用品（具）和保健品管理、安全检查及隐患治理、安全生产考核管理、应急管理、事故管理、安全绩效评定管理等制度。

3. 操作规程

基于岗位生产特点中的特定风险的辨识，编制齐全的岗位安全操作规程，审核、发布。岗位安全操作规程应下发到岗位。

4. 评估

每年至少一次对安全生产法律法规、标准规范、规章制度、操作规程的执行情况和适用情况进行检查、评估。

5. 修订

根据评估情况、安全检查反馈的问题、生产安全事故案例、绩效评定结果等，对安全生产管理规章制度和操作规程进行修订，确保其有效和适用。

6. 文件和档案管理

（1）文件和档案的管理制度应明确责任部门／人员、流程、形式、权限及各类安全生产档案及保存要求等。

（2）确保安全规章制度和操作规程编制、使用、评审、修订的效力。

（3）对下列主要安全生产资料进行档案管理：主要安全生产文件、风险评价信息；培训记录；标准化系统评价报告；事故调查报告；检查、整改记录；职业卫生检查与监护记录；安全生产会议记录；安全活动记录；法定检测记录；关键设备设施档案；应急演习信息；承包商和供应商信息；维护和校验记录；技术图纸；人员资格证；安全评价报告等。

二、法律法规与安全管理制度的标准化考评办法

考评类目	考评项目	考评内容	标准分值	考评办法	自评/评审描述	实际得分
四、法律法规与安全管理制度	4.1 法律法规、标准规范	安全生产法律法规与其他要求的管理制度应包含识别、获取、评审、更新等环节，明确部门、人员职责等内容。	10	缺少识别、获取、评审、更新等环节要求以及部门、人员职责等内容的，扣2分。		
		各职能部门和基层单位应定期识别和获取适用的安全生产法律法规与其他要求。及时将获取的安全生产法律法规与其他要求传达给本部门和基层单位部门汇总。	10	每少一个部门和基层单位定期识别和获取的，扣2分；未及时汇总的，扣2分；未分类汇总每缺少一个，扣2分。		
		每年进行一次识别和获取适用的安全生产法律法规与其他要求，并编制其清单。及时将适用的安全生产法律法规与其他要求传达给从业人员。	10	不按规定识别和获取的，不得分；无安全生产法律法规与其他要求的，不得分；识别并获取的安全生产法律法规与其他要求，每缺少一项，扣2分；未传达的，不得分。		
		每年进行一次职业健康安全方面的合规性评价，编制输出合规性报告。	10	未按时开展合规性评价的，不得分；未及时融入合规性报告的，不得分。		
		及时将识别和获取的安全生产法律法规与其他要求应明确在企业安全生产管理制度中。	10	未及时融入人的，每项扣2分；制度与安全生产法律法规与其他要求不符的，每项扣2分。		
		文件管理规范编制、发布、评审、修订等内容。操作规程编制、使用、修订等内容。		缺少环节内容的，每项扣2分。		
	4.2 规章制度	按照相关规定建立和发布健全的安全生产管理制度，至少含下列内容：安全目标管理、安全生产标准规范管理、安全生产责任管理、工伤保险、法律法规标准和档案管理、风险评估和控制管理、安全教育培训管理、安全设施设备安全管理、特种作业人员管理、建设项目安全"三同时"管理、消防安全管理、作业安全管理、危险物品及重大危险源管理、相关方及外用工（单位）管理、安全技术措施审批用品（具）管理、安全标志、劳动防护用品管理、安全检查及隐患治理、职业健康管理、应急管理、事故管理、安全考核奖惩管理、安全绩效评定管理等制度。	60	未发布的，不得分；企业制度中未包含要求内容与实际不符的，每项扣5分；制度内容不符合相关法规定或与实际不符的，每项扣5分。		

考评类目	考评项目	考评内容	标准分值	考评办法	自评/评审描述	实际得分
	4.3 操作规程	基于岗位生产特点中的特定风险的辨识,编制齐全的岗位安全操作规程,审核、发布。岗位安全操作规程应下发到岗位。	20	未审核、发布的,不得分;未发放至岗位的,不得分;岗位安全操作规程不齐全的,不得分;每缺一个,扣5分;内容和控制的,评估没有基于特定风险分析,评估不和控制的,每个扣3分。		
	4.4 评估	每年至少一次对安全生产法律法规、标准规范、规章制度、操作规程的执行情况和适用情况进行检查、评估。	10	未进行的,不得分;无评估报告的,不得分;评估报告每缺少一个方面内容,扣1分;评估结果与实际不符的,扣2分。		
	4.5 修订	根据评估情况、安全检查反馈的问题、生产安全事故案例、绩效评定结果等,对安全管理规章制度和操作规程进行修订,确保其有效适用。	10	未及时修订的,每项扣2分;		
	4.6 文件和档案管理	文件和档案的管理制度应明确责任部门/人员、流程、形式、权限及各类安全生产档案及保存要求等。	10	无该项制度的,不得分;未明确安全规章制度和操作规程编制、使用、评审、修订等;未发布的,不得分;未明确责任部门/人员、流程、权限等的,扣2分;未明确具体档案资料、保存周期、保存形式等形式的,扣2分;		
		确保安全规章制度和操作规程编制、使用、评审、修订的效力。	10	未按文件管理制度执行的,不得分;缺少环节记录资料的,扣5分;		
		对下列主要安全生产资料进行档案管理:主要安全生产文件;标准化系统评价报告;风险评价信息;培训记录;职业卫生评价报告;事故调查报告;安全生产会议记录;安全活动记录;法定检查与监护记录;检查、整改记录;设施档案;应急演习记录;关键设备维护和校验记录;承包商和供应商信息;人员资格证;技术图纸;安全评价报告等。	10	未实行档案管理的,不得分;档案管理不规范的,扣5分;每缺少一类档案,扣2分。		
	小计		190	得分小计		

第六节 教育培训的标准化考评项目、内容与考评办法

一、教育培训的标准化考评项目和内容

1. 教育培训管理

（1）确定安全教育培训主管部门，定期识别安全教育培训需求，制定各类人员的培训计划，保障教育培训资源：场地、教材、教师等。

（2）按计划进行安全教育培训，对安全培训效果进行评价和改进。做好培训记录，并建立档案。

2. 安全生产管理人员教育培训

主要负责人和安全生产管理人员，必须具备与本单位所从事的生产经营活动相应的安全生产知识和管理能力，须经考核合格后方可任职，每年应按规定进行再培训。

3. 岗位操作人员教育培训

对操作岗位人员进行安全教育和生产技能培训和考核，考核不合格人员，不得上岗。应对新员工进行"三级"安全教育。在新工艺、新技术、新材料、新设备设施投入使用前，应对有关操作岗位人员进行专门的安全教育和培训。操作岗位人员转岗、离岗六个月以上重新上岗者，应进行车间（工段）、班组安全教育培训，经考核合格后，方可上岗工作。

4. 特种作业和特种设备作业人员教育培训

从事特种作业的人员应按照相关规定取得特种作业操作资格证书，方可上岗作业。

5. 其他人员教育培训

从事有毒有害作业的人员应经职业健康培训、考核合格后方可上岗。

6. 安全文化建设

对外来参观、学习等人员进行有关安全规定、可能接触到的危害及应急知识等内容的安全教育和告知，并由专人带领。

7. 安全文化建设

采取多种形式的活动来促进企业的安全文化建设，促进安全生产工作。

二、教育培训的标准化考评办法

考评类目	考评项目	考评内容	标准分值	考评办法	自评评审描述	实际得分
五、教育培训	5.1 教育培训管理	确定安全教育培训需求，定期识别安全教育培训需求，制定各类人员的培训计划，保障教育培训资源：场地、教材、教师等。	10	未明确主管部门的，不得分；未定期识别需求的，扣2分；识别不充分的，扣2分；无培训计划的，不得分；培训计划中每缺一类培训的，扣2分，未保障教育培训资源的，每缺一项扣2分。		
	5.2 安全生产管理人员教育培训	主要负责人和安全生产管理人员，必须具备与本单位所从事的生产经营活动相应的安全生产知识和管理能力，须经考核合格后方可任职，每年应按规定进行再培训。	20	主要负责人或安全生产管理人员未经考核合格就上岗的或未按规定进行再培训的，不得分；管理人员未经培训要求不符合《生产经营单位安全培训规定》（国家安监总局令第3号）要求的，每人扣3分；未按规定进行再培训的，每人扣5分。		
	5.3 岗位操作人员教育培训	对操作岗位人员进行安全教育和生产技能培训和考核，考核不合格人员，不得上岗。在新工艺、新材料、新技术、新设备设施投入使用前，应对有关操作岗位人员进行专门的安全教育和培训。离岗六个月以上重新上岗者，离岗作业人员转岗，应进行车间（工段）、班组三级安全教育后，经考核合格，方可上岗工作。	25	未进行安全教育培训考核合格就上岗的，每人次扣5分；在新工艺、新技术、新设备设施投入使用前，未对岗位操作人员进行安全教育培训的，每人次扣5分；未按规定对离岗复工者进行培训者进行安全教育的，每人次扣5分。		
	5.4 特种作业和特种设备作业人员教育培训	从事特种作业的人员应按照相关规定取得特种作业操作资格证书，方可上岗作业。	20	无特种作业操作资格证书上岗作业的，每人次扣10分；证书过期未及时审核的，每人次扣5分；缺少特种作业人员应急资料的，每人次扣2分；		
	5.5 其他人员教育培训	从事有毒有害作业的人员应经职业健康培训，考核合格后方可上岗。	15	未进行职业健康培训，不得分；考核不合格上岗的，每人次扣2分；		
	5.6 安全文化建设	对外来参观、学习等人员进行有关安全规定的安全教育和危害告知，并由专人带领。	5	未进行安全教育和危害告知的，不得分；内容不符的，扣1分；未提供相应劳保用品的，无专人带领的，不得分；		
	5.7 安全文化建设	采取多种形式的活动来促进企业安全生产工作。	10	安全文化建设与《企业安全文化建设导则》AQ/T9004不符的，不得分；		
	小计		120	得分小计		

第七节　生产设备设施的标准化考评项目、内容与考评办法

一、生产设备设施的标准化考评项目和内容

1. 生产设备设施建设

（1）新建、改建、扩建项目的所有设备设施应符合有关法律法规、标准规范、建设项目"三同时"相关管理制度的要求。

（2）厂址选择、厂区布置和主要车间的工艺布置，应设有安全通道，合理安排车流、人流、物流，保证安全顺行；设备设施布置应留有足够的人员安全通道和检修空间；以上选择必须符合《工业企业总平面设计规范》GB50187 的规定。

（3）厂区内的建构筑物，应按 GB50057 的规定设置防雷设施，供电整流设备、动力配电设备、计算机设备、油罐等均应按相关设计规范设置防雷设施。

（4）厂内机动车辆应符合安全技术要求，并领取使用合格证才能投入运行。

（5）主要生产场所消防建设应遵循《建筑设计防火规范》GB50016 的规定。对重点防火部位必须通过消防设计审查及公安消防部门竣工验收。

（6）供电主控室、配电值班室、主电缆隧道和电缆夹层，应设有火灾自动报警器、烟雾火警信号装置、灭火装置和防止小动物进入的措施；整流及动力变压器设施应设置防火墙，配电柜及控制屏、电缆沟的所有孔洞和竖井口均应采用防火材料严密封堵。

（7）生产场所必须根据易燃、易爆物质的物理及化学性质，合理设计灭火系统、报警系统及选择灭火设备类型（如非水灭火）。合理布置消防水栓，并保证水量、水压。灭火器的配置应符合《建筑灭火器配置设计规范》GB50140。

（8）电缆不应和油管、可燃气体输送管道共同敷设在同一沟道内或行架上。

（9）使用压力超过 0.1MPa 的液体和气体的设备和管路，应安装压力表，必要时还应安装安全阀和逆止阀等安全装置。

（10）所有产生烟气及粉尘的系统，都应设净化或收尘系统。产生粉尘、烟气的设备和输送装置均应设置密闭罩壳。

（11）厂区内的坑、沟、池、井，应设置安全盖板或安全防护栏。直梯、斜梯、防护栏杆和工作平台应符合《固定式钢梯和平台安全要求》GB4053.1—3 的规定。

（12）机械设备、电气设备、配电系统、压力容器、起重机械上的安全防护装置、信号装置、警报装置、安全连锁装置、限位装置等必须齐全、有效。

（13）产生或使用有毒有害气体的场所，按规定设置气体泄漏检测、报警装置。

（14）电气设备的金属外壳、底座、传动装置、金属电线管、配电盘以及配电装置的金属构件、遮栏和电缆线的金属外包皮等，均应采用保护接地或接零。接零系统应有重复接地，对电气设备安全要求较高的场所，应在零线或设备接零处采用网络埋设的重复接地。

（15）高压开关柜面板应有断路器或隔离开关"开"、"关"状态指示及一次进线的电压指示。

（16）厂房的照明，应符合《建筑采光设计标准》GB50033 和《建筑照明设计标准》GB50034 的规定。在易燃易爆场所，应采用防爆灯具和开关；有导电粉尘或潮湿的场所采用防水防尘灯。

（17）企业用于吊运普通重物的起重机，必须符合《起重机设计规范》GB3811 的标准要求。使用有资质生产厂家的设备必须经过特种设备检验合格的才能投入使用。

（18）值班室、待机室、会议室等人员聚集场所不应设置在吊运熔融铝液及危险物品的影响范围内，应当与以上场所保持安全距离。符合《工业企业设计卫生标准》GBZ1。

（19）用于吊运熔融铝液的桥式起重机必须符合《冶金起重机技术条件 铸造起重机》JB/T7688.15 的标准要求及国家质量检验检疫总局质检办特〔2007〕375 号的要求。

（20）必须设计和配置铝电解多功能机组专用设备用于电解槽的生产作业。铝电解多功能机组设计制造，除符合《冶金起重机技术条件 铸造起重机》JB/T7688.15、《铝电解多功能机组》YS/T7、国家质量检验检疫总局质检办特〔2007〕375 号的要求外，还必须满足：

①液压系统应使用阻燃液压油。

②从吊钩到大梁应设置二级以上的机械绝缘，阻值大于 $2M\Omega$。

③从打击头、阳极扳手旋拧马达、阳极夹头等接触电解槽的机构，到起重机大梁之间应设置三级以上的机械绝缘，阻值大于 $2M\Omega$。

④应具备出铝、抬母线、换极、打壳、下料、自动或半自动对位加料等功能。

（21）供电主控室、室内开关站、整流器室、变配电室、计算机室、地下油库、地下液压站、地下润滑站等要害部位，设置安全出入口，出入口设置的门应向外开。

（22）整流机组及动力变配电系统的电、操控设备应有安全连锁、快停、急停等本质安全设计与装置。整流机组及动力变配电设备应按设计规范要求设置继电保护装置和非电量保护装置。

（23）供电整流主控室、室内或露天开关站、整流及动力变压器间隔、整流器室、配电室、冷却循环水泵房等关键场所应设置视频监视系统；应设置交直流监视仪表、直流大电流测量装置，应设置直流电流自动稳定调节控制装置。

（24）供电整流机组一次回路应设置避雷器、二次回路设置防止操作过电压及浪涌的装置。

（25）供电整流机组必须设置自动喷淋消防系统。

（26）电解厂房不得漏雨，厂房周围应设置畅通的排水设施和防止雨水进入槽下地坪的措施，确保电解槽下不积水；电解槽下须设置防止漏炉铝液外流的挡铝墙（围堰）。

（27）电解槽的槽壳与上部机构支腿、风格板、槽壳支座、母线之间必须设置绝缘，绝缘值不小于 0.5MΩ，防止直流接地。

（28）电解槽上部机构的各打壳气缸与支座、烟道与厂房、烟道端与上部机构相连的管道等必须设置绝缘，绝缘值不小于 2MΩ。

（29）电解槽上部机构水平母线必须设置限位保护装置、电压异常报警装置、离极保护装置。

（30）储运熔融铝液的运输车辆，必须设置防铝液泄漏到驾驶室的挡板。

（31）下列场所应设置应急照明：供电的主要通道、主控室、室内开关站、整流器室、配电室、水泵房；铸造的厂房、地下室等。

（32）铸造倾翻炉必须设置紧急复位操作系统，流槽液位自动检测、控制系统；扁锭生产线的结晶器必须设置液位检测、控制系统。

（33）铸造熔炼炉、保温炉、倾翻炉、铸机、轧机流铝槽、除气过滤装置等，在设备周围必须设置防止铝液遇水爆炸的挡铝围堰。

（34）铸造浇铸生产流程中必须设置铝液紧急排放和储存的设施。

（35）铸造熔炼炉、保温炉出铝口，必须设置炉眼机械锁紧装置。

（36）铸造厂房内的地坑必须进行防渗漏设计和施工，防止地下水渗入。

（37）垂直铸造机、连铸连轧机、扁锭铸机的浇铸冷却系统必须设置应急冷却水源；铸井内壁必须涂刷防爆涂料。

（38）厂址、厂区、厂房建设应符合《工业企业总平面设计规范》GB50187 和《碳素生产安全卫生规程》GB15600 的有关规定。

（39）设双回路电源供电，电锻烧炉和罐式煅烧炉冷却水系统、回转窑传动电机、电感应化铁炉冷却水系统、石墨化整流机组冷却水、气站等用电关键设备应设应急电源。

（40）回转窑的排烟机应设温度报警装置。窑头及窑尾应分设事故贮水箱。

（41）下列场所应设应急照明：

①沥青熔化厂房的通道；

②高楼部；

③水泵房、油泵房、热媒锅炉房、主控室、调温室、变压器室、配电室、计算机室、调度室、煤气发生站、油库；

④煅烧炉测温平台、回转窑操作平台、焙烧炉面、装出炉地点；

⑤对于需要确保人员安全疏散的出口和通道。

（42）熔化沥青应用蒸汽或热媒油加热。沥青熔化应密闭，沥青熔化槽、干燥器和破碎机必须设通风除尘设施。

（43）热媒锅炉和电感应化铁炉的操作室、供电主控室、室内开关站、整流器室、变配电室、计算机室、地下油库、地下液压站、地下润滑站等要害部位，除有正常出入口及通道外，应设逃生通道，且门应向外开。

（44）无烟煤、石油焦、沥青等原料堆场、仓库及油库、煤气站、混捏成型、沥青熔化等系统中易着火点，如混捏机（锅）、成型机、成型沥青烟干法净化系统、高楼部液体沥青储槽、重油罐、焙烧主烟道等，应设消防装置。

（45）生产高纯石墨制品的石墨化炉必须加罩，烟气应进行处理符合标准后才能排放。串接式石墨化炉炉体应加罩，填充料应采取机械输送；辅料及产品的装、出炉，应采用机械操作。

（46）蒸汽、重油、热媒、沥青等管道及存储装置应设有可靠的隔热层。

（47）煅烧炉（窑）、高楼部及电感应化铁炉设备应配置安全水源或设置高位水箱。

（48）煅烧炉、石墨化焙烧厂房应设有足够的通风系统，应设置一氧化碳检测及报警装置。

（49）锅炉、煅烧炉窑、焙烧炉等的排烟系统应设置泄爆门。

（50）振动成型机的振动台和操作台必须分开，严禁两者接触，振动子应密封消音。

（51）使用煤气、天然气、液化气等的燃烧装置，应有煤气、天然气、液化气紧急切断阀，以及火灾报警器、超敏度气体报警器。

（52）电感应化铁炉应有漏炉报警装置，且应设事故地坑。

（53）重油、熔化沥青储罐应设有液位显示及高位报警仪，储罐周围应设置围堰。

2. 设备设施运行管理

（1）由具备检测资质的部门定期对防雷设施定期检测，确保防雷设施完好、有效。

（2）吊运物行走时，严禁从人的上方通行；在特定的情况下越过主体设备时必须有相应的安全措施并严格执行。

（3）吊钩、吊具应在其额定载荷范围内使用。钢丝绳和链条的安全系数和钢丝绳的报废标准，应符合《起重机械安全规程》GB6067的有关规定。吊运熔融金属的钢丝绳、滑轮等应符合有关规定。

（4）起重设备的下列安全装置，必须按制度进行检查：

①行程限制器；

②行车大、小车端头缓冲和防冲撞装置；

③起重量限制器；

④主、副卷扬限位、报警装置；

⑤登吊车信号装置及门联锁装置；

⑥露天作业的防风装置（防倾覆装置）；

⑦电动警报器或大型电铃以及警报指示灯；

⑧地面操作手柄要有急停按钮

⑨对于吊运熔融金属的特种设备，必须安装起升机构设置独立的双级制动、机械绝缘等级为H级；

⑩失压保护装置。

（5）产生或使用有毒有害气体的场所，设置的泄漏报警装置必须定期校验，保证可靠有效，并有定期校验台帐和检查记录。

（6）机械设备、设施、工具、配件等完整无缺陷；做好设备、设施的检修、维护和保养工作，并有检查记录。

（7）建立设备设施运行台帐，制定检修、维修计划，并按照计划实施；检修结束，必须进行验收；针对设备设施的运行情况，适时修改设备、设施的检修、维护、保养的相关管理标准和规范。

（8）定期对电机进行绝缘测量。

（9）确保安全通道畅通。

（10）消防系统和装置完好。

（11）各机、电、操控设备的安全连锁、快停、急停等安全装置可靠有效。

（12）对电气安全绝缘工器具由具备检测资质的部门进行定期检测，确保其有效性。

（13）液体和气体的压力表、安全阀、逆止阀等安全装置可靠有效。

（14）应急电源应定期检测试验，可靠有效。

（15）起重设备应装有能从地面辨别额定负荷的标识，不应超负荷作业。

（16）对在用油浸式变压器做绝缘油预防性试验，至少每年一次。

（17）主要通道及主要出入口、楼梯、操作室、计算机室、主控室、配电室、泵房、煤气站的应急照明应确保有效。

（18）定期检查集中监视和火警信号显示中心的显示情况，确保显示状态正常。

（19）厂房起重机滑线应安装通电指示灯或采用其他标识带电的措施。

（20）在正常情况下所有用电、配电设备金属外壳及电缆桥架、支架、保护管等均须可靠接保护地线（PE）。低压电气设备非带电的金属外壳和电动工具的接地电阻，不应大于4Ω。

（21）供电整流关键场所的视频监视系统应完好、有效；整流机组交直流监视仪表、直流大电流测量装置、直流电流自动稳定调节控制装置应完好、有效。

（22）整流机组及动力变配电设备继电保护装置和非电量保护装置应完好、有效，并定期检测。

（23）厂区内的建构筑物、供电接地网及避雷器、计算机设备、油罐等防雷设施应完好、有效，并由具备检测资质的部门定期做预防性试验。

（24）供电整流机组一次回路避雷器、二次回路操作过电压、浪涌吸收的装置必须完好、有效，并定期检测。

（25）电解槽的槽壳与上部机构支腿、风格板、槽壳支座、母线之间的绝缘，电解槽上部机构的各打壳气缸与支座、烟道与厂房、烟道端与上部机构相连的管道的绝缘，必须定期检查，确保绝缘有效。

（26）电解槽在运行过程中必须加强巡视检查，对侧部及炉底进行温度检测，对异常（破损）槽有针对性地进行管理，防止漏炉事故。

（27）电解使用的阳极托盘和残极托盘必须定点放置，对导杆上残极过小不能摆放稳定的必须使用带支撑架的托盘。

（28）储运高温铝液的抬包，包体、包盖、吊耳、吊臂及隔热保温层等必须完好。

（29）储运高温铝液的运输车辆，禁止使用汽油车辆；运输车辆符合国家有关规定；运输过程中，应制定防止铝液溢出的安全控制措施。

（30）对铸造熔炼炉、保温炉出铝口的炉眼机械锁紧装置进行检查，应急塞杆配套件齐全。

（31）针对铸造生产的实际情况，按规定对液压系统、铸模、结晶器等进行检查。

（32）定期检查阻隔铝液泄漏与水接触的设施完好情况。

（33）定期检查垂直铸造机、连铸连轧机的浇铸冷却系统设置应急冷却水源的完好情况。

（34）定期对连铸连轧机组、铸造机、锯切机的防护装置完好和使用情况进行检查。

（35）对电感应炉的漏炉装置进行定期检验。

（36）对配电控制盘柜进行定期清灰，端子紧固。

（37）对感应报警器进行定期检查。

（38）蒸汽、重油、热媒、沥青管道及存储装置的隔热层应完整。

（39）煅烧炉、石墨化焙烧厂房的通风系统应完好，一氧化碳检测及报警装置应定期检测。

（40）煅烧炉（窑）、高楼部及电感应化铁炉设备安全水源或高位水源应定期检查。

（41）粉尘、烟气等净化设备完好，收集烟气、粉尘的罩壳、管道完好。

（42）混捏厂房必须有良好的通风设施和排烟系统；间断混捏锅的传动，应为密封式，糊料出口安装抽风罩。裸露式齿轮传动的，必须加设铁质箱式保护罩；连续混捏机四周 1 米处，应有栅栏。中轴热媒油循环管，必须用软管。糊料出口，必须安设通风防尘设备。

3. 新设备设施验收及旧设备设施拆除、报废

（1）设备的设计、制造、安装、使用、检测、维修、改造、拆除和报废，应符合有关标准规范的要求。更新设备设施验收和旧设备设施拆除、报废的管理制度及时进行完善、修订。

（2）按规定对新设备设施进行验收，确保使用质量合格、设计符合要求的设备设施。

（3）按规定对达到报废标准的设备设施进行报废或拆除。

二、生产设备设施的标准化考评办法

考评类目	考评项目	考评内容	标准分值	考评办法	自评/评审描述	实际得分
六、生产设备设施	6.1 生产设备设施建设	新建、改建、扩建项目的所有设备设施应符合有关法律法规、标准规范、管理制度的要求。	10	未进行"三同时"管理的，不得分；设计、评价或施工单位资质不符合规定的，不得分；项目立项审批手续不全的，每项扣2分；安全投资没有纳入项目概算的，每项扣2分；初步设计无安全专篇或安全专篇通过的，每项扣5分；未按相关要求进行的，每项扣5分；变更安全设施未经审核同意就投用的，每处扣2分；未经验收就投用的，每处扣5分；安全设备设施未同时投用的，每项扣2分。		
		厂址选择，厂区布置和主要车间的工艺布置，应设有安全通道、合理安排车流、人流、物流，保证安全顺行；设备设施布置应留有足够的人员安全检修空间；以上选择必须符合《工业企业总平面设计规范》GB50187的规定。	10	厂址选择易受自然灾害影响或严重影响周边环境的，不得分；有一处不符合规定的，扣2分。		
		厂区内的建构筑物，应按GB50057的规定设置防雷设置、计算机设备，供电整流设备，动力配电设备、油罐等均应按相关设计规范设置防雷设施。	10	未按规定设置防雷设施的，本项不得分；不全的每处扣2分。		
		厂内机动车辆应符合安全技术要求，并领取合格证才能投入运行。	5	有一处不符合的规定的，扣1分。本分值扣完后再加扣。		
		主要生产场所消防建设应遵循《建筑设计防火规范》GB50016的规定。对重点部位及公安消防部门竣工验收。	5	有一处不符合的规定的，扣2分；未通过消防审查的，不得分。		
		供电主控室、配电值班室、主电缆隧道和主电缆夹层，应设有火灾自动报警器、烟雾火警信号装置、灭火装置和防止小动物进入的措施，配电和竖井及控制屏，变压器设施应采用防火材料封堵，的所有孔洞和竖井口均应采用防火材料严密封堵。	5	未设置的有一处少一项装置，扣1分；有一处未设防小动物进入措施的，扣1分；有一处未采用防火材料封堵的，每处扣1分；再加扣5分。		
		生产场所必须根据易燃、易爆物质的物理及化学性质，合理设计灭火系统、报警系统及选择灭火设备类型（如非水灭火），合理布置消防水栓，并保证水量、水压。灭火器的配置应符合《建筑灭火器配置设计规范》GB50140。	5	设计灭火系统与现场物质特性不匹配的，每处扣1分；不得分；未配置或数量达不到规定的，每处扣1分。本分值扣完后再加扣5分。		
		电缆不应和油管、可燃气体输送管道共同敷设在同一沟道内或竖行架上。	5	电缆和油管、可燃气体输送管道共同敷设在同一沟道内或竖行架上、不得分。本分值扣完后再加扣5分。		

考评类目	考评项目	考评内容	标准分值	考评办法	自评/评审描述	实际得分
		使用压力超过 0.1MPa 的液体和气体的设备和管路，应安装压力表，必要时还应安装安全阀和逆止阀等安全装置。	5	有一处不符合要求的，扣 1 分。**本分值扣完后再加扣 5 分。**		
		所有产生烟气及粉尘的系统，都应设净化或收尘系统，产生粉尘、烟气的设备和输送装置应设置密闭罩壳。	5	未设净化或收尘系统的，每处扣 2 分；产生粉尘、烟气的设备和输送装置未设置密闭罩壳的，每处扣 1 分。**本分值扣完后再加扣 5 分。**		
		厂区内的坑、沟、池、井，应设置安全盖板或安全防护栏。直梯、斜梯、防护栏杆和工作平台应符合《固定式钢梯和工作平台安全要求》GB4053.1~3 的规定。	5	有一处不符合要求的，扣 2 分。**本分值扣完后再加扣 5 分。**		
		机械设备、电气设备、配电系统、起重机械上的安全防护装置、信号装置、限位装置、报警装置等必须齐全、有效。	5	防护装置不齐全、破损或失效的，每处扣 2 分。**本分值扣完后再加扣 5 分。**		
		产生或使用有有毒有害气体的场所，按规定设置气体泄漏检测、报警装置。	5	有一处未设置的，不得分。**本分值扣完后再加扣 5 分。**		
		电气设备的金属外壳、底座、传动装置、金属构件、遮拦和电缆线的金属外包皮等，均应采用保护接地或接零。接零系统的场所，对电气设备接零接零线较高要求的场所，对电气设备接零接零线均应采用网络埋设的重复接地。	5	未采用保护接地或接零的，每处扣 2 分；接零系统无重复接地的场所，每处扣 2 分。对电气设备接零接零线未在零线的重复接地的，每处扣 2 分。		
		高压开关柜面板应有断路器或隔离开关"关"、"开"状态指示的电压指示。	5	高压开关柜面板应有断路器或隔离开关没有设有"关"、"开"状态指示的，每处扣 1 分。没有一次进线的电压指示的，每处扣 1 分。		
		厂房的照明，应符合《建筑采光设计标准》GB50033 和《建筑照明设计标准》GB50034 的规定。在易燃易爆场所，应采用防爆灯具和开关；有导电粉尘或潮湿的场所应采用防水防尘灯。	10	有一处不符合要求的，扣 2 分。		
		企业用于吊运重物的起重机，必须符合《起重机设计规范》GB3811 的标准要求。使用有资质生产厂家的标准通用起重设备。特种设备必须经过检验合格的才能投入使用。	10	有一项不符合国标要求的，不得分；生产厂家无资质的，扣 5 分；未经检验合格就投用的，扣 5 分。		
		值班室、待机室、会议室等人员聚集场所不应设置在吊运熔融铝液及危险物品的影响范围内，应当与以上场所保持安全距离。符合《工业企业设计卫生标准》GBZ1。	5	有一处不符合要求的，不得分。		

考评类目	考评项目	考评内容	标准分值	考评办法	自评／评审描述	实际得分
		用于吊运熔融铝液的桥式起重机必须符合《冶金起重机技术条件 铝液起重机》JB/T7688.15 及国家质量检验检疫总局（2007）375 号的要求。	10	有一台起重机不符合要求的，不得分；特种设备检验不合格的，不得分。		
		必须设计和配置铝电解多功能机组专用设备用于电解槽的生产作业。铝电解多功能机组专用设备制造，除符合《冶金起重机 铝电解多功能机组》YS/T7、《铝电解多功能机组》JB/T7688.15、国家质量检验检疫总局（2007）375 号质量检验检疫总局（2007）375 号的要求外，还必须满足： （1）液压系统应使用阻燃液压油。 （2）从吊钩到大梁应设置二级以上的机械绝缘，阻值大于 2MΩ。 （3）从打击头、阳极扳手旋转马达、到起重机大梁之间应设置二级以上的机械绝缘，阻值大于 2MΩ。接触电解槽的机构，阻值大于 2MΩ。 （4）应具备出铝、抬母线、打壳、下料、自动或半自动对位加料等功能。	10	未配置铝电解多功能机组的，不得分；配置的多功能机组不符合要求的，每项扣 5 分；配置的多功能机组功能缺失的，每项扣 3 分。		
		供电主控室、室内开关站、整流器室、变配电室、计算机室、地下油库、地下润滑站等要害部位，设置安全出入口应向外开。	5	未设置安全出入口或出门的，每处扣 1 分；门向内开的，每处扣 1 分。		
		整流机组及动力变配电系统的电气连锁、快停、急停等设备应按本项安全设计与装置。及动力变配电设备应按设计规范要求设置继电保护装置和非电量保护装置。	10	整流机组电气设置断路器、隔离开关、接地开关、保护装置设置的，未按规定本项扣 1 分；动力变配电系统不全的每处扣 2 分；本项不全的每处扣 1 分；动力变配电机械及电气连锁装置不设置本项的，每处扣 1 分；保护装置设置不全的，每少一项扣 1 分。		
		供电整流主控室、室内或露天开关站、变压器间隔、整流器室、配电室、冷却循环水泵房等关键场所应设置视频监视系统，应设置交直流电流测量装置、直流大电流自动定值调节控制装置。	5	未设置的，本项不得分；不全的每处扣 1 分；不合理、无效果的不全的每处扣 1 分。		

考评类目	考评项目	考评内容	标准分值	考评办法	自评/评审描述	实际得分
		供电整流机组一次回路应设置避雷器、二次回路设置防止操作过电压及浪涌的装置。	5	未设置避雷器、整流器柜未设置过电压吸收装置的，本项不得分；二次回路交直流电源未设置浪涌吸收装置的，每少一处扣2分。		
		供电整流机组必须设置自动喷淋消防系统。	5	未设置自动喷淋消防系统的，不得分。		
		电解厂房不得漏雨，厂房周围应设置畅通的排水设施，确保电解槽下不积水；电解槽下须设置防止漏炉铝液外流的挡铝墙（围堰）。	5	未设置排水设施、排水设施不畅通有积水的，扣2分；未设置挡铝墙（围堰）的，扣5分；		
		电解槽的槽壳与上部机构支腿、风格板、槽壳支座、母线之间必须设置绝缘，绝缘值不小于0.5MΩ，防止直流接地。	5	未设置绝缘的，不得分；绝缘值小于0.5MΩ，每点扣2分。		
		电解槽上部机构的各打气缸与支座、烟道与厂房、烟道与上部机构相连的管道等必须设置绝缘，绝缘值不小于2MΩ。	5	未设置的，不得分；绝缘值小于2MΩ，每点扣2分。		
		电解槽上部机构水平母线必须设置限位保护装置。	10	水平母线未设置限位保护装置的，扣5分；未设置电压槽电压异常报警装置的，扣5分；未设置离极保护装置的，扣5分。		
		储运熔融铝液的运输车辆，必须设置防铝液泄漏到驾驶室的挡板。	5	不符合规范要求，不得分；未设置防铝液泄漏到驾驶室的挡板。		
		下列场所应设置应急照明：供电的主要通道、室内开关站、整流器室、配电室、水泵房、厂房、地下室等。	5	应设而未设应急照明的，每处扣1分；应急照明灯不亮的，每处扣1分；照度不达到合规范要求，扣1分。		
		铸造倾翻炉必须设置紧急复位操作系统；扁锭生产线的结晶器必须设置防铝液泄漏的挡板。	10	无紧急复位的手动操作装置，扣10分；无紧急复位检测、控制系统，扣10分。		
		铸造熔炼炉、保温炉、倾翻炉、铸机、轧机等，在设备周围必须设置防止铝液围堰。	8	未设置挡铝围堰的，每处2分；		
		铸造气过滤装置、除气浇铸生产流程中必须设置铝液紧急排放和储存的设施。	5	未设置的，不得分。		

考评类目	考评项目	考评内容	标准分值	考评办法	自评/评审描述	实际得分
		铸造熔炼炉、保温炉出铝口，必须设置炉眼机械锁紧装置。	6	未设置炉眼机械锁紧装置，每处扣3分；		
		铸造厂房内的地坑必须进行防渗漏设计和施工，防止地下水渗入。	6	铸造厂房地坑有水渗入的，每坑（井）点扣3分；		
		垂直铸造机、连铸连轧机、扁锭铸机的浇铸冷却系统必须设置应急冷却水源；铸井内壁必须涂刷防爆涂料。	5	未设置应急冷却水源的，每处扣5分；未刷防爆涂料的，每处扣5分。		
		厂址、厂区、厂房建设应符合《工业企业总平面设计规范》GB50187和《碳素生产安全卫生规程》GB15600的有关规定。	5	有一处不符合规定的，扣1分。		
		设双回路电源供电，电锻烧炉和罐式煅烧炉冷却水系统、回转窑传动电机、电感应化铁炉冷却水系统、石墨化整流机组冷却水、气站等用电关键设备应设应急电源。	5	有一处不符合要求的，扣2分。		
		回转窑的排烟机应设温度报警装置。窑头及窑尾应分设事故贮水箱。	5	有一处不符合要求的，扣1分。		
		下列场所应设应急照明： （1）沥青熔化厂房的通道； （2）高楼部； （3）水泵房、油泵房、热媒锅炉房、主控室、调温室、变压器室、配电室、计算机室、调度室、煤气发生站、油库； （4）煅烧炉测温平台、回转窑操作平台、焙烧炉面、装出炉地点； （5）对于需要确保人员安全疏散的出口和通道。	5	应设而未设应急照明的，每处扣1分；未达到照度要求的，每处扣1分；应急照明灯不亮的，每处扣1分。		
		熔化沥青应用蒸汽或热媒油加热。沥青熔化应密闭，沥青熔化槽、干燥器和破碎机必须设通风除尘设施。	5	用其他不安全加热的，不得分；沥青熔化槽、干燥器和破碎机未设通风除尘设施，每处扣1分。		
		热媒锅炉和电感应化铁炉的操作室、供电主控室、室内开关站、整流器室、变配电室、计算机室、地下油库、地下液压站、地下润滑站等要害部位，除有正常出入口及通道外，应设逃生通道，且门应向外开。	5	没有逃生通道的，每处扣1分；门向内开的，每处扣1分。		

考评类目	考评项目	考评内容	标准分值	考评办法	自评/评审描述	实际得分
	6.2 设备设施运行管理	无烟煤、石油焦、沥青等原料料堆场、仓库及油库，如煤气站、混捏成型、沥青熔化等系统中易着火点，成型机（锅）、成型机沥青系统干法净化系统、高楼部液体沥青储油罐、焙烧主烟道等，应设消防装置。	10	未设装置的，不得分；设置不合理扣2分。		
		生产高纯石墨制品的石墨化炉必须加罩，烟气应进行处理符合标准后才能排放。串接式石墨化炉炉体应加罩，填充料及产品的装、出炉，应采用机械操作。	5	石墨化炉体无罩，扣2分；烟气未净化排放，扣2分；填充料未采取机械化输送，扣1分；出炉未采用机械操作，扣1分。		
		蒸汽、重油、热媒、沥青等应设有可靠的隔热层。	5	未设有可靠的隔热层的，少一处扣1分。		
		锻烧炉（窑）、高楼部及电感应化铁炉等设备应配置安全水源或设置高位水箱。	5	未配置安全水源或设置高位水源的，每处扣2分。		
		锻烧炉、石墨化焙烧厂房应设有足够的通风系统，应设一氧化碳检测及报警装置。	5	未设置通风系统，不得分；通风系统达不到要求，每处扣1分；未设一氧化碳检测及报警装置，不得分。		
		锅炉、锻烧炉、焙烧炉等的排烟系统应设置泄爆门。	5	未设泄爆门的，每处扣1分；泄爆门设置不合理的，每处扣1分。		
		振动成型机的振动台和操作台必须分开，严禁两者接触，振动子应密封消音。	5	振动台和操作台未分开，不得分；振动子未密封消音，每处扣1分。		
		使用煤气、天然气、液化气等的燃烧装置，应有煤气、天然气紧急切断阀，以及火灾火灭报警器、超敏度气体报警器。	5	未设煤气火灭报警器、超敏度气体报警器的，不得分。		
		电感应化铁炉应有漏炉报警装置，且应设事故地坑。	5	无漏炉报警装置，扣3分；没有事故地坑，扣2分。		
		重油、熔化沥青储罐应设有液位显示及高位报警仪，储罐周围应设置围堰。	5	没有液位显示及高位报警仪的，每处扣1分；储罐周围未设置围堰的，每处扣1分。		
		由具备检测资质的部门定期对防雷设施定期检测，确保防雷设施完好、有效。	10	未定期检测的，检测部门无资质的，本项不得分；未提供检测报告的，每少一项扣2分。		

考评类目	考评项目	考评内容	标准分值	考评办法	自评/评审描述	实际得分
		吊运物从人的上方行走时，严禁从人的上方通行；在特定的情况下越过必须有相应的安全措施并严格执行。	5	吊运物从人的上方经过不得分；没有安全措施随意越过主体设备的，不得分；安全措施执行不好，每处扣2分。		
		吊具、吊具应在其额定载荷范围内使用。钢丝绳和链条等的安全系数和钢丝绳的报废标准，应符合《起重机械安全规程》GB6067的有关规定。吊运熔融金属的钢丝绳、滑轮等应符合有关规定。	10	超额定载荷使用吊具的，不得分；使用报废吊具的，不得分。		
		起重设备的下列安全装置，必须按制度进行检查：（1）行程限制器；（2）行车大、小车头端缓冲和防撞装置；（3）起重量限制器；（4）主、副卷扬限位、报警装置；（5）登高信号装置及门联锁装置；（6）露天作业的防风装置（防倾覆装置）；（7）电动警铃或大型电铃号及警报指示灯；（8）地面操作手柄要有急停按钮；（9）对于吊运熔融金属的特种设备，必须安装起升机构绝缘装置的双级保护；机械绝缘等级为H级；（10）失压保护装置。	10	没有检查记录的不得分；检查记录不符合要求的每项扣1分；安全装置不齐全的，每项扣2分；安全装置不灵敏、不可靠的，本项值加完后扣10分。		
		产生或使用有毒有害气体的场所，设置的泄漏报警装置必须定期校验，保证可靠有效，并有定期校验台账和检查记录。	5	无定期校验的，不得分；台账和检查记录有一处不完善的扣1分。		
		机械设备、设施、工具、配件等完整无缺陷；做好设备、设施的检修，维护和保养工作，并有检查记录。	5	机械设备、设施、工具、配件等，不完整或有缺陷，每处扣1分；对设备、设施、维护、保养没有检查记录，每处扣1分。		
		建立设备设施运行台账，制定检修，维修计划，并按检修计划实施；检修结束，必须进行验收；针对设备设施的运行情况，适时修改设备、设施的检修、维护、保养的相关标准和规范。	10	无设备运行台账的不得分；无检修，每次（项）扣1分；验收资料未执行的，每次（项）扣1分；检修，维修计划未执行的，每次（项）扣1分。		
		定期对电机进行绝缘测量。	4	未定期测量的，每处扣2分。		
		确保安全通道畅通。	5	人员安全通道和检修空间不符合要求的，每处扣1分。		
		消防系统和装置完好。	10	有一处不符合要求的，扣2分。		

考评类目	考评项目	考评内容	标准分值	考评办法	自评/评审描述	实际得分
		各机、电、操控设备的安全连锁、快停、急停等安全装置可靠有效。	10	有一处不符合要求的，扣2分。		
		对电气安全绝缘工器具由具备检测资质部门进行定期检测，确保其有效性。	5	未定期检测的、检测部门无资质的、未出具检测报告的、失效的每处扣1分；本项不得分。		
		液体和气体的压力表、安全阀、逆止阀等安全装置可靠有效。	10	有一处不符合要求的，扣2分；安全阀、压力开关、压力表等未定期校验的，每一处扣2分。		
		应急电源应定期检测试验，可靠有效。	5	未定期检测试验的，每处扣1分。		
		起重设备应有能从地面别辨定额定荷重的标识，不应超负荷作业。	2	未装能从地面辨别额定荷重的标识的，每台扣1分；超负荷作业的，不得分。		
		对在用油浸式变压器做绝缘油预防性试验，至少每年一次。	5	未按规定实验每处扣1分。		
		主要通道及主要出入口、楼梯、操作室、主控室、配电室、泵房、煤气站等的应急照明确保有效。	5	应急照明失效的，每扣1分。		
		定期检查集中监视视频和火警信号显示中心的显示情况，确保显示状态正常。	2	未检查，不得分。		
		厂房起重机滑线应安装通电指示灯或采用其他标识带电的措施。	2	未安装通电指示灯或采用其他标识带电的措施的，每处扣1分。		
		在正常情况下所有用电、配电设备均有可靠保护接地（PE）。低压电气设备非带电的金属外壳和电动工具的接地电阻，不应大于4Ω。	5	未进行接地电阻检测的，每台扣1分；接地电阻大于4Ω的，每台扣1分。		
		供电整流机组交直流电测量仪表、直流大电流监视仪表、直流大电流测量装置完好、有效；整流机组应完好，电流自动稳定调节装置应完好。	5	不能正常运行的，本项不得分；缺失的每处扣1分。		

考评类目	考评项目	考评内容	标准分值	考评办法	自评/评审描述	实际得分
		整流机组及动力变配电设备继电保护装置和非电量保护装置应完好、有效，并定期检测。	5	未提供继电保护装置检测报告的，每少一项扣2分；检测报告结论不合格未整改的，不得分。		
		厂区内的建构筑物、供电接地网及避雷器、计算机设备、油罐等防雷设施应完好、有效，并由具备检测资质的部门定期做防雷防静电试验。	10	不符合规定，未定期做预防性试验的，本项不得分；试验人员不具备资质的，未提供试验报告的，每缺一项扣2分直至扣完本项；不合格试验报告未整改的，不得分。		
		供电整流机组一次回路操作过电压、二次回路操作过电压浪涌吸收的装置必须完好、有效，并定期检测。	5	装置不完好有效的，每少一项扣1分；未定期检测的，本项不得分。		
		电解的槽壳与槽上部机构支腿、电解槽上部机构的各气缸与支座、母线之间的绝缘、烟道与厂房、烟道端子与上部机构相连的管道必须定期检查，确保绝缘有效。	8	未检查的，不得分；绝缘损坏的，每处扣1分；绝缘值达不到规定值的，每处扣2分。		
		电解槽在运行过程中必须加强巡视检查，对侧面及炉底进行温度检测，对异常（破损）槽有针对性地进行管理、防止漏炉事故。	5	无温度检查记录，扣2分；对破损槽无管理措施的，不得分。		
		电解使用中的阳极托盘和残极托盘必须定点放置，对导杆上残极摆放过小不能摆稳定的必须使用带有支撑架的托盘。	4	未按照规定摆放和残极摆放不稳定的，每处扣1分。		
		储运高温铝液的抬包、包体、吊耳、包盖、吊臂及隔热保温层等必须完好。	5	有一处不符合要求的，扣1分。		
		储运高温铝液的运输车辆，运输车辆符合国家有关规定；禁止使用汽油车辆；运输过程中，应制定防止铝液溢出的安全控制措施。	5	使用汽油车辆的，不得分；运输车辆不符合规定，未制定防止铝液溢出的安全控制措施的，不得分；未按措施执行的，扣2分。		
		对铸造熔炼炉、保温炉出铝口的炉眼机械锁紧装置进行检查，应急塞杆配套件齐全。	8	炉眼锁紧装置未锁紧的，扣2分；应急塞杆配套件不齐全的，扣2分。		

考评类目	考评项目	考评内容	标准分值	考评办法	自评/评审描述	实际得分
		针对铸造生产的实际情况，按规定对液压系统、铸模、结晶器等进行检查。	5	未检查的，不得分；不完好的，每处扣1分。		
		定期检查铝隔液泄漏与水接触的设施完好情况。	5	未检查的，不得分；不完好的，每处扣1分。		
		定期检查垂直铸造机、连铸连轧机的浇铸冷却系统设置应急冷却水源的完好情况。	5	未检查的，冷却水源不能应急的，不得分。		
		定期对连铸机组、铸造机、锯切机的防护装置完好和使用情况进行检查。	5	未检查的，扣2分；防护装置不完好的，每处扣2分。		
		对电感应炉的漏炉装置进行定期检验。	5	未对电感应炉的漏炉装置进行定期检验的，每处扣1分。		
		对配电控制盘柜进行定期清灰，端子紧固。	5	未对配电控制盘柜进行定期清灰或端子紧固的，每处扣1分。		
		对感应报警器进行定期检查。	5	未对感应报警器进行定期检查的，不得分。		
		蒸汽、重油、热油、沥青管道及存储装置的隔热层应完整。	5	隔热层不完整的，每处扣1分。		
		锻烧炉、石墨化焙烧厂房的通风系统应完好，一氧化碳检测及报警装置应定期检测。	5	通风系统不起作用，每处扣1分；一氧化碳检测及报警装置未定期检测，每处扣1分。		
		锻烧炉（窑）、高楼部及电感应化铁炉安全水源或高位水源设置应定期检查。	5	安全水源或高位水源无水的，不得分；未对安全水源或高位水源设置进行定期检查的，每处扣1分。		
		粉尘、烟气等净化设备完好，收集烟气、粉尘的罩完好，管道完好。	5	不完好的，每处扣1分。		
		混捏厂房必须有良好的通风设施和排烟系统；间断混捏锅的传动，应为密封式，裸露式齿轮传动的，必须加装抽风罩；连续混捏式保温质箱式混捏机四周，应有栅栏，栅栏无栅栏1米处，糊料出口，必须用软管。	5	厂房无排烟、通风设施，扣2分；间断混捏锅传动裸露不密封，无防护罩，扣1分；连续混捏机四周无栅栏，不符合要求，扣2分；热媒油循环管，不符合要求，扣1分；无热媒油循环设备，扣1分；糊料出口，无通风防尘设备，扣2分。		

考评类目	考评项目	考评内容	标准分值	考评办法	自评/评审描述	实际得分
		设备的设计、制造、安装、使用、检测、维修、改造、拆除和报废，应符合有关标准规范的要求。更新设备设施验收和旧设备设施拆除、报废的管理制度进行完善、修订。	10	不符合有关标准规范的，不得分；管理制度操作性差的，扣1分。		
	6.3 新设备设施验收及旧设备设施拆除、报废	按规定对新设备设施进行验收，确保使用质量合格、设计符合要求的设备设施。	10	未进行验收的（含其安全设备设施），每项扣2分；使用不符合要求的，每项扣1分。		
		按规定对达到报废标准的设备设施进行报废或拆除。	10	未按规定对设备设施的拆除、生产设施进的；涉及到危险物品的，不得分；无危险物品处置方案的，不进行作业许可的，扣1分；未进行作业前的安全、未技术交底的，扣1分；资料保存不完整齐全的，每项扣1分。		
	小计		600	得分小计		

第八节 作业安全的标准化考评项目、内容与考评办法

一、作业安全的标准化考评项目和内容

1. 生产现场管理和生产过程控制

（1）对生产现场和生产过程、环境存在的风险和隐患进行辨识、评价、分级，制定相应的风险控制措施，并严格落实。

（2）按维护检修计划定期对设备设施进行检修。检修过程中，必须进行危险源辨识，制定控制措施，并进行监督检查。

（3）对以下危险性大的作业，按照相关管理制度严格执行审批手续和签发工作票，安排专人进行现场安全管理，并确保安全措施的落实：

①危险区域动火作业；

②进入受限空间作业；

③有中毒或窒息环境作业；

④特殊高处作业；

⑤大型起重吊装作业；

⑥易燃易爆环境作业；

⑦特种设备拆除安装、修理作业；

⑧交叉作业；

⑨其他危险作业。

（4）禁止与生产无关人员进入生产操作现场，作业人员行走安全通道。

（5）工器具的保管、使用、检查、维护应符合相关规定。

（6）现场临时用电作业应执行《建设工程施工现场供用电安全规范》GB50194。

（7）现场各种物料、备品备件、废弃物、工具等堆放、摆放实行定置管理并符合安全卫生要求。

（8）氧气瓶、乙炔瓶及易燃易爆等危险化学品，必须专人管理，按规定存放、搬运和使用。

（9）铸造熔炼炉、保温炉、倾翻炉等炉体周围及炉底地坑、流铝槽、过滤装置、残铝箱等周围不能有积水。

（10）熔炼炉、保持炉等炉门提升降机构应灵活可靠；控制系统齐全有效；各种仪表、仪

器、指示信号、操作开关等均应正常。

（11）沥青储存应采取防止沥青粘结的措施，中温沥青储存在库房内，不得露天堆放。

（12）生制品破碎、配料过程应符合：

①采用机械设备破碎，不得采用人工敲打；

②中碎配料应采用自动连续配料或间断密闭配料；

③配料过程中如出现下列情况，应停机处理：

a. 设备有严重缺陷；

b. 密闭不好，跑料严重；

c. 工作地点照明不足

（13）焙烧炉体最外侧与墙最内侧之间的距离，不应小于1m。严禁在环式焙烧炉上及两旁的管道上堆放产品。

（14）炭制品堆放应遵守下列规定：

①原材料、成品、半成品和废料的堆放，应整齐稳固，不得防碍通行和装卸；

②产品堆放两端头伸缩应保持在100mm内，堆垛内的产品间不得悬空。

（15）阳极组装：导杆摆放必须按指定地点定置摆放整齐，防止倾倒；运输导杆必须采取防止导杆滑落、倾倒的措施。

（16）电感应化铁炉漏炉周围不应积水，以防漏炉遇水爆炸；应对事故地坑进行检查。

2. 作业行为管理

（1）对生产作业过程中人的不安全行为进行辨识，并制定相应的控制措施。

（2）要害岗位及电气、机械等设备，应实行操作牌制度。

（3）涉及高压场所的维护检修，应配备并使用绝缘棒、绝缘手套、绝缘鞋、绝缘垫、高压验电器、安全接地用具等。

（4）在全部停电或部分停电的电气设备上作业，应遵守下列规定：

①拉闸断电，并采取开关箱加锁等措施；

②验电、放电；

③各相短路接地；

④悬挂"禁止合闸，有人工作"的标示牌和装设遮拦。

（5）运输车辆，遵守车辆运输安全操作规程；严格按照《工业企业厂内铁路、道路运输安全规程》GB4387控制车辆运行速度，避免碰撞和车辆伤害。

（6）操作人员都熟知安全操作规程（程序或动作标准），并按规程进行操作。

（7）现场检修或流程清理作业应制定可靠的安全措施。

（8）在使用煤油喷灯加热作业过程中，应有专人监护，有防止发生火灾及灼烫事故的措施。

（9）供电整流系统电源进线操作、母线倒负荷操作，必须取得当地电网公司许可。

（10）供电整流、变配电等设备的操作、检修作业，严格执行电力系统"两票"工作制度。

（11）电解阳极交换作业、出铝作业、抬母线作业、打壳作业、联车吊运槽壳等作业，必须使用铝电解多功能机组，作业人员严格执行安全操作规程。

（12）电解槽进行阳极提升作业时，操作者应仔细观察电压变化，发现电压异常时，应立即停止操作，防止阳极脱离发生放炮事故。

（13）进入干法净化系统除尘器维修作业时，必须将门打开并固定，避免发生检修门关闭，在外面须有专人监护；操作人员进入袋滤室内，必须关闭该袋滤室的喷吹气源及相关阀门。

（14）电解槽大修有色焊带电施焊、切割作业，应遵守相应的焊工割焊作业规程，设置安全警界区域，有防止人员发生触电事故的措施。

（15）在电解槽大修碳块安装作业中，应有专人指挥、监护，有防止施工人员被挤压伤害的措施。

（16）铸造保持炉、熔炼炉、保温炉等搅拌和扒渣作业，扒渣车的操作应缓慢进行，避免机械损坏炉膛和铝渣飞溅烫伤、烧伤。

（17）铸造成品堆垛必须堆放到指定地点，堆垛高度符合要求。铝锭堆垛不宜超过2层，圆棒堆垛必须使用方木垫牢，最高层数不超4层；扁锭必须使用方木垫牢，不超3层。

（18）铸造浇铸作业严格执行工艺技术规程和安全操作规程，防止铝液泄漏与水混合发生爆炸。

（19）垂直铸造的平台周围及地面必须避免油污、保持清洁，在生产时要有防止非生产操作人员靠近的措施；在生产准备、吊运成品、清理竖井等作业，应有防止人员坠落的措施。

（20）应具体明确各类煤气危险区域。执行《工业企业煤气安全规程》GB6222。

（21）在有煤气危险的区域作业，应两人以上进行，一人监护、另一人作业；必须携带便携式一氧化碳检测报警仪，检测泄漏情况。

（22）明确煤气站、石墨化炉、煅烧炉等产生CO气体的危险区域，应两人以上进行作业，并携带便携式一氧化碳报警仪；按CO超标限值规定配戴呼吸器方可工作。

（23）炉窑刨炉清理过程中，应有专人指挥、监护，废渣吊装应有安全措施。

（24）进入煅烧炉、窑内工作应遵守下列规定：

①必须切断电源；

②配电盘上挂检修牌；

③窑外设专人监护；

④待窑内温度降到60℃以下。

（25）煅烧炉、回转窑作业应遵循下列规定：

①罐式煅烧炉应采取密闭加料和排料，并保证良好通风；

②罐式炉应保持负压操作，当出现正压时，应立即停止加料，严禁打开看火口；

③处理罐式炉结焦、棚料时，必须带防护眼镜、穿防护服，不得打开看火口，不得正对火

口。严禁捅料时加料；

④处理回转窑加料口堵塞时，必须站在侧面，严禁正对火口；

⑤回转窑下料口堵塞时必须停煤气，保持窑头有一定负压并及时排除；

⑥电气煅烧炉调节刮板、清理烟道、测定或处理上部电极时，必须先切断煅烧炉电源，正确配戴防护眼镜和口罩；做好避免身体接触高温物体的措施。

（26）每周应对电气煅烧炉烟道进行清理，保持烟道的畅通。

（27）混捏锅工作时，严禁将手或工具伸入锅内，取样或测温前必须停车，待搅刀停止运转后方可进行。

（28）振动台振动时，人员不得上振动台操作；清理重锤上的粘结料时，人应距重锤 0.5m 以上；液压机运转中禁止润滑，挡板、剪刀运转时，禁止掏料。管路有压力时，禁止修理液压机或拆卸阀门；链式辊道炭块输送机必须安设防止炭块跑偏的导向栅栏。辊道运行中严禁吊运炭块、电极等；立式液压机和偏心压力机压制时，应有专人操作。严禁将手伸入模具内。

（29）焙烧炉在操作时应遵守下列规定：

①在焙烧过程中更换排烟机或移动转接烟斗时，应暂停天然气（煤气）加热或减少煤气用量；

②烟道内的焦油至少每年一次清理；

③严禁在焙烧炉上清理炭块。

（30）焙烧炉检修时，不允许相邻两条火道同时施工；进入炉室工作时，作业人员进出焙烧炉应用梯子出入，炉口必须有专人监护，设置明显的施工警示牌；严禁起重机在有人工作的炉室上方进行吊装作业。

（31）石墨化炉、牵引炉车应遵守下列规定：

①移动式石墨化炉转运系统必须有专人操纵和指挥。转运车轨道和地面轨道没对准时，严禁牵引炉车。转运车的牵引杆不在原位、炉车没完全运到转运车上和炉车没完全脱离转运车时，严禁开车；

②转运车运炉时，炉车上禁止载人，并检查通道，排除障碍。高温炉要注意窜火，运行要平缓；

③石墨化炉的保温料、电阻料及返回料，应有固定的堆放场地；

④石墨化后的产品宜采用机械清理。

（32）炭块加工应有良好的吊装卡定工具和防滑设施。

（33）现场检修作业应做到：

①停机、断料，断动力源并在控制箱（柜）和操作盘上挂牌；

②斗提机、物料输送管道等有粉尘爆炸的场所进行电气焊作业必须采取防火防爆措施；

③进入塔、球、釜、槽、罐、炉膛、锅筒、管道、容器以及地下室、阴井、地坑、下水道等储仓、密闭容器作业必须进行充分换气通风，经检验仓内气体合格方可进入；同时做好防火

防爆、防毒和防止触电的措施；应有专人监护和采取便于内外人员联系的措施；并应派专人核查进出人数，如果出入人数不相符，应立即查找、核实；

④设备检修完毕，应先做单项试车，然后联动试车。试车时，应严格按照设备操作程序进行。

（34）行灯应备有胶木或木制手柄及保护网罩，不允许使用普通灯头代替，手柄处的导线应加套管等防磨设施。

（35）清理沥青的熔化、干燥和破碎等设备，清理焙烧炉的烟道和净化等设备时，应采用防毒措施，并在外露的皮肤上涂保护剂，且设备应冷却到常温或沥青软化点以下才能清理。

（36）沥青、重油、导热油、煤气等储槽及其管道的清理和检修不应动火，若必须动火，动火前应采取可靠的防范措施；采用导热油的沥青熔化输送系统不应漏油，并预防自燃。

3. 警示标志和安全防护

（1）厂区内的坑、沟、池、井、陡坡等安全盖板或护栏完好。设备裸露的转动或快速移动部分，应设有结构可靠的安全防护罩、防护栏杆或防护挡板。

（2）危险场所应设置危险标志牌或警告标志牌。

（3）在变、配电、整流场所应有醒目的安全标志，应有防止人员触电的安全措施。

（4）在油、汽等危险化学品贮存场所应有醒目的安全标志，应有防火、防爆、防中毒的安全措施。在剧毒化学品贮存、使用场所还应有进行危险提示、警示，告知危险的种类、后果及应急措施的标志，符合《工业场所职业病危害警示标识》GBZ158 要求。

（5）在高温熔体易飞溅的区域，应有设置安全警界线，有防止人员灼伤的措施。

（6）作业场所、管道、设备上应符合《安全色》GB2893 和《安全标志及其使用导则》GB2894 的要求。

（7）厂内道路应设置符合《工业企业厂内铁路、道路运输安全规程》GB4387-2008 规定的限速等标志；

（8）应在检维修、施工、吊装、高空等作业现场设置警戒区域；机械设备的防护、保险、信号等装置完好；

（9）使用酸、碱的场所，应有防止人员灼伤的措施，并设置安全喷淋或洗涤设施。

4. 相关方管理

（1）不应将工程项目发包给不具备相应资质的单位。工程项目安全协议应当明确规定双方的安全生产责任和义务。

（2）应根据相关方提供的服务作业性质和行为定期识别服务行为风险，采取行之有效的风险控制措施，并对其安全绩效进行监测。甲方应统一协调管理同一作业区域内的多个相关方的交叉作业。

（3）应对承包商、供应商等相关方的资格预审、选择、服务前准备、作业过程监督、提供的产品、技术服务、表现评估、续用等进行管理，建立合格相关方的名录和档案。

5. 变更

（1）执行变更管理制度，对有关人员、机构、工艺、技术、设施、作业过程及环境变更制定实施计划，进行管理。

（2）应对变更的项目进行审批和验收管理，并对变更过程及变更后所产生的风险和隐患进行辨识、评估和控制。

（3）变更安全设施，在建设阶段应经设计单位书面同意，在投用后应经安全管理部门书面同意。重大变更的，还应报安全生产监督管理部门备案。

二、作业安全的标准化考评办法

考评类目	考评项目	考评内容	标准分值	考评办法	自评/评审描述	实际得分
七、作业安全	7.1 生产现场管理和生产过程控制	对生产现场和生产过程、环境存在的风险和隐患进行辨识，评价，分级，制定相应的风险控制措施，并严格落实。	10	无企业风险和隐患辨识、评估分级汇总资料的，不得分；辨识所涉及范围未全部涵盖的，每少一处扣1分；缺少一类风险和隐患辨识、评估分级的，每项扣1分；缺少控制措施或针对性不强的，每项扣1分；现场岗位人员不清楚本岗位有关风险及其控制措施的，每人次扣1分。		
		按维护检修计划定期对设备设施进行检修。检修过程中，必须进行危险源辨识，并进行监督检查。	10	未按计划检修、维修的，每项扣1分；检修、维修方案未包含作业危险分析和控制措施的，每项扣1分；未对检修进行安全教育和施工现场安全交底的，每次扣1分；检修计划未执行的，每处扣1分；检修完毕未及时恢复安全装置的，每处扣1分；检修完毕后未按标准进行调试，签字验收的，每处扣2分；安全部门同意后就未拆除安全设备设施的，每项扣1分；安全设备设施归档不规范，不及时的，每处扣1分。维修记录归档不规范、不及时的，缺一项扣1分。		
		对以下危险性大的作业，按照相关管理制度严格执行审批手续和签发工作票，并确保安全措施的落实： （1）危险区域动火作业； （2）进入受限空间作业； （3）有中毒或窒息环境作业； （4）特殊高处作业； （5）大型起重吊装作业； （6）易燃易爆环境作业； （7）特种设备拆除安装、修理作业； （8）交叉作业； （9）其他危险作业。	10	未执行审批手续或工作票的，不得分；工作票中危险分析和控制措施不全的，扣2分；授权签发工作票不清或签字不全的，扣1分；审批手续及工作现场安全管理缺一项的，扣2分；未安排专人进行现场安全管理，每项扣3分；安全措施未落实，每处扣3分。		
		禁止与生产无关人员进入生产操作现场，作业人员应按安全通道。	5	有与生产无关人员进入生产操作现场的，不得分；未划出作业人员行走的安全路线的，扣1分；作业人员未按安全路线行走的，每处扣1分。		
		工器具的保管、使用、检查、维护应符合相关规定。	5	不符合规定的，每处扣1分。		
		现场临时用电作业应执行《建设工程施工现场供用电安全规范》GB50194	5	未执行本规范，每处扣1分。		

考评类目	考评项目	考评内容	标准分值	考评办法	自评/评审描述	实际得分
		现场各种物料、备品备件、工具等堆放、摆放实行定置管理并符合安全卫生要求。	10	未进行定置管理的不得分，没有定置图扣2分；堆放与定置图不符合要求的扣2分；不符合要求的每处扣2分。		
		氧气瓶、乙炔瓶及易燃易爆等危险化学品，必须纳入管理，按规定存放、搬运和使用。	5	有一处不符合要求扣1分。		
		铸造熔炼炉、保温炉、倾翻炉等炉体周围及炉底地坑，流铝槽、过滤装置、残铝箱等周围不能有积水。	10	不符合要求的，不得分。		
		熔炼炉、保持炉等炉门提升降机构应灵活可靠；控制系统齐全有效；各种仪表、指示信号、操作开关等均应正常。	5	不符合要求的，每处扣1分。		
		沥青储存应采取防止沥青粘结的措施，中温沥青储存在库房内，不得露天堆放。	5	沥青储存未采取防粘结措施，扣1分；沥青露天存放，扣1分。		
		生制品破碎、配料过程应符合：（1）采用机械设备破碎，不得采用人工敲打；（2）中碎配料采用自动连续配料或停机断密配料。配料过程中如出现下列情况，应停机处理：①设备有严重缺陷；②密闭不好、跑料严重；③工作地点照明不足。	10	检查现场，破碎、配料过程不符合要求，每处扣2分。		
		焙烧炉体最外侧与墙最内侧之间的距离，不应小于产品。严禁在环式焙烧炉上及两旁的管道上堆放产品。1m。	5	焙烧炉体最外侧与墙最内侧距离，不符合要求，扣1分；焙烧炉上堆放产品，扣1分。		
		炭制品堆放应遵守下列规定：（1）原材料、成品、半成品和废料的堆放，应整齐稳固，不得防行和装卸。（2）产品堆放两端头伸缩通行和装卸。（2）产品堆放两端头伸缩堆内的产品间不得悬空。	5	原材料、成品、半成品和废料的堆放，不符合要求，每处扣1分；挤压块料的堆放高度，不符合要求，每处扣1分；炭素产品的堆放，不符合要求，每处扣1分；产品堆放两端悬空，每处扣2分；产品堆放的安全距离不符合要求，每处扣1分；堆与墙、堆与墙的安全距离应保持在100mm内，堆与墙距离不符合要求，每处扣1分。		

考评类目	考评项目	考评内容	标准分值	考评办法	自评/评审描述	实际得分
		阳极组装：导杆摆放必须按指定地点定置摆放整齐，导杆摆放必须采取防止导杆滑落、倾倒的措施。	5	导杆摆放成丁字形的，每处扣1分；摆放间距和角度不符合要求的，每处扣1分；运输不符合要求的，扣1分。		
		电感应化铁炉周围不应积水，以防漏炉遇水爆炸；应对事故地点进行检查。	5	未进行检查的，扣1分；周围有积水，不得分。		
		对生产作业过程中人的不安全行为进行辨识，并制定相应的控制措施。	10	每缺一项人的不安全行为辨识的，扣1分；未建立作业人员典型违章数据库和典型事故案例数据库的，每类扣1分；缺少控制措施或对针对性不强的，每类扣1分；作业人员不清楚管控措施的，每人次扣1分。		
		要害岗位及电气、机械等设备，应实行操作牌制度。	5	未挂操作牌就操作的，不得分；操作牌污损的，每个扣1分；电解槽焙烧期间未挂操作牌，每台槽扣2分。		
		涉及高压场所的维护检修，应配备并使用绝缘手套、绝缘垫、绝缘鞋、高压验电器、安全接地用具等。	5	未配备、使用安全用具的，不得分，并加扣5分。		
	7.2 作业行为管理	在全部停电或部分停电的电气设备上作业，应遵守下列规定：(1) 拉闸断电，并采取开关箱加锁等措施；(2) 验电、放电；(3) 各相短路接地；(4) 悬挂"禁止合闸，有人工作"的标示牌和装设遮栏。	8	有一处不符合要求的，扣4分。		
		运输车辆，遵守车辆运输安全操作规程、道路运输安全规程，严格按照《工业企业厂内铁路、道路运输安全规程》GB4387控制车辆运行速度，避免碰撞和车辆伤害。	5	有一处不符合要求的，扣1分。		
		操作人员都熟知安全操作规程，并按规程进行操作。	10	岗位安全操作规程不适用或有错误的，每个扣2分；现场发现违反安全操作规程（程序或动作标准），每人扣5分；3人次以上扣本分值外加扣20分。		
		现场检修或清理作业应制定可靠的安全措施。	5	无安全措施不得分；安全措施缺一项扣1分；未落实安全措施不得分。		

考评类目	考评项目	考评内容	标准分值	考评办法	自评/评审描述	实际得分
		在使用煤油喷灯加热作业过程中，应有专人监护，有防止发生火灾及灼烫事故的措施。	5	无专人监护的，扣2分；无防火灾及灼烫事故措施的，扣2分。		
		供电整流系统电源进线负荷操作、母线倒地电源必须取得当地电网公司许可。	5	未经许可，不得分。		
		供电整流、变配电等设备的操作、检修作业，严格执行电力系统"两票"工作制度。	6	有一处不符合要求的，不得分。		
		电解阳极交换作业、出铝作业、抬母线等作业，联用车吊运完毕，作业人员严格执行安全操作规程。	10	有一项未使用多功能机组进行作业的，不得分；未按规程作业的，每处扣2分。		
		电解槽进行阳极提升作业时，操作者应仔细观察电压变化，发现电压异常时，应立即停止操作、防止阳极脱离高温铝液发生放炮事故。	8	提问不少于2人，回答不正确的，每人扣4分。		
		进入干法净化系统除尘器维修作业时，必须将门打开并固定，避免发生检修门关闭，在外面所有专人监护；操作人员进入该袋滤室的喷吹气源及相关阀门。	5	门未打开固定稳妥的，不得分；现场没有人监护的，扣2分；检修时压缩空气喷吹气源及相关门未关闭的，扣2分。		
		电解槽大修有色焊带电施焊、切割作业，应遵守相应的焊工割焊作业规程，设置安全警界区域，有防止人员发生触电事故的措施。	5	不遵守规程的，扣2分；无防触电措施的，扣2分；未设置安全警界区域，扣2分。		
		在电解槽大修碳块安装作业中，应有专人指挥、监护，有防止施工人员被机械挤压伤害的措施。	4	无专人指挥、监护的，扣1分；无防挤压措施的，扣1分。		
		铸造保持炉、熔炼炉、保温炉等搅拌和扒渣作业，扒渣车的操作应缓慢进行，避免机械损坏炉壁炉渣飞溅烫伤。	5	搅拌作业过程有违反规程的，每项扣2分；车胎被高温铝渣烧损的，扣2分。		
		铸造成品堆垛必须堆放到指定地点，堆垛高度符合要求：铝锭堆垛不宜超过2层，圆棒堆垛必须使用方木垫平，最高层数不超4层；扁锭使用方木垫平，最高层数不超3层。	5	堆放层数超标的，扣2分；未堆放在指定地点的，扣2分。		
		铸造浇铸作业严格执行工艺技术规程和安全操作规程，防止铝液泄漏与水混合发生爆炸。	10	现场提问浇铸岗操作人员，对安全操作规程回答不出的，扣4分；有一项违章操作，扣5分。		

考评类目	考评项目	考评内容	标准分值	考评办法	自评/评审描述	实际得分
		垂直铸造的平台周及地面必须避免油污，保持清洁，在生产时要有防止非生产操作人员靠近的措施；在生产准备、吊运成品、清理竖井等作业，应有防止人员坠落的措施。	5	现场不清洁，每处扣1分；措施落实不到位，每处扣1分。		
		应具体明确各类煤气危险区域。执行《工业企业煤气安全规程》GB6222。	10	有一处不符合要求的，不得分，并加扣10分。		
		在有煤气危险的区域作业，应两人以上进行，一人监护，另一人作业；必须携带便携式一氧化碳检测报警仪、检测泄漏情况。	8	未两人配合作业，不得分；未携带一氧化碳检测报警仪，并加扣10分。		
		明确煤气站、石墨化炉、煅烧炉等产生CO气体的危险区域，应两人以上进行作业，并携带便携式一氧化碳报警仪；按CO超标限值规定配戴呼吸器方可工作。	5	有一处不符合要求的，扣2分；未按CO超标限值规定配戴呼吸器的，不得分。		
		炉窑刨坑清理过程中，应有专人指挥、监护。废渣吊装应有安全措施。	4	无专人指挥、监护的，扣1分；废渣吊装无安全措施的，扣2分。		
		进入煅烧炉、回转窑作业，窑内工作应遵守下列规定： (1) 必须切断电源。 (2) 配电盘上挂检修牌。 (3) 窑外设专人监护。 (4) 待窑内温度降到60℃以下。	4	有一处不符合要求的，扣2分。		
		煅烧炉、回转窑作业应遵循下列规定： (1) 罐式煅烧炉应保持负压操作，并保证良好通风。 (2) 罐式煅烧炉负压操作，严禁打开看火口。 (3) 处理罐式炉结焦、棚料时，必须带防护眼镜，穿防护服，不得打开看火口。严禁插口时加料。 (4) 处理回转窑加料口堵塞时，必须站在侧面，严禁正对火口。 (5) 回转窑下料口堵塞时必须停煤气、清理烟道、测定或处理刮板时，必须先切断煅烧炉电源，正确配戴高温防护眼镜和口罩。 (6) 电气煅烧炉，必须切断煅烧炉电源；做好避免身体接触高温物体的措施。	6	检查现场罐式煅烧炉加料、排料不符合安全要求，扣1分；负压操作保持不符合安全要求，扣1分；处理结焦、棚料时，个体防护不符合安全要求，扣1分；排烟机未设温度报警系统，扣1分；窑头、窑尾、窑体未有安全防护措施，扣1分；回转窑加料口下料口处理，不符合安全要求，扣1分；电气煅烧炉断电的，扣1分；清理烟道、测定或处理上部电极时，不正确配戴防护眼镜和口罩，扣1分；未做好避免高温物体烫伤措施扣1分。		

考评类目	考评项目	考评内容	标准分值	考评办法	自评/评审描述	实际得分
		每周应对电气煅烧炉烟道进行清理，保持烟道的畅通。	2	每周未对煅烧炉烟道进行清理的扣1分；烟道堵塞的不得分。		
		混捏钢工作时，严禁将手或工具伸人锅内，取样或测温前必须停车，待搅刀停止运转后才可进行。	2	将手或工具伸人搅刀未完全停止的混捏钢不得分。		
		振动台振动料时，人员不得上振动锤上的粘结料，人应距重锤0.5m以上；液压机有压力时，剪刀运转时，禁止掏料；链式辊道炭块输送机或拆卸阀门；辊道运行中严禁吊运炭块、电极等；立式液压机和偏心压力机在运行中，禁止压力机偏心模具内。严禁将手伸人模具内。	2	振动台振动时，人员操作不符合要求，扣1分；液压机运转中人员操作不符合要求，扣1分；辊道运行中，人员操作不符合要求，扣1分；液压机，压力机运行中，人员操作不符合要求的，扣1分。		
		焙烧炉在操作时应遵守下列规定： (1) 在焙烧过程中更换排烟机或移动转接烟斗时，应暂停天燃气（煤气）加热或减少煤气用量； (2) 烟道内的焦油至少每车一次清理； (3) 严禁在焙烧炉上清理炭块。	2	焙烧炉操作，不符合要求，每项扣1分。		
		焙烧炉检修时，不允许相邻两条火道同时施工；进入炉室人员应用梯子出人，炉口必须有专人监护，设置明显的施工警示牌在工作的炉室上方进行吊装作业。	2	相邻两条火道同时施工的扣1分；进入炉室工作的，炉口无专人监护，和设置明显的施工警示牌的，扣1分；起重机在有人工作的炉室上方吊装作业，扣1分。		
		石墨化炉、牵引炉车应遵守下列规定： (1) 移动式石墨化炉转运系统必须有专人操纵和指挥。转运车轨道和地面轨道设对准时，炉车没完全运到原位，严禁开车；转运车没完全脱离牵运车时，严禁开车； (2) 转运炉车运行时，炉车上禁止载人，严禁意外着火，运行要注意平稳，排除障碍；高温炉要注意保温，电阻料及返回料，应有固定的堆放场地； (3) 石墨化炉产品宜采用机械清理。 (4) 炭块加工应有良好的吊装卡定工具和防滑设施。	4	石墨化炉无专人指挥、操纵，扣1分；牵引炉车，不符合要求，扣1分；炉车载人，扣1分；石墨化炉的保温料无固定堆放场地，扣1分；产品清理，不符合要求的，扣1分。		
		炭块加工应有良好的吊装卡定工具和防滑设施。	2	炭块加工无吊装卡定装置和防滑设施的，扣2分。		

考评类目	考评项目	考评内容	标准分值	考评办法	自评/评审描述	实际得分
		现场检修作业应做到： (1) 停机、断料、断动力源并在控制箱（柜）和操作盘上挂牌； (2) 斗提机、物料输送管道等有粉尘爆炸的场所进行电气焊作业必须采取防火防爆措施； (3) 进入塔、釜、槽、阴井、地下室、球、罐、锅筒、管道、容器以及地下室、密闭容器储仓内作业，经检验防火合格合方可进入，容器作业必须进行充分换气通风和防止触电的措施；应同时做好采取防火和防毒通风便于内外人员联系的措施，并应派专人监护；如果出入人员数不相符，应先查找、核实，然后按照设备操作程序进行。 (4) 设备检修完毕，应严格按照设备操作程序进行试车。	8	未停机、断料、断动力源并在控制箱（柜）和操作盘上挂牌的扣3分，不完善的扣1分；斗提机、物料输送管道等有粉尘爆炸的场所进行电气焊作业的场所未采取防火防爆措施的扣3分，措施不当的扣1分；进入塔、釜、槽、阴井、地下室、球、罐、锅筒、管道、容器以及地下室、密闭容器储仓内作业无充分换气通风和防止触电的措施，合格的扣3分，容器作业无防火防毒和防止触电措施的扣2分，防毒和防火通风便于内外人员联系的措施不完善的扣1分；未派专人监护和无内外人员联系的扣2分；无专人核查进出人数的扣1分；措施不完善的扣1分；设备检修完毕，未按程序试车的扣2分。		
		行灯应备有胶木或木制手柄及保护网罩，不允许使用普通灯头代替，手柄处应加套管等防磨设施。	2	有一处不符合要求，扣1分。		
		清理沥青的熔化、干燥和破碎等设备，清理焙烧炉的皮肤，应采用防毒措施，并在外露的皮肤上涂保护剂，且设备应冷却到常温或沥青软化点以下才能清理。	2	未戴专用的防毒面具的，扣1分；未在外露的皮肤上涂保护剂的，扣1分；设备未冷却到常温或沥青软化点以下进行清理的，扣1分。		
		沥青、重油、导热油、煤气等储罐及其管道的清理和防范措施，若必须动火，动火前应采取可靠的防范措施，并预防自燃。	4	动火前未采取可靠的防范措施的，扣2分；用导热油的沥青熔化输送系统有漏油，每处扣1分。		
		厂区内的坑、池、沟、井、陡坡等移动部分，设备裸露的转动或快速移动部分，应有防护罩、防护栏杆或防护挡板。安全盖板等安全盖板护栏应结构可靠的。	10	有一处不符合要求，扣5分；有3处除扣完本分值外加扣20分。		
		危险场所应设置危险标志牌或警告标志牌。	5	危险场所无危险标志牌或警告标志牌不符合要求的，每处扣1分。		
		在变、配电、整流场所应有的安全标志，止人员触电的安全措施。	5	无标志的，每处扣1分；无防护措施的，每处扣1分。		
	7.3 警示标志和安全防护	在油、汽等危险化学品贮存场所应有醒目的安全标志、使用场所还应有进行危险提示、警示，后果及应急措施的标志，符合《工业场所职业病危害警示标识》GBZ158 要求。	5	无标志的，每处扣1分；不符合要求的，每处扣1分。		

考评类目	考评项目	考评内容	标准分值	考评办法	自评/评审描述	实际得分
		在高温熔体易飞溅的区域，应有设置安全警界线，有防止人员灼伤的措施。	5	无安全警戒线的，不得分；无防灼伤措施的，不得分；措施或设施设置不符合要求的，每处扣1分。		
		作业场所、管道、设备上应符合《安全色》GB2893和《安全标志及其使用导则》GB 2894 的要求。	5	有一处不符合规定的，扣1分。		
		厂内道路应设置符合《工业企业厂内铁路、道路运输安全规程》GB4387-2008 规定的限速等标志。	5	未设置的，不得分；设置不规范，每处扣1分。		
		应在检维修、施工、吊装、高空等作业现场设置警戒区域；机械设备的防护、保险、信号等装置完好。	5	不符合要求的，每处扣1分。		
		使用酸、碱的场所，应有防止人员灼伤的措施，并设置安全喷淋或洗漱设施。	5	无防灼伤措施的，不得分；未设置安全喷淋或洗漱设施的，每处扣1分。		
7.4 相关方管理		不应将工程项目发包给不具备相应资质的单位。工程项目安全协议应当明确规定双方的安全生产责任和义务。	5	工程项目发包给无相应资质的相关方的，除本条不得分外，加扣20分；安全协议中未明确双方安全生产责任和义务的，不得分；每缺一项扣2分；未执行协议的，不得分。		
		应根据相关方提供的服务的服务性质和行为定期识别、并对其服务行为之存在的风险采取有效的风险控制措施，对相关方进行安全绩效监测。甲方应统一协调管理同一作业区域内的多个相关方的交叉作业。	5	相关方在甲方场内发生安全事故的，不得分；风险控制措施缺乏针对性、操作性的，每一个不得分，每次扣1分；甲方对其进行安全绩效监测的，不得分，每项扣1分；未对其进行统一协调管理交叉作业的，扣3分。		
		应对承包商、供应商等相关方的资格预审、选择、服务前准备、作业过程准备、作业过程评估、表现评估，建立合格相关方的名录和档案。	5	未对相关方进行资格预审和选择、监督的，不得分；甲方未对相关方作业过程进行安全监督管理的，不得分；未进行相关方评估的，不得分；各录或档案资料不全的，每缺一项扣1分。		
7.5 变更		执行变更管理制度，对有关人员、机构、工艺、技术、设施、作业过程及环境变更制定实施计划、进行管理。	5	无变更计划的，不得分；未按计划实施的，每项扣1分；未执行变更管理的，扣1分。		
		应对变更的项目进行审批和验收管理，并对变更后所产生的风险和隐患进行辨识、评估和控制。	5	无变更审批和验收报告的，不得分；未对变更产生新风险或隐患进行辨识、评估和控制的，不得分；辨识、评估和控制措施不到位的，每项扣1分。		
		变更安全设施，在建设阶段应经设计单位书面同意，在投用后应经安全生产监督管理部门同意。重大变更的，还应报安全生产监督管理部门备案。	5	未变更审批和控制的，不得分；未对变更控制的，不得分；未经过设计单位书面同意就变更的，每次扣1分；未及时备案的，扣1分。		
		小计	380	得分小计		

第九节 隐患排查的标准化考评项目、内容与考评办法

一、隐患排查的标准化考评项目和内容

1. 隐患排查

（1）隐患排查管理制度应明确排查的目的、范围、方法和要求等。

（2）应按照隐患排查管理制度进行隐患排查工作。在法律法规、工艺、组织机构发生大的变化时，应及时组织隐患排查。

（3）应对隐患进行分析评估，确定隐患等级，登记建档。

2. 排查范围与方法

（1）隐患排查的范围应包括所有与生产经营场所、环境、人员、设备设施和活动。

（2）企业应规定排查的频次，并采用综合检查、专业检查、季节性检查、节假日检查、日常检查等方式进行隐患排查工作。

3. 隐患治理

（1）应根据隐患排查的结果，制定隐患治理方案，对隐患进行治理。方案内容应包括目标和任务、方法和措施、经费和物资、机构和人员、时限和要求。重大事故隐患在治理前应采取临时控制措施并制定应急预案。隐患治理措施应包括工程技术措施、管理措施、教育措施、防护措施、应急措施等。

（2）应在隐患治理完成后对治理情况进行验证和效果评估。

（3）应按规定对隐患排查和治理情况进行统计分析并向安监部门和有关部门报送书面统计分析表。

4. 预测预警

根据生产经营状况及隐患排查治理情况，运用定量的安全生产预测预警技术，建立体现企业安全生产状况及发展趋势的预警指数系统，每月进行一次安全生产风险分析。

二、隐患排查的标准化考评办法

考评类目	考评项目	考评内容	标准分值	考评办法	自评/评审描述	实际得分
八、隐患排查	8.1 隐患排查	隐患排查管理制度应明确排查的目的、范围、方法和要求等。	10	制度依据缺少或不正确的，每项扣3分；制度内容缺项的，每项扣3分。		
		应按照隐患排查管理制度进行隐患排查工作，应及时组织隐患排查。	20	未按隐患排查管理制度进行排查的，不得分；有未排查出隐患的，每处扣2分；未及时组织隐患排查，每次扣5分。		
		应对隐患进行分析评估，确定隐患等级，登记建档。	15	无隐患汇总登记台账的，不得分；无隐患评估分级的，不得分；隐患登记档案资料不全的，每处扣3分。		
	8.2 排查范围与方法	隐患排查的范围应包括所有与生产经营场所、环境、人员、设备设施和活动。	15	范围每缺一类，扣3分。		
		企业应按规定排查的频次，并采用综合检查、专业检查、季节性检查、日常检查等方式进行隐患排查工作。	20	各类检查缺少一次，扣2分；检查内容针对性不强，每一项扣2分；检查记录无人签字或签字不全的，每次扣2分。		
	8.3 隐患治理	应根据隐患排查的结果，制定隐患治理方案，对隐患进行治理。方案内容应包括目标和任务、方法和措施、经费和物资、机构和人员、时限和要求。重大事故隐患在治理前应采取相应的控制措施并制定应急预案。隐患治理措施包括工程技术措施、管理措施、教育措施、防护措施、应急措施等。	20	无该方案的，不得分；方案内容不全的，每项扣2分；每项隐患整改措施针对性不强，一项扣2分；整改措施不落实的，每项扣5分；重大隐患未采取临时控制措施并制定应急预案的，每项扣2分；隐患治理工作未形成闭路循环的，每项扣2分。		
		应在隐患治理完成后对治理情况进行验证和效果评估。	15	未进行验证或效果评估的，每项扣2分。		
		应按规定对隐患排查和治理情况进行统计分析并向安监部门和有关部门上报送书面统计分析表。	15	无统计分析表的，不得分；未及时报送的，不得分。		
	8.4 预测预警	根据生产经营状况及隐患排查治理情况，运用定量的安全生产预测预警技术，建立体现企业安全生产状况及发展趋势的预警系统，每月进行一次安全生产趋势的预警风险分析。	10	无安全预警数据系统的，不得分；未进行分析、测算、实现对安全生产状况及发展趋势人身安全预警系统的问题，及时采取针对性措施的，扣1分；未将隐患排查系统的，扣2分；未对预警数据的，扣1分；未对相关趋势进行风险分析的，扣1分；未每月反映的，扣1分。		
	小计		140	得分小计		

第十节　危险源监控的标准化考评项目、内容与考评办法

一、危险源监控的标准化考评项目和内容

1. 辨识与评估

（1）危险源的管理制度中，明确辨识与评估的职责、方法、范围、流程、控制原则、回顾、持续改进等。

（2）应按相关规定对本单位的生产设施或场所进行危险源辨识、评价，确定各级危险源，分级管理。

2. 登记建档与备案

（1）应对确认的重大危险源及时登记建档。

（2）应按照相关规定，将重大危险源向安监部门和相关部门备案。

3. 监控与管理

（1）应对重大危险源（包括企业确定的重大危险源）采取措施进行监控，包括技术措施（设计、建设、运行、维护、检查、检验等）和组织措施（职责明确、人员培训、防护器具配置、作业要求等）。

（2）应在重大危险源现场设置明显的安全警示标志和危险源点警示牌（内容包含名称、地点、责任人员、事故模式、控制措施等）。

（3）相关人员应按规定对重大危险源进行检查，并在检查记录本上签字。

二、危险源监控的标准化考评办法

考评类目	考评项目	考评内容	标准分值	考评办法	自评/评审描述	实际得分
九、危险源监控	9.1 辨识与评估	危险源的管理制度中，明确辨识与评估的职责、范围、流程、控制原则、回顾、持续改进等。	10	制度中每缺少一项内容要求的，扣2分。		
		应按相关规定对本单位的生产设施或场所进行危险源辨识、评价，确定各级危险源，分级管理。	25	未进行辨识和评价的，不得分；辨识和评价不充分、不准确的，每处扣2分。		
	9.2 登记建档与备案	应对确认的重大危险源及时登记建档。	10	无重大危险源档案资料的，不得分；档案资料不全的，每处扣2分。		
		应按照相关规定，将重大危险源向安监部门和相关部门备案。	15	未备案的，不得分；备案资料不全的，每个扣5分。		
	9.3 监控与管理	应对重大危险源（包括企业确定的重大危险源）采取措施进行监控、检查（设计、建设、运行、维护、检验）和组织措施（职责明确、人员培训、防护器具配置、作业要求等）。	25	未监控的，不得分；有重大隐患或带病运行，严重危及安全生产的，不得分；监控技术措施和组织措施不全的，每项扣2分。		
		应在重大危险源现场设置明显的安全警示标志和危险源警示牌（内容包含名称、地点、责任人员、事故模式、控制措施等）。	15	无安全警示标志的，每处扣5分；内容不全的，每处扣1分；警示标志污损或不明显的，每处扣1分。		
		相关人员应按规定对重大危险源进行检查，并在检查记录本上签字。	10	未按规定进行检查的，不得分；检查未签字的，每次扣2分；检查结果与实际状态不符的，每处扣2分。		

第十一节 职业健康的标准化考评项目、内容与考评办法

一、职业健康的标准化考评项目和内容

1. 职业健康管理

（1）应按有关要求，为员工提供符合职业健康要求的工作环境和条件，配备与职业健康保护相适应的设施。

（2）对职业危害防护设施应当进行经常性的维护、检修和保养，定期检测其性能和效果，确保其处于正常状态。不能擅自拆除或者停止使用职业危害防护设施。

（3）应当为从业人员配备与工作岗位相适应的符合国家标准或者行业标准的劳动防护用品，并监督、教育从业人员按照使用规则佩戴、使用。

（4）按规定组织上岗前、在岗期间和离岗前职业健康检查，应建立健全职业卫生档案和员工健康监护档案。

（5）应对职业病患者按规定给予及时的康复治疗。对患有职业病或职业禁忌症的，按规定及时调整到合适岗位。

（6）应定期对职业危害场所进行检测、评价，并将检测、评价结果公布、存入档案。

（7）对可能发生急性职业危害的有毒、有害工作场所，应当设置报警装置，制定应急预案，配置现场急救用品和必要的泄险区。

（8）各种防护器具应定点存放在安全、便于取用的地方。专人负责定期校验报警装置和保管、维护各种防护用具，确保其处于正常状态。

（9）应指定专人负责职业健康的日常监测及维护监测系统处于正常运行状态。

2. 职业危害告知和警示

（1）与从业人员订立劳动合同（含聘用合同）时，应将工作过程中可能产生的职业危害及其后果、职业危害防护措施和待遇等如实以书面形式告知从业人员，并在劳动合同中写明。

（2）应对员工及相关方宣传和培训生产过程中的职业危害、预防和应急处理措施。

（3）应对存在严重职业危害的作业岗位，按照《工业场所职业病危害警示标识》GBZ158要求，在醒目位置设置警示标志和警示说明。

3. 职业危害申报

（1）应按规定，及时、如实的向当地主管部门申报生产过程存在的职业危害因素。

（2）下列事项发生重大变化时，应向原申报主管部门申请变更。

二、职业健康的标准化考评办法

考评类目	考评项目	考评内容	标准分值	考评办法	自评/评审描述	实际得分
十、职业健康	10.1 职业健康管理	应按有关要求，为员工提供符合职业健康要求的工作环境和条件，配备与职业健康保护相适应的设施。	10	现场查看、生产、车间工作环境应符合 GBZ2.1-2007 和 GBZ2.2-2007 的要求，有一处不符合要求的，扣1分；使用国家明令禁止使用的设备和材料，不得分。		
		对职业危害防护设施应当进行经常性的维护、检修和保养，定期检测其性能和效果，确保其处于正常状态。不能擅自拆除或者停止使用职业危害防护设施。	10	现场查看职业危害因素依据超标100分以上，噪声强度达到标准3倍以上，其它超标情形，每处扣1分；未安装职业防护设施运行不得分；未建立职业危害防护设施运行台账，擅目自拆运行，擅自拆除或者停止使用职业危害防护设施的，每处扣1分。		
		应当为从业人员配备与工作岗位相适应的符合国家标准或行业标准的劳动防护用品，并监督、教育从业人员按照使用规则佩戴、使用。	10	无发放标准的，不得分；未及时发放劳动防护用品的，每项扣1分；员工不正确佩戴的，每人次扣1分。购买、使用不合格劳动防护用品的，不得分；发放标准不符合有关规定的，每人扣1分。		
		按规定组织上岗前、在岗期间和离岗职业健康检查，应建立全职业卫生档案和员工健康监护档案。	10	未按规定组织上岗前、在岗期间和离岗前职业健康检查的，扣5分；体检率低于50%的，不得分；体检率每少5%，扣2分；无档案，扣2分；档案内容不全的，每缺一项扣1分；缺一人一档，扣1分。		
		应对职业病患者按规定给予及时的康复治疗，对患有职业病或禁忌症者，按规定及时调整合适岗位。	10	康复治疗每少一人的，扣5分；未按规定调整合适岗位的，每人扣1分；一年内有新增职业病患者的，不得分。		
		应定期对职业危害场所进行检测、评价，并将检测、评价结果公布，存入档案。	10	未定期检测的，不得分；检测周期、地点、有毒有害因素等不符合要求的，每项扣1分；结果未公开公布的，扣5分；结果未存入档案的，一次扣2分。		
		对可能发生急性职业危害的有毒、有害工作场所，应当设置报警装置，配置现场急救用品和必要的泄险区。	10	无报警装置的，不得分；缺少报警装置或不能正常工作的，每处扣1分；无应急预案的，扣5分；无应急救用品、冲洗设备、应急撤离通道和必要的泄险区的，不得分。		

考评类目	考评项目	考评内容	标准分值	考评办法	自评/评审描述	实际得分
		各种防护器具应定点存放在安全、便于取用的地方。专人负责定期校验和保管、维护各种防护用具，确保其处于正常状态。	5	各种防护器具未定点存放在安全、便于取用的地方，不得分；未指定专人保管或未定期校验维护的，不得分；未定期校验和维护记录未存档保存的，每次扣1分；校验和维护记录未存档保存的，不得分。		
		应指定专人负责职业健康的日常监测及维护监测系统处于正常运行状态。	5	未指定专人负责的，不得分；人员不能胜任的（含无资格证书或未经专业培训），不得分；日常监测每缺少一次，扣1分；监测装置不能正常运行的，每处扣1分。		
		与从业人员订立劳动合同（含聘用合同）时，职业工作过程中可能产生的职业危害及其后果、职业危害防护措施和待遇等如实以书面形式告知从业人员，并在劳动合同中写明。	5	未书面告知的，不得分；告知内容中写明内容不全的（含劳动合同中写明内容不全的，每缺少一项内容，扣1分；未在劳动合同中写明内容，每缺少一项内容，扣1分。		
	10.2 职业危害告知和警示	应对员工及相关方宣传和培训生产过程中的职业危害、预防和应急处理措施。	10	无培训及记录的，不得分；员工及相关方告知不清楚的，每次扣1分；未将监测结果通知得到的，每次扣1分；培训无针对性对缺失或相关方不清楚的，每人扣1分；现场抽查班组，未收到监测结果通知得到的，每次扣1分。		
		应对存在严重职业危害的作业岗位，按照《工业企业职业病危害警示标识》GBZ158要求，在醒目位置设置警示标志和警示说明。	5	未设置标志的，不得分；缺少标志的，每处扣1分；标志内容（含职业危害警示的种类、后果、预防以及应急救治措施等）不全的，每处扣1分。		
	10.3 职业危害申报	应按规定，及时、如实的向当地主管部门申报生产过程存在的职业危害因素。	5	未申报材料的，不得分；申报内容不全的，每缺少一类的，扣2分。		
		下列事项发生重大变化时，应向原申报主管部门申请变更。	5	未申报的，不得分；每缺少一类变更申请的，扣2分。		
		小计	110	得分小计		

第十二节 应急救援的标准化考评项目、内容与考评办法

一、应急救援的标准化考评项目和内容

1. 应急机构和队伍

（1）建立安全生产应急管理机构或指定专人负责安全生产应急管理工作，明确职责。

（2）建立与本单位生产安全特点相适应的专兼职应急救援队伍或指定专兼职应急救援人员。

（3）定期组织专兼职应急救援队伍和人员进行培训。

2. 应急预案

（1）按《生产经营单位安全生产事故应急预案编制导则》（AQ/T 9002—2006）要求，建立健全生产安全事故应急预案，包括综合预案、专项预案、现场处置方案。包括铝液遇水爆炸、漏槽、漏炉、中毒、火灾、碳素粉尘爆炸等预案。

（2）根据2009年《生产安全事故应急预案管理办法》（国家安全生产监督管理总局令第17号）有关规定将评审或论证后的应急预案报当地主管部门备案，并通报有关应急协作单位。

（3）定期评审应急预案，并根据评审情况进行修订和完善。

3. 应急设施、装备、物资

（1）按应急预案的要求，建立应急设施，配备应急装备，储备应急物资，建立台帐。

（2）对应急设施、装备和物资进行经常性的检查、维护、保养，确保其完好可靠。

4. 应急演练

（1）按规定每年组织生产安全事故应急演练。

（2）对应急演练的效果进行评估，修订预案或应急处置措施。

5. 事故救援

（1）发生事故后，立即采取应急处置措施，启动相关应急预案，积极开展事故救援，必要时寻求社会支援。

（2）通知可能波及的周边区域和人员，向社会公布信息。

（3）应急救援结束后完成善后处理、环境清理、监测等工作，编制应急救援报告，总结应急救援工作。

二、应急救援的标准化考评办法

考评类目	考评项目	考评内容	标准分值	考评办法	自评/评审描述	实际得分
十一、应急救援	11.1 应急机构和队伍	建立安全生产应急管理机构或指定专人负责安全生产应急管理工作，明确职责。	5	没有建立机构或指定专人负责的，不得分；机构或人员调整未及时变更，每次扣1分。		
		建立与本单位生产安全特点相适应的专兼职应急救援人员。	5	未建立队伍或指定专兼职人员的，不得分；队伍人员不能满足要求的，不得分。		
		定期组织专兼职应急救援队伍和人员进行培训。	5	无培训计划和记录的，不得分；未按计划训练的，每次扣1分；未定期训练的，每项扣1分；培训科目不全的，每次扣1分；救援人员不清楚职能或不熟悉救援装备使用的，每人次扣1分。		
	11.2 应急预案	按《生产经营单位安全生产事故应急预案编制导则》（AQ/T 9002—2006）要求，建立健全生产安全事故应急预案，包括综合预案、专项预案、现场处置预案。包括铝液遇水爆炸、火灾、碳素粉尘爆炸等预案。	15	没按规定制订应急预案的，不得分；应急预案的格式和内容不符合有关规定的，不得分；无作业岗位应急处置预案或措施的，不得分；有关人员不熟悉应急预案应急处措施的，每人扣2分。		
		根据2009年《生产安全事故应急预案管理办法》（国家安全生产监督管理总局令第17号）有关规定将应急预案或论证后应急预案报当地主管部门备案，并通报有关应急协作单位。	5	未进行备案的，不得分；未通报有关应急协作单位的，每项扣1分。		
		定期评审应急预案，并根据评审情况进行修订和完善。	5	未定期评审，不得分；未及时修订的，不得分；未根据评审结果或实际情况的变化修订的，不得分；修订一项，扣1分。		
	11.3 应急设施、装备、物资	按应急预案的要求，建立应急设施、储备应急物资，建立台账。	5	无台账的，不得分；每缺少一类，扣2分；台账不规范，每项扣1分。		
		对应急设施、装备进行经常性的检查、维护、保养，确保其完好可用。	5	无检查、维护、保养记录的，不得分；每缺少一项记录的，扣1分；有一处不完好、可靠的，扣1分。		
	11.4 应急演练	按规定每年组织生产安全事故应急演练。	10	未进行演练的，不得分；无应急演练方案和记录的，不得分；演练方案缺乏可操作性的，扣3分；未按应急演练方案进行的，每次扣2分。		

考评类目	考评项目	考评内容	标准分值	考评办法	自评/评审描述	实际得分
		对应急演练的效果进行评估，修订预案或应急处置措施。	5	无评估报告的，不得分；评估报告未认真总结同题或未提出政进措施的，扣2分；未根据评估内容修订预案或应急处置措施的，扣2分。		
		发生事故后，立即采取应急处置措施、启动相关应急预案，积极开展事故救援，必要时寻求社会支援。	5	未及时启动的，不得分；未达到预案要求的，每项扣1分。		
	11.5 事故救援	通知可能波及的周边区域和人员，向社会公布信息。	5	未通知或向社会公布信息的，不得分。		
		应急救援结束后完成善后处理、环境清理、监测等工作，编制应急救援报告，总结应急救援工作。	5	无应急救援报告的，不得分；未全面总结分析应急救援工作的，每缺一项，扣1分。		
小计			80	得分小计		

第十三节　事故报告、调查和处理的标准化
考评项目、内容与考评办法

一、事故报告、调查和处理的标准化考评项目和内容

1. 事故报告

（1）发生事故后，主要负责人应立即到现场组织抢救，采取有效措施，防止事故扩大。并保护事故现场及有关证据。

（2）按规定及时向上级和有关政府部门报告。报告的内容包括：事故发生单位概况；事故发生的时间、地点及现场情况；简要经过；伤亡人数（包括下落不明的人数）和直接经济损失；已经采取的措施；其他应当报告的情况；事故报告后出现新情况的，应当及时补报。

2. 事故调查和处理

（1）按照事故"四不放过"原则，组织事故调查组或配合有关主管部门对事故进行调查、处理。事故调查组应根据有关证据、资料，分析事故的直接、间接原因和事故责任，提出整改措施和处理建议，编制事故调查报告。

（2）对事故调查报告书、批复、工伤认定等资料存档。建立管理台帐。

二、事故报告、调查和处理的标准化考评办法

考评类目	考评项目	考评内容	标准分值	考评办法	自评/评审描述	实际得分
十二、事故报告、调查和处理	12.1 事故报告	发生事故后，主要负责人应立即到现场组织抢救，采取有效措施，防止事故扩大。并保护现场及有关证据。	10	未到现场组织抢救的，不得分；未采取有效措施，导致事故扩大的，不得分；未保护事故现场及有关证据的，不得分。		
		按规定及时向上级和有关政府部门报告。报告的内容包括：事故发生单位概况；事故发生的时间、地点及现场情况；简要经过（包括伤亡人数、已经采取的措施）和直接经济损失；其他不明的应当报告的情况；事故报告后出现新情况的，应当及时补报。	10	未及时报告的，不得分；迟报的，每起扣2分；报告的事故信息内容与形式与规定不相符的，每处扣2分。		
	12.2 事故调查和处理	按照事故"四不放过"原则，组成配合有关主管部门对事故进行调查、处理。事故调查组应根据有关证据、资料，分析事故的直接、间接原因和事故责任，提出整改措施和处理建议，编制事故调查报告。	15	无调查处理的，不得分；未按"四不放过"原则处理的，不得分；调查报告内容不全的，每项扣2分。		
		对事故调查报告书、批复、工伤认定资料等资料存档，建立管理台账。	5	无登记记录的，不得分；管理台账不规范的，每次扣1分；相关的文件资料未整理归档的，每次扣1分。		
	小计		40	得分小计		

第十四节 绩效评定和持续改进的标准化 考评项目、内容与考评办法

一、 绩效评定和持续改进的标准化考评项目和内容

1.绩效评定

（1）安全生产标准化绩效评定管理制度中应明确组织、时间、人员、内容范围、方法与技术、过程、报告与分析等要求。

（2）应每年至少一次对安全生产标准化实施情况进行评定，并形成正式的评定报告。发生死亡事故后应重新进行评定。

（3）应将安全生产标准化工作评定报告向所有部门、所属单位和从业人员通报。

（4）应将安全生产标准化实施情况的评定结果，纳入部门、所属单位、员工年度安全绩效考评。

2.持续改进

（1）应根据安全生产标准化的评定结果和安全预警指数系统，对安全生产目标与指标、规章制度、操作规程等进行修改完善，制定完善安全生产标准化的工作计划和措施，实施 PDCA 循环、不断提高安全绩效。

（2）安全生产标准化的评定结果要明确下列事项：

①系统运行效果；

②系统运行中出现的问题和缺陷，所采取的改进措施；

③统计技术、信息技术等在系统中的使用情况和效果；

④系统各种资源的使用效果；

⑤绩效监测系统的适宜性以及结果的准确性；

⑥与相关方的关系。

第七节 生产设备设施的标准化考评项目、内容与考评办法

一、生产设备设施的标准化考评项目和内容

1. 生产设备设施建设

（1）新、改、扩建设项目应依照国家相关法规、标准的规定，严格履行立项、审批和审查等各项程序。

（2）新、改、扩建设项目应严格执行安全设施"三同时"制度，根据国家、地方及行业等规定执行项目安全预评价、安全专篇、安全验收评价和项目安全验收等审查、批复和备案等程序；按照《建设工程消防监督管理规定》（公安部令第106号）的要求，进行消防设计审核和消防验收。

（3）厂址选择、厂区布置和主要车间的工艺布置应遵循《工业企业总平面设计规范》（GB50187）的规定；厂区布置应合理安排车流、人流、物流，应设有安全通道。

（4）厂区内的建构筑物、室外大型设备等应按《建筑物防雷设计规范》（GB50057）的规定设置防雷设施，并保持完好。

（5）厂房的照明，厂房、车间紧急出入口、通道、走廊、楼梯及主要会议室、操作室、计算机室、变频室、酸碱洗槽、配电室、液压站、油库、泵房、电缆隧道、煤气站等，应按照《建筑采光设计标准》（GB50033）和《建筑照明设计标准》（GB50034）的规定设置应急照明，并保持完好。

（6）主要生产场所的火灾危险性分类及建构筑物防火最小安全间距，应遵循《建筑设计防火规范》（GB50016）的规定。

（7）厂内的铁路、道路设施（包括车辆、铁路、道口、道路安全标志等）以及列车运行和调车作业，道路运输车辆、货物装卸、车辆行驶应符合《工业企业厂内铁路、道路运输安全规程》（GB4387）规定。

（8）设备设施应符合有关法律法规、标准规范要求；设备选型应符合项目设计方案，不应选用国家明令淘汰、禁止使用的、危及生产安全的设备设施。

（9）应设置全厂管/控一体化的自动控制系统，根据生产工艺流程和区域位置分区设置集中控制室，采用集散控制系统，对生产过程进行自动检测、控制和管理。

（10）散发余热、余气（汽）的车间或场所应设置机械和自然通风设施；生产作业场所易积水的坑、槽、沟应保持排水畅通；密闭的坑、池、沟应设置换气设施。

（11）生产岗位操作室、会议室、生活辅助设施（更衣室、浴池、食堂）、车间主配电室等，应与大型槽体、高压设备、高压管路间留有合理的间距；操作室不应置于压力容器上方或附近，应留有合理的间距。

（12）固体输送设备（皮带、传送带、板式输送机、斗式提升机、链条机、螺旋输送机等）应符合《带式输送机工程设计规范》（GB 50431）要求，应设启停用警铃、电气联锁和事故急停装置等。

（13）碱粉贮存场所应设置机械化吊卸和搬运设施。

（14）石灰炉应设置通风和排烟设施。

（15）蒸汽缓冲器、压煮器、管道化溶出装置、蒸发器、脱硅机、压缩空气储罐、真空罐等压力容器应符合《固定式压力容器安全技术监察规程》(TSGR0004) 的要求，各种安全附件（安全阀、防爆膜、压力表、温度表、报警器等）应齐全；溶出器、料浆及冷凝水自蒸发器、蒸汽缓冲器、新蒸汽总管上应设置安全阀，每台压力容器或每处应设置 2 个安全阀，并应确保泄压排出点符合安全要求。

（16）溶出系统的换热器、溶出器和自蒸发器上都应设合理、安全、可靠的不凝气排出设施。

（17）熟料窑饲料泵、赤泥外排高压泵、压煮溶出饲料泵必须设置压力检测、超压报警、自动停车等安全装置。

（18）熔盐炉、余热锅炉等的安全设施应符合《有机热载体炉安全技术监察规程》（劳部发 [1993]356 号）要求。

（19）桥式起重机、电葫芦、卷扬机、龙门吊、汽车吊、电梯等起重设备应符合《起重机械安全规程》（GB6067）要求，限位器、联锁开关、制动器、限载器、报警器等安全设施应齐全；电梯应设置应急保安电源。

（20）厂内叉车、电瓶车、机动车等车辆应符合《厂内机动车辆安全管理规定》（劳部发 [1995]161 号）的要求。

（21）压缩空气管道、料浆管道、溶液管道、蒸汽管道等压力管道的安全设施应符合《压力管道安全技术监察规程 - 工业管道》（TSG D0001）的规定。

（22）天然气、煤层气、煤气等燃气管道应设置有放散、接地装置，埋地管道应有防腐保护设施，管道与周围其它设施的安全距离应符合《工业企业煤气安全规程》（GB 6222）和《城镇燃气设计规范》（GB 50028）的要求；用煤气作燃料的现场应设置煤气泄漏检测，放空等相应装置。

（23）煤气站的各项安全设施应符合《发生炉 煤气站设计规范》（GB50195）要求；煤气输送管道应设气水分离设施。

（24）槽罐应设置液面指示装置和防止冒槽的溢流装置；槽罐顶应设置专门的安全通道；槽罐区设围堰，地沟加盖板，现场应设事故喷淋及冲洗设施。

（25）空气压缩机应符合《容积式空气压缩机 安全要求》JB8524要求。

（26）压滤机液压部分应安装电接点压力表，应有联锁控制系统。

（27）煤粉制备系统应设置有收尘、通风、灭火设施；煤粉制备系统必须设置灭火设施，并配置灭火器。煤粉仓、粗粉分离器、细粉分离器、煤粉经过的管道上都必须设置防爆装置。

（28）重油库、槽区、柴油罐、高压油泵房应有完善的防火和灭火设施；油罐组周围应设防火堤；卸油系统应采用密闭管道系统；油罐应设有通入惰性气体的灭火接口。

（29）电气设备和线路应设有可靠的防雷、接地、接零等装置；供电电缆的敷设应符合相应的安全要求；各用电设备应有短路和过载保护；潮湿或高温区的场所，设备选型以及电缆敷设应满足其特殊的环境条件要求。

（30）电气室（包括计算机房）、主电缆隧道和电缆夹层，应设有火灾报警监视装置、灭火装置和防止小动物进入的措施。

（31）自控设施的线路不应敷设在易受机械损伤、有腐蚀性物质排液、潮湿以及有强磁场和强静电场干扰的位置，当无法避免时，应采取防护或屏蔽措施；自动控制系统应有备用电源。

（32）二氧化碳的除尘、洗涤、加压输送系统的安全设施应齐全完好。

（33）具有粉尘爆炸危险性物质的收尘（电除尘、湿式收尘、布袋收尘）器应设置有防爆装置。

2. 设备设施运行管理

（1）建立设备检维修台帐，制定检维修计划，并按计划实施。按照检维修计划定期对安全设备设施进行检修；危险检维修应制定实施方案，应包括作业危险分析和控制措施，安全设施及时检修和维护，检修完毕后按程序进行试车和消缺。

（2）主要生产（工艺）设备上使用的需强制检测的元件、仪器仪表、变送器、工艺设施安全联锁装置以及可燃、有毒气体检漏报警仪和防雷电、防静电设施等均应处于规定的检测检验周期内。

（3）各种建筑物（构筑物）及其附着物的结构应可靠完整，如天花板、管道、墙壁及支柱、罐(水、气、油等)、门道及窗户框架、排水沟及下水管、固定梯、混凝土及钢结构等，不应有明显的严重结构缺陷。

（4）设立危险化学品（酸、碱等）、易燃易爆品、放射源专用仓库、专用场地或专用储存室（以下统称专用仓库）存放危险物质，并按规定获得批准。

（5）对涉及强酸、强碱及高碱料浆等生产岗位实施有效的监控；对储槽设置液位进行监测，液位超限报警后，应立即采取停止进料等措施；各种防护罩、溢流管道等设施应完好。

（6）湿法生产车间内地坪应做出一定的坡度，并设地沟及污水槽；现场地沟应畅通，盖板应齐全完好。

（7）现场设置的喷淋、冲洗设施应完好；存在强碱的作业岗位应配置硼酸水等药品。

（8）在人员有可能接触到的蒸汽管道、高温料浆设施应采取有效的保温和隔离防护措施。

（9）易燃易爆场所的消防器材配备应符合《建筑灭火器配置设计规范》（GB50140）要求，并定期对各类消防设施进行检查、试验、维修和更换，确保设施完好，不得挪作它用。

（10）易燃易爆场所应采取有效的隔离防护措施，严格控制意外泄露和火源。

（11）对可燃气体的泄漏等应进行监测，现场不应有泄漏现象。对可燃物质（润滑油、重油等）的温度应进行监控，并有超温报警措施。

（12）在易燃、易爆危险场所，应使用阻燃电缆，选择防爆电器，依据《电力工程电缆设计规范》（GB50217）选择电线和电缆，以满足不同场合和不同工况下的要求。

（13）易发生燃爆的除尘管道应及时清除积尘。

（14）对溶出系统、蒸发系统、脱硅系统的压力、温度及液位等参数进行检测和监控，应有相应的联锁系统；定期对系统检测仪表进行维护保养，系统检测仪表应完好、灵敏、精确。

（15）隔膜泵、油隔泵等进出料部位应设置进出料补偿器等措施，确保系统压力稳定；泵本体应设置超压报警、跳停和油系统自动卸压等安全保护设施运行良好。

（16）压力容器、管道设置安全阀、爆破片、爆破冒、易熔塞、紧急切断阀、减压阀、压力表等卸压装置及安全附件应完好，安全阀应定期进行手动试验，确保其安全可靠。

（17）压力管道的固定支架、弹簧支吊架、热补偿器等应牢固、可靠，并定期检查。

（18）根据相关法规及标准要求定期对压力容器、管道及安全阀、压力表等安全附件进行检测，确保在有效期内使用。

（19）起重设备应符合《特种设备安全监察条例》（国务院令第549号）和《起重机械安全规程》（GB6067）的规定，并取得政府主管部门颁发的运行许可证，定期进行检测、检验。

（20）起重设备的下列安全装置，应按制度进行检查，确保完好有效使用：

①上升极限位置限制器；

②运行极限位置限制器；

③倾斜调整和显示装置；

④缓冲器；

⑤露天作业的防风防爬装置；

⑥防后倾装置；

⑦回转锁定装置；

⑧起重量限制器；

⑨力矩限制器；

⑩防碰装置；

⑪登吊车信号装置及门联锁装置；

⑫电动警报器或大型电铃以及警报指示灯；

⑬地面操作手柄要有急停按钮；

⑭失压保护装置。

（21）吊钩、吊具、吊索应在其额定载荷范围内使用；钢丝绳和链条的安全系数和钢丝绳的报废标准，应符合《起重机械安全规程》（GB6067）的有关规定。

（22）起重机在行走前和行走过程中，应发出声光报警信号；吊运物行走时，不应从人的上方通行；在特定的情况下越过主体设备时应有相应的安全措施并严格执行。

（23）配电室高压开关柜等电气设备应设有"五防"装置（防止误分、误合开关，防止带负荷拉合刀闸，防止带电挂接地线，防止带接地线合闸，防止误入带电间隔），手持电动工具应装设触电保安装置，并保持完好、有效。

（24）低压电气设备非带电的金属外壳和电动工具的接地电阻，不应大于4Ω。

（25）电器设施的绝缘保护应完好，电气作业使用的各种工器具应按规定进行耐压试验、检测。

（26）电气设施的控制按钮、开关应灵敏可靠，指示灯清晰明亮；电气线路敷设规范。

（27）酸碱腐蚀场所的钢质容器、平台、框架结构等设施应定期检测检验钢板厚度、定期防腐。

（28）大型建构筑物、大型槽罐应定期进行沉降、位移观测；对出现的沉降、位移、腐蚀、变形和裂缝等异常情况应及时进行处理。

（29）各种槽罐、厂房、管道架等不应超额定荷载，否则应由有资质的单位设计、施工。

（30）应按照《放射性同位素与射线装置安全许可管理办法》中华人民共和国环境保护部令第3号等相关规定，取得辐射许可证。

（31）放射性同位素的装卸、使用、保存和销毁应符合《放射性同位素与射线装置安全和防护条例》（国务院令第449号）、和《放射卫生防护基本标准》（GB4792）的要求，应有严格的防盗及防护监控措施，现场应设置警示标志。

（32）易燃、易爆等危险货物的运输应符合《危险货物运输包装通用技术条件》（GB12463）的规定。

3. 新设备设施验收及旧设备设施拆除、报废

（1）设备的设计、制造、安装、使用、检测、维修、改造、拆除和报废，应符合有关法律法规、标准规范的要求，应优先选用本质安全型设备。

（2）按规定对新设备设施进行验收，确保使用质量合格、设计符合要求的设备设施。

（3）按规定对不符合要求的设备设施进行报废或拆除，并采取必要的安全技术防范措施和管理措施。

二、生产设备设施的标准化考评办法

考评类目	考评项目	考评内容	标准分值	考评办法	自评/评审描述	实际得分
六、生产设备设施	6.1 生产设备设施建设	新、改、扩建设项目应依照国家相关法规、标准的规定,严格履行立项,审批和审查等各项程序。	4	建设项目无立项、审批和审查等批复手续,不得分。		
		新、改、扩建设项目应严格执行安全设施"三同时"制度,根据国家、安全专篇、地方及行业等规定进行安全预评价,安全验收等审查,批复和备案等审查程序,按照《建设工程消防监督管理规定》(公安部令第106号)的要求,进行消防设计审核和消防验收。	6	未执行"三同时"要求的,不得分;未按规定进行安全预评价、安全验收审查,一个专篇、一个项目段执行,一项项目扣3分;缺一项目扣2分;未按规定时间段执行,一次项目扣1分;未进行消防设计审核和消防验收,不得分。		
		厂址选择、厂区布置和主要车间的工艺布置应遵循《工业企业总平面设计规范》(GB50187)的规定;厂区布置应合理安排车流、人流、物流,应设有安全通道。	4	有一处不符合规定,扣1分;安全通道设置不符合规定,每处扣0.5分。		
		厂区内的建构筑物、室外大型设备等应按《建筑物防雷设计规范》(GB50057)的规定设置设置防雷设施,并保持完好。	2	未按规定设置防雷设施,每处扣1分;未定期检查,扣0.5分。		
		厂房的照明、厂房、车间紧急出入口、通道、走廊、楼梯及主要会议室、操作室、计算机室、变频室、配电室、液压站、泵房、电缆隧道、酸碱洗槽、煤气站等,应按照《建筑照明设计标准》(GB50033)和《建筑照明设计标准》(GB50034)的规定设置应急照明,并保持完好。	3	天然采光和人工照明不符合要求,每处扣1分;有一处未按要求设置事故照明,扣1分;设置事故照明不能正常使用,每处扣0.5分。		
		主要生产场所的火灾危险性分类及建构筑物防火设计应遵循《建筑设计防火规范》(GB50016)的规定。	2	有一处不符合要求,扣0.5分。		
		厂内的铁路、道路设施(包括车辆、铁路、道路安全标志等)以及列车运行和调车作业、货物装卸、车辆运行应符合《工业企业厂内铁路、道路运输安全规程》(GB4387)规定。	5	有一处不符合规定,扣1分。		
		设备设施应符合有关法律法规、标准规范要求;设备选型应符合项目设计方案,不应选用国家明令淘汰、禁止使用的,危及生产安全的设备设施。	6	有一套设备不符合要求,扣1分;存在重大风险或隐患,每处除本分值扣完后,再加扣6分。		

考评类目	考评项目	考评内容	标准分值	考评办法	自评/评审描述	实际得分
		应设置全厂管/控一体化的自动控制系统，根据生产工艺流程和各区域位置分区设置集中控制室，采用集散控制系统，对生产过程进行自动检测、控制和管理。	8	无全厂管/控一体化的自动控制系统，不得分；未按规定设置集中控制室，一处扣4分。		
		散发余热、余气（汽）的车间或场所应设置机械和自然通风设施，生产作业场所易积水的坑、槽、沟应设置排水设施；密闭的坑、池、高压管路上方或附近，应留有合理的间距。	3	无排水设施，每处扣0.5分；无换气设施，每处扣0.5分。		
		生产岗位操作室（更衣室、浴室、会议室、食堂）车间主配电室、高压设备、高压容器有合理的间距；操作室不应置于压力容器上方或附近，应留有合理的间距。	3	现场操作室、更衣室、浴室、休息室、会议室在大型槽、罐等容器和危险性较大设施的事故影响范围内，每处扣1分。		
		固体输送设备（皮带、传送带、板式输送机、斗式提升机、链条机、螺旋输送机等）应符合《带式输送机工程设计规范》（GB 50431）要求，应设启停用警铃、电气联锁和事故急停装置等。	3	有一处不符合要求，扣0.5分。		
		碱粉尘存场所应设置机械化吊卸和搬运设施。	3	无机械吊卸和搬运设施，不得分。		
		石灰炉应设置通风和排烟设施。	3	无通风和排烟设施，不得分。		
		蒸汽缓冲器、压煮器、储气罐、真空溶出装置、蒸发器各种压力容器、管道气化装置、蒸发器等应符合《固定式压力容器安全技术监察规程》（TSGR0004）的要求；各种安全附件（安全阀、防爆膜、压力表、温度表、报警器等）应齐全；溶出器、料浆及冷凝水自蒸汽、蒸汽缓冲器、新蒸汽总管上应设置安全阀，每台压力容器或每处应设置压排出口符合安全要求。	8	有一处不符合标准要求，扣2分；安全附件每缺一项，扣1分；无联锁控制系统的，每处扣2分。		
		溶出系统的换热器、溶出器和自蒸发器上都应设置合理、安全、可靠的不凝气排出设施。	4	有一处未排出设施扣2分。		
		熟料窑饲料泵、赤泥外排高压泵、压煮溶出饲料泵必须设置压力检测、超压报警、自动停车等安全装置。	4	有一处不符合标准要求，扣2分。		

考评类目	考评项目	考评内容	标准分值	考评办法	自评/评审描述	实际得分
		熔盐炉、余热锅炉等的安全设施应符合《有机热载体炉安全技术监察规程》（劳部发[1993]356号）要求。	5	有一处不符合标准要求，扣1分。		
		桥式起重机、电葫芦、卷扬机、龙门吊、汽车吊、电梯等起重设备应符合《起重机械安全规程》（GB6067）要求，限位器、联锁开关、制动器、限载器、报警器等安全设施应齐全；电梯应设置应急保安电源。	8	有一处不符合标准要求，扣2分；安全设施缺乏，每项扣2分；电梯无应急保安电源，扣2分。		
		厂内叉车、电瓶车、机动车等车辆应符合《厂内机动车辆安全管理规定》（劳部发[1995]161号）的要求。	3	有一处不符合标准要求，扣1分。		
		压缩空气管道、料浆管道、溶液管道、蒸汽管道等压力管道的安全设施应符合《压力管道安全技术监察规程-工业管道》（TSG D0001）的规定。	5	有一处不符合标准要求，扣1分。		
		天然气、煤层气、煤气等燃气管道应设置有放散、接地装置，埋地管道应有防腐保护设施，管道与周围其它设施的安全距离应符合《工业企业煤气安全规程》（GB 50028）的要求；用煤气作燃料的现场应设置煤气泄漏检测、放空等相应装置。	5	有一处不符合标准要求，扣1分。		
		煤气站的各项安全设施应符合《发生炉煤气站设计规范》（GB50195）要求；煤气输送管道应设气水分离设施。	10	有一处不符合标准要求，扣2分；煤气输送管道无气水分离设施，扣5分。		
		槽顶应设置液面指示装置和防止冒槽的溢流装置；槽罐应设置专门的安全通道；槽罐区应设围堰，地沟应设盖板，槽罐区应设有喷淋及冲洗设施。	5	无液面指示装置和防止冒槽的溢流装置，每处扣1分；未设围堰、地沟盖板缺少，每处扣1分；现场缺冲洗设施，每处扣1分。		
		空气压缩机应符合《容积式空气压缩机 安全要求》JB8524要求。	3	有一处不符合标准要求，扣1分。		
		压滤机液压部分应安装电接点压力表，应有联锁控制系统。	2	未安装电接点压力表或联锁控制系统，不得分。		
		煤粉制备系统应设置有收尘、通风、灭火设施，并配置灭火器；煤粉仓、粗粉分离器、细粉分离器等装置必须设置防爆装置。	3	收尘、通风、灭火、防爆设施缺乏，每项扣1分。		
		重油库、槽区、柴油罐、高压油泵房应有完善的防火和灭火设施；油罐组周围应设防火堤；卸油系统经过的管道上都必须采用密闭管道系统；油罐应设有通入惰性气体的灭火接口。	3	防火和灭火设施不完善，每处扣1分；未设防火堤，每处扣0.5分；卸油系统未采用密闭管道，扣2分；油罐无通入惰性气体的灭火接口，每处扣1分。		

考评类目	考评项目	考评内容	标准分值	考评办法	自评/评审描述	实际得分
		电气设备和线路应设有可靠的防雷、接地、接零等装置;供电电路应有相应的安全要求;各用电设备应有短路和过载设定的场所;潮湿或高温区内,设备选型以及电缆敷设应满足其特殊的环境条件要求。	3	有一处不符合标准要求,扣1分。		
		电气室(包括计算机房)、主电缆隧道和电缆夹层,有火灾报警装置,灭火装置和防止小动物进入的措施。	2	未设装置,不得分;有少一项装置,扣1分;有一处未设防小动物进入措施,扣1分。		
		自控设施的线路不应敷设在易受机械损伤、有腐蚀性物质排液、潮湿以及有强磁场和静电场干扰的位置,当无法避免时,应采取防护或屏蔽措施;自动控制系统应有备用电源。	3	有一处不符合要求,扣0.5分。		
		二氧化碳的除尘、洗涤、加压输送系统的安全设施应齐全完好。	2	未设装置,不得分;有一处不符合要求,扣0.5分		
		具有粉尘爆炸危险性物质的收尘(电除尘、湿式收尘、布袋收尘)器应设置有防爆装置。	2	缺防爆装置,每处扣0.5分。		
	6.2设备设施运行管理	建立设备检修维修台账,制定检修维修计划,并按计划检修;按照检修维修计划定期对安全设备设施进行检修;危险作业应制定实施方案,包括作业危险分析和控制措施,安全设施及时检修及时检修维修完毕后按程序进行试车。	10	无台账或检修维修计划、资料不齐全,不得分。每次(项)扣1分;未按计划检修,每项扣2分;检修方案未包含作业危险分析和控制措施,每项扣1分;安全设备设施检修完毕后未按规范试车,每处扣2分;失修每处扣1分;检修记录归档不及时,每项扣1分。		
		主要生产(工艺)设备上使用的需强制检测的元件、仪器仪表、变送器、工艺设施安全联锁装置以及可燃、有毒气体检测报警仪和防静电、防雷电设施等应处于规定的检测检验周期内。	6	有一类项目没有进行定期检测检验,扣3分;现场发现一处超过周期,扣2分。		
		各种建筑物(构筑物)及其附着物的结构应可靠完整,如天花板、管道、墙壁及支柱、罐(水、气、油等)、门窗及窗户框架、排水沟及下水管、固定梯、混凝土及钢结构等,不应有明显的严重结构缺陷。	4	存在一处缺陷,扣1分。		
		设立危险化学品(酸、碱等)、易燃易爆品、放射源等危险品专用仓库、专用场地或专用储存室(以下统称专用仓库)存放危险物质,并按规定获得批准。	5	未规定设立仓库或专用场所或储存室,不得分。		

考评类目	考评项目	考评内容	标准分值	考评办法	自评/评审描述	实际得分
		对涉及强酸、强碱及高碱料浆等生产岗位实施有效的监控；对储槽等设置液位超限报警，液位超限报警后，应立即采取停止进料等措施；各种防护罩、溢流管道等设施应完好。	5	未落实监控，每处扣1分；液位超限报警后，未采取相应措施，每次扣2分；防护设施存在缺陷，每处扣1分。		
		湿法生产车间内地坪应做出一定的坡度，并设地沟及污水槽；现场地沟应畅通，盖板应齐全完好。	6	未设地沟及污水槽，不得分；地坪坡度不符合要求，每处扣1分；地沟不畅通、盖板不齐全，每处扣0.5分。		
		现场设置的喷淋、冲洗设施应完好，存在强碱的作业岗位应配置硼酸水等药品。	4	喷淋、冲洗设施不完好，每处扣2分；强碱的作业岗位缺配置硼酸水等药品，每处扣1分。		
		在人员有可能接触到的蒸汽管道、高温料浆设施采取有效的保温和隔离防护措施。	3	有一处不符合要求，扣1分。		
		易燃易爆场所的消防器材配备应符合《建筑灭火器配置设计规范》（GB50140）要求，并定期对各类消防设施进行检查、试验、维修和更换，不得挪作它用。	8	消防器材配备不符合要求或不完好，每处扣2分；未定期对各类消防设施进行检查、试验、维修和更换，不得分；有挪作它用，不得分。		
		易燃易爆场所应采取有效的隔离防护措施，严格控制意外泄露和火源。	3	无隔离防护措施，每处扣1分。		
		对可燃气体的泄漏等应进行监测，现场不应有泄漏现象。对可燃物质（润滑油、重油等）的温度应进行监控，并有超温报警措施。	4	未监测，不得分；未按规进行监控，没少一次扣1分；未对温度进行监控，不得分；无超温报警措施，每处扣1分。		
		在易燃、易爆危险场所，应使用阻燃电缆，选择防爆电器，依据《电力工程电力电缆设计规范》（GB50217）选择电线电缆，以满足不同场合不同工况下的要求。	5	有一处不符合要求，扣1分。		
		易发生燃爆的除尘管道应及时清除积尘。	2	未及时清除积尘，不得分。		
		对溶出系统、蒸发系统、脱硅系统的压力、温度及液位等参数进行检测和监控，应有相应的联锁系统；定期对系统检测仪表进行维护保养，系统检测仪表应完好、灵敏、精确。	8	未对参数进行检测和监控，不得分；无相应联锁系统，每处扣2分；系统检测仪表有缺陷，每处扣1分。		

考评类别	考评项目	考评内容	标准分值	考评办法	自评/评审描述	实际得分
		隔膜泵、油隔泵等进出料部应应设置进出料料补偿器等措施，确保进出料压力稳定；泵本体应设置压力超压报警、跳停和卸油系统自动卸压等安全保护设施等安全保护设施完好。	3	未设置进出料补偿器措施，每处扣1分，泵本体未设置超压报警、跳停和卸油系统自动卸压等安全保护设施，每处扣1分；安全保护设施不能运行，每处扣0.5分。		
		压力容器、管道设置安全阀、管道设置安全阀，爆破片、爆破冒、易熔塞、紧急切断阀、减压阀、压力表等安全附件应定期进行手动试验，安全阀等安全附件，确保其安全可靠。	4	无卸压装置及安全附件，不得分；未定期试验，每处扣1分。		
		压力管道的固定支架、弹簧吊架、热补偿器等安全附件应牢固、可靠，并定期检查。	3	有缺陷，每处扣1分；未检查，不得分；未定期检查，每少一次扣0.5分。		
		根据相关法规及标准要求定期对压力容器、管道及安全阀、压力表等安全附件进行检测，确保在有效期内使用。	8	未进行检测，不得分；一处未在有效期内使用，扣2分。		
		起重设备应符合《特种设备安全监察条例》（国务院令第549号）和《起重机械安全规程》（GB6067）的规定，并取得政府主管部门颁发的运行许可证，定期进行检测、检验。	8	未取得运行许可证，不得分；未按期进行检测、检验，每台次扣4分。		
		起重设备的下列安全装置，应按制度进行检查，确保完好有效使用： (1)上升极限位置限制器； (2)运行极限位置限制器； (3)倾斜调整和显示器； (4)缓冲器； (5)露天作业的防风防爬装置； (6)防后倾装置； (7)回转锁定装置； (8)起重量限制器； (9)力矩限制器； (10)防碰装置； (11)登吊车信号电铃以及报警指示灯； (12)电动警报器或大型电笛； (13)地面操作手柄要有急停按钮； (14)失压保护装置。	6	安全装置缺失，每项扣2分；未按照制度检查，每次扣1分；设施存在缺陷，每处扣1分。		

考评类目	考评项目	考评内容	标准分值	考评办法	自评/评审描述	实际得分
		吊钩、吊具、吊索应在其额定载荷范围内使用；钢丝绳和链条的安全系数和钢丝绳的报废标准，应符合《起重机械安全规程》(GB6067)的有关规定。	3	不符合要求，每处扣0.5分。		
		起重机在行走和行走过程中，应发出声光报警信号；吊运物行走时，不应从人的上方通行；在特定的情况下被过主体设备时应有相应的安全措施并严格执行。	3	不符合规定，每次扣1分。		
		配电室高压开关柜等电气设备应设有"五防"装置(防止误分、误合开关，防止带负荷拉合刀闸，防止带电接地线，防止误入带电间隔)，电接地线，防止误入带电间隔)，并保持完好、有效。手持电动工具应设触电保安装置，并保持完好、有效。	6	有一处不符合要求，扣2分。		
		低压电气设备非带电的金属外壳和电动工具的接地电阻，不应大于4Ω。	2	有一处不符合要求，扣0.5分。		
		电器设施的绝缘保护应完好，电气作业使用的各种工器具应按规定进行耐压试验、检测。	4	绝缘保护有缺陷，每处扣1分；工具未进行检测，不得分；未按期限及时进行检测，每次扣2分。		
		电气设施的控制按钮、开关应灵敏可靠，指示灯均明亮；电气线路敷设规范。	3	有一处不符合要求，扣1分。		
		酸碱腐蚀场所的钢质容器、平台、框架结构等设施应定期检验检测钢板厚度，定期防腐。	5	未进行检测检验钢板厚度和定期防腐处理，不得分；未按照规定检测及时进行检测和防腐，每次扣1分。		
		大型建构筑物、大型槽罐应定期进行沉降、位移观测；对出现的沉降、位移、腐蚀、变形和裂缝等异常情况应及时进行处理。	3	未监测，不得分；对异常情况，未及时处理，每次扣1分。		
		各种槽罐、厂房、管道架不应超额定荷载，否则应由有资质的单位设计、施工。	4	不符合要求，不得分。		
		应按照《放射性同位素与射线装置安全许可管理办法》中华人民共和国环境保护部令第3号等相关规定，取得辐射许可证。	3	未取得辐射许可证，不得分。		

考评类目	考评项目	考评内容	标准分值	考评办法	自评/评审描述	实际得分
		放射性同位素的装卸、使用、保存和销毁应符合《放射性同位素与射线装置安全和防护条例》（国务院令第449号），和《放射卫生防护基本标准》（GB4792）的要求，应有严格的防盗及防护监控措施，现场应设置警示标志。	4	一处不符合规定，扣2分；无防盗及防护监控措施，不得分；未设置警示标志，每处扣1分。		
		易燃、易爆等危险货物运输包装应符合《危险货物运输包装通用技术条件》（GB12463）的规定。	3	有一处不符合要求，扣1分。		
		设备的设计、制造、安装、使用、检测、维修、改造、拆除和报废，应符合有关法律法规、标准规范的要求，应优先选用本质安全型设备。	3	有一处不符合规定，扣1分。		
	6.3 新设备设施验收及旧设备设施拆除、报废	按规定对新设备设施进行验收，设计符合要求的设备设施。	4	未进行验收（含其安全设备设施），每项扣1分；使用不符合要求，每项扣1分。		
		按规定对不符合要求的设备设施进行报废或拆除，并采取必要的安全技术防范措施和管理措施。	5	未按规定进行，不得分；涉及到危险物品的生产设备设施无危险物品处置方案，不得分；未采取防范措施，每处扣1分。		
	小计		295	得分小计		

第八节 作业安全的标准化考评项目、内容与考评办法

一、作业安全的标准化考评项目和内容

1. 生产现场管理和生产过程控制

（1）定期对生产现场和生产过程、环境存在的风险和隐患进行辨识、评估分级，制定相应的控制措施，并得到落实；根据实际变化情况及时进行更新。

（2）生产操作现场应有严格的管理措施，与生产无关人员不应进入生产操作现场。

（3）生产现场应实行定置管理，物品摆放整齐、有序，区域划分科学合理。

（4）现场不应有"跑、冒、滴、漏"现象，无大面积积水、积料。

（5）对下列危险作业执行作业许可管理：

①危险区域动火作业；

②进入受限空间作业；

③临时用电作业；

④高处作业；

⑤大型吊装作业；

⑥爆破作业；

⑦交叉作业；

⑧其它危险作业。

危险作业应执行严格的审批程序，明确存在的危险有害因素和控制措施。

（6）进行爆破、吊装等危险作业时，应当安排专人进行现场安全监督管理。

（7）岗位作业人员应认真执行本岗位安全操作规程、技术规程和设备检修、维护规程；应严格控制生产工艺安全的关键指标，如压力、温度、流量、液（料）位、液量等。

（8）石灰炉顶处理卡料，炉内应减风到负压，两人以上共同进行，相互监护，不应站在积料上处理。

（9）输送皮带打滑或主、被动轮挤进物料时，应停车处理。

（10）溶出器堵塞，不应高压冲击，应泄压后清理；蒸发器酸洗后未经置换、通风，不应动火作业。

（11）开停板式热交换器时，精液和母液应同时开关，不应出现偏压密封泄漏喷料。

（12）设备操作、检修、清理所使用的设备、工器具等应安全可靠；高处作业应系好安全

带、绳，垂直交叉作业应设安全防护棚或围栏，并设置警示、提示标志。

（13）检修、清理所用行灯的电压不应超过 36 伏，进入金属容器内或潮湿环境内不应超过 12 伏。

（14）检修、清理中拆除的安全装置，检修、清理完毕应及时恢复。

2. 作业行为管理

（1）对生产作业过程中人的不安全行为进行辨识和排查，并制定相应的控制措施。

（2）对现场出现的不安全行为进行严肃的处理，并定期进行分类、汇总和分析，制定针对性控制措施。

（3）检修承压设备前，应将压力泄放为零，并采取有效的防护措施防止带余压料浆喷溅；带料承压管道、容器不应重力敲打和拉挂负重。

（4）开关料浆阀门作业时不应垂直面对法兰，拆卸阀门、管道、泵、容器的连接螺栓时应由下而上。

（5）对各类容器、贮罐、槽、管道、泵等设备检修、清理前应通知相关运行岗位人员，并对所有可能来料的管道或设备采取可靠的隔离措施，如加盲板等，关键部位的阀门应关闭，排空物料，作业期间，外部必须设置专人监护。

（6）进入槽、炉、塔、釜、罐、仓、槽车、管道、烟道、隧道、下水道、沟、坑、井、池、涵洞等受限空间作业时，应等内部工作的气流温度降至 40℃以下，内外相互监护；进入前应先观察有无松脱的结疤、耐火砖等，并采取降温通风、现场检测、排空物料等措施。

（7）设备检修、清理工作，应进行安全交底，严格执行工作票制、安全确认制度、挂牌制、监护制、锁具制，做好现场的安全措施和现场的安全交底。

（8）在全部停电或部分停电的电气设备上作业，应遵守下列规定：

①拉闸断电，并采取开关箱加锁等措施；

②验电、放电；

③各相短路接地；

④悬挂"禁止合闸，有人工作"的标示牌和装设遮拦。

（9）穿越裙式机、皮带机、磨机等运行的输送、旋转机械设备，应走过桥，不应在螺旋盖板和流槽盖板上行走。

3. 警示标志和安全防护

（1）作业现场应设置安全通道标志；跨越道路管线应设置限高标志。

（2）作业场所或有关设备上，应设置符合《安全标志及其使用导则》（GB2894）和《安全色》（GB2893）规定的安全警示标志，告知危险的种类、后果及应急措施等。

（3）设备裸露的转动或快速移动部分，应设有结构可靠的安全防护罩、防护栏杆或防护挡板。

（4）厂区内的坑、沟、池、井、洞、孔和高处的边缘等，应设置安全盖板、防护栏、平台和梯子。直梯、斜梯、防护栏杆和工作平台应符合《固定式钢直梯安全技术条件》（GB4053.1）、《固定式钢斜梯安全技术条件》（GB4053.2）、《固定式工业防护栏杆安全技术条件》（GB4053.3）、《固定式工业钢平台》（GB4053.4）的规定。

（5）设备检修、清理应执行安全文明施工的要求，现场应设有明显的警示牌、标识或围栏，用料及设备、工器具有序堆放，夜间照明要良好；施工、吊装等作业现场应设置警戒区域和警示标志。

（6）为从业人员配备与工作岗位相适应的符合国家标准或者行业标准的专业工器具和劳动防护用品，并监督、教育从业人员按照使用正确佩戴、使用；进入现场作业人员及相关人员应按规定正确佩戴劳动防护用品。

（7）输送腐蚀性物品的管道、高压管道法兰、泵出口应设置防护罩。

（8）不同介质的管线，应按照《工业管道的基本识别色、识别符号和安全标识》（GB7231）和《安全色》（GB2893）的规定涂上不同的颜色，并注明介质名称和流向。

4. 相关方管理

（1）严格执行相关方及外用工（单位）管理制度，对承包商、供应商等相关方的资格预审、选择、服务前准备、作业过程监督、提供的产品、技术服务、表现评估、续用等进行管理，建立相关方的名录和档案。

（2）项目建设的设计、评价、施工、监理单位应具备相应的资质；工程项目承包协议应当明确规定双方的安全生产责任和义务或签订安全文明施工协议。

（3）对劳务派遣工实施安全管理。

（4）对外来施工、服务单位实施安全监督管理。甲方应统一协调管理同一作业区域内的多个相关方的交叉作业，应根据相关方提供的服务作业性质和行为定期识别服务行为风险，采取行之有效的风险控制措施，并对其安全绩效进行监测。

（5）对外来施工、服务单位建立安全绩效考评体系，严格执行安全准入条件。

5. 变更

（1）对有关人员、机构、工艺、技术、设施、作业过程及环境的变更制定实施计划。

（2）对变更的项目进行审批和验收管理，并对变更过程及变更后所产生的风险和隐患进行辨识、评估和控制。定期对生产现场和生产过程、环境存在的风险和隐患进行辨识、评估分级，并制定相应的控制措施。及时进行更新。

（3）变更安全设施，应经设计单位书面同意，重大变更的，还应报安全生产监督管理部门备案。

二、作业安全的标准化考评办法

考评类目	考评项目	考评内容	标准分值	考评办法	自评/评审描述	实际得分
七、作业安全	7.1生产现场管理和生产过程控制	定期对生产现场和生产过程、环境存在的风险进行辨识、评估分级，制定相应的控制措施，并根据实际变化情况及时进行更新。	12	无风险和隐患辨识、评估分级汇总资料，不得分；辨识所涉及的范围未全部涵盖，每少一处扣2分；每缺一类风险和隐患辨识、评估分级扣4分；缺少一类控制措施或针对性不强，扣2分；控制措施不落实，每处扣2分；现场岗位人员不清楚岗位有关风险控制及其控制措施，每人次扣2分。		
		生产操作现场应有严格的管理措施，与生产无关人员不应进入生产操作现场。	5	与生产无关人员进入生产操作现场，发现一次扣1分。		
		生产现场应实行定置管理，物品摆放整齐、有序，区域划分料学合理。	10	未开展定置管理，不得分；定置管理不规范的每处扣2分；定置不合理，每处扣2分。		
		现场不应有"跑、冒、滴、漏"现象，无大面积积水、积料。	6	存在一处扣2分。		
		对下列危险作业执行作业许可管理：(1) 危险区域动火作业；(2) 进入受限空间作业；(3) 临时用电作业；(4) 高处作业；(5) 大型吊装作业；(6) 爆破作业；(7) 交叉作业；(8) 其它危险作业。危险作业应执行严格的审批程序，明确存在的危险有害因素和控制措施。	8	未办理或缺少一项危险作业规定，扣2分；内容不全或操作性差，扣2分。		
		进行爆破、吊装等危险作业时，应当安排专人进行现场安全监督管理。	4	没有安排专人实施现场安全监督管理，每次扣1分。		
		岗位作业人员应认真执行本岗位安全操作规程、维护规程；应严格控制生产工艺安全的关键指标，如压力、温度、流量、液位、（料）位等。	20	发现有不按规程作业，每人次扣5分；累计扣完本项分值后，继续累计追加扣20分；生产工艺安全的关键指标未按标准控制的，每处扣5分。		
		石灰炉顶处理卡料，炉内应减风负压，两人以上共同进行，不应站在积料上处理。	3	不符合规定，不得分。		

考评类目	考评项目	考评内容	标准分值	考评办法	自评/评审描述	实际得分
		输送皮带打滑或卡、被动轮挤进物料时，应停车处理。	2	未停车处理，不得分。		
		溶出器堵塞、不应高压冲击，应泄压后清理；蒸发器酸洗后未经置换、通风，不应动火作业。	3	不符合规定，不得分。		
		开停板式热交换器时，精液和母液应同时开关，不应出现偏压密封泄漏喷料。	2	不符合规定，不得分。		
		设备操作、检修、清理所使用的设备、工器具等应安全可靠；高处作业应系好安全带、垂直交叉作业应设安全防护棚或围栏，并设置警示、提示标志。	3	不符合要求，每处扣1分。		
		检修、清理所用行灯的电压不应超过36伏，进入金属容器内或潮湿环境内不应超过12伏。	3	不符合要求，每处扣1分。		
		检修、清理完毕应及时恢复。检修中拆除的安全装置，清理恢复。	2	未及时恢复，每处扣0.5分；安全防护装置的变更，未经主管部门同意，每处扣1分。		
	7.2 作业行为管理	对生产作业过程中人的不安全行为进行辨识和排查，并制定相应的控制措施。	10	每缺一类风险隐患辨识，扣2分；未进行现场排查，扣5分；缺少控制措施或控制措施针对性不强，每类扣2分；作业人员不清楚风险及控制措施，每人次扣2分。		
		对现场出现的不安全行为进行严肃的处理，并定期进行分类、汇总和分析，制定针对性控制措施。	8	对不安全行为未按照相关制度进行处理，每次扣1分；未定期进行分类、汇总和分析，扣4分。		
		检修承压设备前，应将压力泄放为零，并采取有效的防护措施防止带余压料浆喷溅；带料承压管道、容器不应重力敲打和拉挂负重。	4	不符合规定作业，每次扣2分。		
		开关料浆阀门时作业不应垂直对法兰、拆卸阀门、管道、泵、容器的连接螺栓时应由下而上。	4	未按规定作业，每次扣2分。		

考评类目	考评项目	考评内容	标准分值	考评办法	自评/评审描述	实际得分
8		对各类容器、贮罐、槽、管道、泵等设备检修、清理前应通知相关运行岗位人员，并对所有可能来料的管道或设备采取可靠的隔离措施，如加首管板等，关键部位的阀门应关闭，排空物料，作业期间，外部必须设置专人监护。	6	未采取隔离措施或专人监护，每次扣3分。		
		进入槽、炉、塔、釜、罐、仓、井、池、沟、下水道、隧道、涵洞等受限空间、烟道、管道、槽车、作业时，应采取内部的气流温度降至40℃以下，内外相互监护；进入前应先观察有无松脱的结疤、耐火砖等，并采取降温通风、现场检测、排空物料等措施。	6	未按规定作业，每次扣2分；未取相应措施，每处扣2分。		
		设备检修、清理工作，应进行安全交底，严格执行工作票制度、挂牌制、监护制、锁具制，做好现场的安全措施和现场的安全交底。	8	未执行工作票制度，不得分；每次扣2分；现场未落实安全确认制、挂牌制、监护制，每处扣2分；未进行安全交底，扣1分。		
		在全部停电或部分停电的电气设备上作业，应遵守下列规定： (1) 拉闸断电，并采取开关箱加锁等措施； (2) 验电，放电； (3) 各相短路接地； (4) 悬挂"禁止合闸，有人工作"的标示牌和装设遮拦。	3	有一处不符合要求，扣1分。		
		穿越辊式机、皮带机、磨机等运行的输送、旋转机械设备上行走，不应在螺栓盖板和流槽盖板上行走。	2	一人次未按照规定执行，扣1分。		
		作业现场所或设置安全通道标志；跨越道路管线应设置安全通道盖板。	2	无安全通道标志，每处扣0.5分；未设限高标志，每处扣0.5分。		
	7.3 警示标志和安全防护	作业场所有关设备上，应设置符合《安全标志及安全标线》（GB2894）和《安全色》（GB2893）规定的安全警示标志，告知危险的种类、后果及应急措施等。	3	有一处不符合规定，扣1分；未告知危险种类，后果及应急措施，每处扣1分。		
		设备裸露的转动或有快速移动部分，应设有结构可靠的安全防护罩，防护栏杆或防护挡板。	6	有一处不符合要求，扣2分。		

考评类目	考评项目	考评内容	标准分值	考评办法	自评/评审描述	实际得分
		厂区内的坑、沟、池、井、洞、孔和高处的边缘等，应设置安全盖板、防护栏、斜梯、直梯和梯子。直梯、斜梯、防护栏杆和工作平台应符合《固定式钢直梯安全技术条件》（GB4053.1）、《固定式工业防护栏杆安全技术条件》（GB4053.2）、《固定式工业钢斜梯安全技术条件》（GB4053.3）、《固定式工业钢平台》（GB4053.4）的规定。	8	有一处不符合要求，扣2分。		
		设备检修、清道应执行安全文明施工的要求，现场应设有明显的警示牌，标识或围栏，用料及设备、工器具有序堆放，标识或围栏放置整齐，夜间照明要良好；施工、吊装等作业现场应设置警示区域和警示标志。	3	未设警示牌、标识或围栏，每处扣1分；现场物料堆放杂乱，每处扣1分；夜间照明不符合要求，每处扣1分；未设置警戒区域和警示标志，每项扣1分。		
		为从业人员配备与工作岗位相应的符合国家标准或者行业标准的专业工器具和劳动防护用品，并监督、教育从业人员按照使用规则正确佩戴、使用；进入现场作业人员及相关人员应按规定正确佩戴劳动防护用品。	8	无发放标准的，不得分；未及时发放，不得分；购买、使用不合格劳动防护用品，不得分；发放标准不符合有关规定，每项扣1分；缺一类劳动防护用品，扣1分；发现一人次违反劳动防护用品佩戴不符合规定，扣2分。		
		输送腐蚀性物品的管道、高压管道法兰、泵出口应设置防护罩。	5	一处未按规定设置，扣1分。		
		不同介质的管线，应按照《工业管道的基本识别色、识别符号和安全标识》（GB7231）和《安全色》（GB2893）的规定涂上不同的颜色，并注明介质名称和流向。	3	有一条管线不符合要求，扣1分。		
	7.4 相关方管理	严格执行相关方及外用工（单位）管理制度，对承包商、供应商等相关方的资格预审、选择、服务前准备、作业过程监督，提供的产品、技术服务，续用情况进行管理，建立相关方名录和档案。	3	未执行制度的，不得分；以包代管，执行不严，每次扣1分；未纳入甲方方统一安全管理，不得分；未将安全绩效与续用挂钩，不得分；或档案资料不全，每一个扣1分。		
		项目建设的设计、施工、监理单位应当具备相应的资质，工程项目承包协议中未明确双方安全生产责任和义务或签订安全文明施工协议。	3	发包给无相应资质的相关方，加扣8分；承包项目承包协议中未明确双方安全生产责任和义务，除本条不得分外，每项扣1分；未执行协议，每项扣1分。		

考评类目	考评项目	考评内容	标准分值	考评办法	自评/评审描述	实际得分
		对劳务派遣工实施安全管理。	2	未实施管理，不得分；管理不严格，每次扣1分。		
		对外来施工、服务单位实施安全监督管理。甲方应统一协调管理同一作业区域内的多个作业方，应根据相关方提供的服务质量性识别行为风险，采取行之有效的风险控制措施，并对其安全绩效进行监测。	3	相关方在甲方场所内发生工亡事故，除本条不得分外，加扣4分；未定期进行风险评估，每一个扣1分；风险控制措施缺乏针对性、操作性，每一个扣1分；未对其进行安全绩效监测，每次扣1分；甲方未进行有效统一协调管理交叉作业，扣3分。		
		对外来施工、服务单位建立安全绩效考评体系，严格执行安全准入条件。	2	未建立安全绩效考评体系，不得分；未执行安全准入条件，不得分。		
		对有关人员、机构、工艺、技术、设施、作业过程及环境的变更制定实施计划。	3	无实施计划，不得分；未按计划实施，每项扣1分；变更中无风险识别或控制措施，每项扣1分。		
	7.5 变更	对变更后的项目进行审批和验收管理，并对变更过程及变更后所产生的风险和隐患进行辨识、评估和控制，定期对生产过程和生产环境存在的风险和隐患进行辨识、评估分级，并制定相应的控制措施。及时进行更新。	5	无审批和验收报告，不得分；未导致新的风险或隐患进行辨识，评估和控制，每项扣1分。		
		变更安全设施，应经设计单位书面同意，重大变更的，还应报安全生产监督管理部门备案。	2	未经书面同意就变更，每次扣1分；未及时备案，每次扣1分。		
	小计		195	得分小计		

第九节 隐患排查的标准化考评项目、内容与考评办法

一、隐患排查的标准化考评项目和内容

1. 隐患排查

（1）隐患排查管理制度应明确排查的目的、范围、方法和要求等。

（2）按照隐患排查管理制度进行隐患排查工作。在法律法规、工艺、组织机构发生大的变化时，应及时组织隐患排查。

（3）对隐患进行分析评估，确定隐患等级，登记建档。

2. 排查范围与方法

（1）隐患排查的范围应包括所有与生产经营场所、环境、人员、设备设施和活动。

（2）企业应规定排查的频次，并采用综合检查、专业检查、季节性检查、节假日检查、日常检查等方式进行隐患排查工作。

3. 隐患治理

（1）根据隐患排查的结果，制定隐患治理方案，对隐患进行治理。方案内容应包括目标和任务、方法和措施、经费和物资、机构和人员、时限和要求。重大事故隐患在治理前应采取临时控制措施并制定应急预案。隐患治理措施应包括工程技术措施、管理措施、教育措施、防护措施、应急措施等。

（2）在隐患治理完成后对治理情况进行验证和效果评估。

（3）按规定对隐患排查和治理情况进行统计分析并向安监部门和有关部门报送书面统计分析表。

4. 预测预警

根据生产经营状况及隐患排查治理情况，运用定量的安全生产预测预警技术，建立体现企业安全生产状况及发展趋势的预警指数系统，每月进行一次安全生产风险分析。

二、隐患排查的标准化考评办法

考评类目	考评项目	考评内容	标准分值	考评办法	自评/评审描述	实际得分
八、隐患排查	8.1 隐患排查	隐患排查管理制度应明确排查的目的、范围、方法和要求等。	12	制度依据缺少或不正确的，每项扣4分；制度内容缺项的，每项扣2分。		
		按照隐患排查管理制度进行排查工作。在法律法规、工艺、组织机构发生重大的变化时，应及时组织隐患排查。	6	未按隐患排查管理制度进行排查的，不得分；有未排查出来隐患的，每处扣2分；未及时组织的，每次扣2分。		
		对隐患进行分析评估，确定隐患等级，登记建档。	10	无隐患汇总登记台账的，不得分；无隐患评估分级的，不得分；隐患登记无签字或档案资料不全的，每处扣2分。		
	8.2 排查范围与方法	隐患排查的范围应包括所有与生产经营场所、环境、人员、设备设施和活动。	6	范围每缺少一类，扣2分。		
		企业应规定排查的频次，并采用综合检查、专业检查、季节性检查、日常日检查、节假日检查等方式进行隐患排查工作。	6	各类隐患检查少一次，扣2分；缺少一类检查记录，扣2分；检查内容针对性不强，每个扣2分；检查记录无人签字或每次扣2分。		
	8.3 隐患治理	根据隐患排查的结果，制定隐患治理方案，对隐患进行治理。方案内容应包括治理目标和任务、方法和措施、经费和物资、机构和人员、时限要求、重大事故隐患治理前应采取临时控制措施并制定应急预案。隐患治理措施应包括工程技术措施、管理措施、教育措施、防护措施、应急措施等。	15	无治理方案的，不得分；方案内容不全的，每缺一项扣2分；每项隐患整改措施针对性不强的，扣2分；整改措施不落实的，每项扣5分；重大隐患未采取临时控制措施并制定应急预案的，每项扣2分；隐患治理工作未形成闭路循环的，每项扣2分。		
		在隐患治理完成后对治理情况进行验证和效果评估。	7	未进行验证效果评估的，每项扣1分。		
		按规定对隐患排查和治理情况进行统计分析并向安监部门和有关部门书面报送统计分析表。	3	无统计分析表的，不得分；未及时报送的，不得分。		
	8.4 预测预警	根据生产经营状况及隐患排查治理情况，运用定量的安全生产预测预警技术，建立体现企业安全生产状况及发展趋势的预警指数系统，每月进行一次安全生产风险分析。	5	无安全预警指数系统的，不得分；未对相关数据进行分析、测算，实现对安全生产状况及发展趋势的，扣2分；未将隐患排查治理情况纳入安全预警系统的，扣1分；未对安全生产系统所反映的问题，及时采取针对性措施的，扣1分；未每月进行风险分析的，扣1分。		
		小计	70	得分小计		

第十节　危险源监控的标准化考评项目、内容与考评办法

一、危险源监控的标准化考评项目和内容

1. 辨识与评估

（1）危险源的管理制度中，明确辨识与评估的职责、方法、范围、流程、控制原则、回顾、持续改进等。

（2）按相关规定对本单位的生产设施或场所进行危险源辨识、评价，确定各级危险源，分级管理。

2. 登记建档与备案

（1）对确认的重大危险源及时登记建档。

（2）按照相关规定，将重大危险源向安监部门和相关部门备案。

3. 监控与管理

（1）明确各级危险源的监控管理责任人、外来人员登记、定期评估、人员培训、作业要求、现场检查等管理措施，并严格执行。

（2）采取对重要参数在线监控、现场视频、预警、联锁和应急等技术监控措施。

（3）在重大危险源现场设置明显的安全警示标志和危险源点警示牌（内容包含名称、地点、责任人员、事故模式、控制措施等）。

二、危险源监控的标准化考评办法

考评类目	考评项目	考评内容	标准分值	考评办法	自评/评审描述	实际得分
九、危险源监控	9.1 辨识与评估	危险源的管理制度中，明确辨识与评估的职责、范围、方法、流程、控制原则、回顾、持续改进等。	3	制度中每缺少一项内容要求的，扣1分。		
		按相关规定对本单位的生产设施或场所进行危险源辨识、评价，确定各级危险源，分级管理。	15	未进行辨识和评价的，不得分；辨识和评价不充分、不准确的，每处扣3分。		
	9.2 登记建档与备案	对确认的重大危险源及时登记建档。	6	无重大危险源档案资料的，不得分；档案资料不全的，每处扣2分。		
		按照相关规定，将重大危险源向安监部门和相关部门备案。	3	未备案的，不得分；备案资料不全的，扣1分。		
	9.3 监控与管理	明确各级危险源的监管责任、外来人员登记、定期评估、人员培训、严格执行等管理措施。	20	未明确，不得分；未按照要求落实管理监控措施，不得分。有重大隐患或带病运行，及安全生产的，除本分值扣20分外，加扣20分。		
		采取对重要参数在线监控、现场视频、预警、联锁和应急等技术监控措施。	3	无技术监控措施，不得分；已有监控设施不能正常运行，扣1分。		
		在重大危险源现场设置明显的安全警示标志和危险源点警示牌（内容包含名称、地点、责任人、事故模式、控制措施等）。	5	无安全警示标志的，每处扣1分；内容不全，每处扣1分；警示标志污损或不明显的，每处扣1分。		
	小计		55	得分小计		

第十一节 职业健康的标准化考评项目、内容与考评办法

一、职业健康的标准化考评项目和内容

1. 职业健康管理

（1）按照法律法规、标准规范的要求，为从业人员提供符合职业健康要求的工作环境和条件，配备与职业健康保护相适应的设施、工具。高温作业场所，应设置通风降温设施；尘、毒危害场所设置必要的防尘、防毒设施；高噪声岗位设置降噪设施和隔音操作室。

（2）建立健全职业卫生档案和员工健康监护（包括上岗前、岗中和离岗前）档案。

（3）对职业病患者按规定给予及时的治疗、疗养。对患有职业禁忌症的，应及时调整到合适岗位。

（4）委托具有职业危害监测资质的机构定期对职业危害场所进行检测，并将检测结果公布、存入档案。

（5）对可能发生急性职业危害的有毒、有害工作场所，应当设置报警装置，制定应急预案，配置现场急救用品和必要的泄险区。

（6）指定专人负责保管、定期校验和维护各种防护用具，确保其处于正常状态。

（7）指定专人负责职业健康的日常监测及维护监测系统处于正常运行状态。

（8）矿石破碎、输送、磨制和石灰炉、熟料烧结系统、煤粉制备系统、氧化铝焙烧等岗位粉尘应符合《工作场所有害因素职业接触限值 - 化学有害因素》（GBZ2.1）的要求；高温、噪声、高频电磁场岗位环境应符合《工作场所有害因素职业接触限值 - 物理有害因素》（GBZ2.2）的要求。

2. 职业危害告知和警示

（1）与从业人员订立劳动合同（含聘用合同）时，应将工作过程中可能产生的职业危害及其后果、职业危害防护措施和待遇等如实以书面形式告知从业人员，并在劳动合同中写明。

（2）对员工及相关方宣传和培训生产过程中的职业危害、预防和应急处理措施。

（3）对存在严重职业危害的作业岗位，按照《工作场所职业危害警示标识》（GBZ158）要求，在醒目位置设置警示标志和警示说明。

3. 职业危害申报

按《作业场所职业危害申报管理办法》（国家安监总局第 27 号令）规定，及时、如实的向当地主管部门申报生产过程存在的职业危害因素。发生变化后应及时补报。

二、职业健康的标准化考评办法

考评类目	考评项目	考评内容	标准分值	考评办法	自评/评审描述	实际得分
十、职业健康	10.1 职业健康管理	按照法律法规、标准规范的要求，为从业人员提供符合职业健康要求的工作环境和条件，配备与职业健康保护相适应的设施、工具。高温作业场所应设置通风降温设施；生、毒危害场所设置必要的防尘、防毒设施；高噪声岗位应设置降噪设施和隔音操作室。	10	现场工作环境和条件不符合要求，每处扣2分；未配备相应的设施、工具，不得分。		
		建立健全职业卫生档案和员工健康监护（包括上岗前、岗中和离岗前）档案。	5	未进行员工健康检查，不得分；健康检查每少一人次，扣1分；无档案，不得分；每缺一人档案，扣1分；档案内容不全，每缺一项资料，扣1分。		
		对职业病患者按规定给予及时的治疗、疗养。对患有职业禁忌症的，应及时调整到合适岗位。	3	未及时给予治疗、疗养，不得分；治疗、疗养每少一人，扣1分；没有及时调整职业禁忌症者，每人扣1分。		
		委托具有职业危害监测资质的机构定期对职业危害场所进行检测，并将检测结果公布，存入档案。	6	未定期检测，不得分；检测周期、地点、有毒有害因素等不符合要求，每项扣1分；检测结果未公布，不得分；结果未存档，一次扣1分。		
		对可能发生急性职业危害的有毒、有害工作场所，应当设置报警装置，配置现场急救用品、冲洗设备和必要的泄险区。	5	无报警装置，不得分；缺少报警装置，每处扣1分；无应急预案，不得分；无急救设备、冲洗设备，应急撤离通道和必要的泄险区，不得分。		
		指定专人负责保管、定期校验和维护各种防护用具，确保其处于正常状态。	5	未指定专人保管或未全部定期校验维护，不得分；未定期校验和维护，每次扣1分；校验和维护记录未存档案未保存，不得分。		
		指定专人负责职业健康的日常监测及维护监测系统处于正常运行状态。	3	未指定专人负责，不得分；人员不能胜任的（含无资格证书或未经专业培训的），不得分；日常监测每缺少一次，扣1分；监测装置不能正常运行，每处扣1分。		

考评类目	考评项目	考评内容	标准分值	考评办法	自评/评审描述	实际得分
		矿石破碎、输送、磨制和石灰炉、熟料烧结系统、煤料粉制备系统、氧化铝焙烧等岗位接触粉尘应符合《工作场所有害因素职业接触限值-化学有害因素》(GBZ2.1)的要求；高温、噪声、高频电磁场岗位环境应符合《工作场所有害因素职业接触限值-物理有害因素》(GBZ2.2)的要求。	5	有一处不符合要求，扣1分。		
	10.2 职业危害告知和警示	与从业人员订立劳动合同（含聘用合同）时，应将工作过程中可能产生的职业危害及其后果、职业危害防护措施和待遇如实以书面形式告知从业人员，并在劳动合同中写明。	7	未书面告知，不得分；告知内容、告知合同中写明（含未签合同的）、不得分：劳动合同中写明内容不全，每缺一项内容，扣1分。		
		对员工及相关方宣传和培训生产过程中的职业危害、预防和应急处理措施。	3	无培训及记录，不得分；培训无针对性或缺失内容，每次扣1分；员工及相关方方不清楚，每处扣1分。		
		对存在严重职业危害的作业岗位，按照《工作场所职业危害警示标识》(GBZ158)要求，在醒目位置设置警示标志和警示说明。	5	未设置标志，不得分；缺少标志，每处扣1分；标志内容（含职业危害的种类、后果、预防以及应急救治措施等）不全，每处扣1分。		
	10.3 职业危害申报	按《作业场所职业危害申报管理办法》（国家安监总局第27号令）规定，及时、如实地向当地主管部门申报生产过程中存在的职业危害因素。发生变化后应及时补报。	8	未申报材料，不得分；申报内容不全，每缺一类扣2分；未及时补报，每次扣2分。		
	小计		65	得分小计		

第十二节 应急救援的标准化考评项目、内容与考评办法

一、应急救援的标准化考评项目和内容

1. 应急机构和队伍

（1）按相关规定建立安全生产应急管理机构或指定专人负责安全生产应急管理工作。

（2）建立与本单位生产安全特点相适应的专兼职应急救援队伍或指定专兼职应急救援人员。也可与附近具备专业资质的应急救援队伍签订服务协议。

（3）定期组织专兼职应急救援队伍和人员进行训练。

2. 应急预案

（1）在对危险源与风险分析的基础上，根据《生产经营单位安全生产事故应急预案编制导则》（AQ/T 9002）要求建立健全生产安全事故应急预案，包括综合预案、专项预案、现场处置方案等。

（2）根据《生产安全事故应急预案管理办法》（国家安监总局令第 17 号）等有关规定将应急预案报当地主管部门备案，并通报有关应急协作单位。

（3）定期评审应急预案，并进行修订和完善。

3. 应急设施、装备、物资

（1）按应急预案的要求，建立应急设施，配备应急装备，储备应急物资；建立应急装备、应急物资台帐，明确存放地点和具体数量。

（2）对应急设施、装备和物资进行经常性的检查、维护、保养，确保其完好可靠。

4. 应急演练

（1）按规定组织生产安全事故应急知识培训和演练。岗位人员应掌握与本岗位直接相关应急知识。

（2）对应急演练的效果进行评估。根据评估结果，修订、完善应急预案，改进应急管理工作。

5. 事故救援

（1）发生事故后，立即采取应急处置措施，启动相关应急预案，积极开展事故救援，必要时寻求社会支援。

（2）急救援结束后完成善后处理、环境清理、监测等工作，编制应急救援报告，总结应急救援工作。

二、应急救援的标准化考评办法

考评类目	考评项目	考评内容	标准分值	考评办法	自评/评审描述	实际得分
十一、应急救援	11.1 应急机构和队伍	按相关规定建立安全生产应急管理机构或指定专人负责安全生产应急管理工作。	2	没有建立机构或指定专人负责，不得分；机构或专人未及时调整，每次扣1分。		
		建立与本单位生产安全特点相适应的专兼职应急救援人员，也可与附近具备专业资质的应急救援队伍签订服务协议。	3	未建立队伍、指定专兼职人员或队伍人员不能满足要求，不得分；应急救援队伍签订救援服务协议，不得分。		
		定期组织专兼职应急救援队伍和人员进行训练。	2	无训练计划和记录，不得分；未定期训练，每次扣1分；训练科目不全、救援装备使用，每人次扣1分；救援人员不熟悉职能或不熟悉救援预案和应急处置方案，每人次扣1分。		
	11.2 应急预案	在对危险源与风险分析的基础上，根据《生产经营单位安全生产事故应急预案编制导则》(AQ/T 9002)要求建立应急预案，包括综合预案、专项预案、现场处置方案等。	8	无应急预案，不得分；应急预案的格式和内容不符合有关规定、不得分；无重点作业岗位应急处置方案或方案建立不完善，每处扣1分；未在重点作业岗位公布应急处置措施，每处扣1分；有关人员不熟悉应急预案和应急处置方案或措施，每人次扣1分。		
		根据《生产安全事故应急预案管理办法》(国家安监总局令第17号)等有关规定将应急预案报当地主管部门备案，并通报有关应急协作单位。	2	未进行备案，不得分；未通报有关应急协作单位，每个扣1分。		
	11.3 应急设施、装备、物资	定期评审应急预案，并进行修订和完善。	3	未定期评审或评审无有关记录，不得分；未根据评审结果或实际情况的变化修订，不及时修订，扣1分；修订后未正式发布或培训，扣1分。		
		按应急预案的要求，储备应急物资，建立应急设施，配备应急装备，明确存放地点和具体数量。	6	应急设施、装备、应急物资配备的不得分；物质每缺少一类，扣2分；物资每缺存不符，每缺扣1分；无台账或与台账不符，实际与台账不符，扣1分。		
		对应急设施、装备和物资进行经常性的检查、维护、保养，确保其完好可靠。	4	无检查、维护、保养记录，不得分；有一处损坏、不可靠，可靠；每处记录少一项扣1分；有一处不完好，每缺少一，扣1分。		

考评类目	考评项目	考评内容	标准分值	考评办法	自评/评审描述	实际得分
	11.4 应急演练	按规定组织生产安全事故应急知识培训和演练。岗位人员应掌握与本岗位直接相关应急知识。	3	未进行演练，不得分；未按照期限要求进行演练，每次扣1分；无应急演练方案和记录，每人次扣1分；岗位人员不熟悉应急知识，每人次扣1分。		
		对应急演练的效果进行评估。根据评估结果，修订、完善应急预案、改进应急管理工作。	2	无评估报告，不得分；评估报告未认真总结同题或未提出改进措施，扣1分；未根据评估的意见修订应急预案或未落实整改措施，扣1分。		
	11.5 事故救援	发生事故后，立即采取应急处置措施，启动相关应急预案，积极开展事故救援，必要时寻求社会支援。	3	未及时启动，不得分；未达到预案要求，每项扣1分。		
		急救援结束后完成善后处理、环境清理、监测等工作，编制应急救援报告，总结应急救援工作。	2	无应急救援报告，不得分；未全面总结分析应急救援工作，每缺一项，扣1分。		
		小计	40	得分小计		

第十三节 事故报告、调查和处理的标准化
考评项目、内容与考评办法

一、事故报告、调查和处理的标准化考评项目和内容

1. 事故报告

（1）发生事故后应按照《生产安全事故报告和调查处理条例》（国务院 493 号令）的规定及时向上级单位、政府有关部门报告。

（2）发生事故后，主要负责人或其代理人应立即到现场组织抢救，采取有效措施，防止事故扩大。并保护事故现场及有关证据。

2. 事故调查和处理

（1）按照《生产安全事故报告和调查处理条例》（国务院 493 号令）及相关法律法规、管理制度的要求，组织事故调查组或配合有关政府行政部门对事故、事件进行调查。

（2）事故调查应查明事故发生的时间、经过、原因、人员伤亡情况及直接经济损失等。按照《生产安全事故报告和调查处理条例》（国务院 493 号令）要求编制事故调查报告。

（3）按照《工伤保险条例》办理工伤，及时申报工伤认定材料，并保存档案。定期对事故进行统计分析。

（4）按照事故"四不放过"原则，对事故进行调查、处理，严格执行对相关人员的行政责任追究；事故发生单位应妥善处理受伤人员的善后工作。

二、事故报告、调查和处理的标准化考评办法

考评类目	考评项目	考评内容	标准分值	考评办法	自评/评审描述	实际得分
十二、事故报告、调查和处理	12.1 事故报告	发生事故后应按照《生产安全事故报告和调查处理条例》（国务院493号令）的规定及时向上级单位、政府有关部门报告。	5	未按规定上报、迟报，不得分；有瞒报的，本项分值扣完后，加扣10分。		
		发生事故后，主要负责人或其代理人应立即现场组织抢救，采取有效措施，防止事故扩大，并保护现场及有关证据。	2	一次未到现场组织抢救的，不得分；一次未采取有效措施、导致事故扩大，不得分；未有效保护现场及有关证据，不得分；报告的事故信息内容与形式与规定不相符，扣1分。		
		按照《生产安全事故报告和调查处理条例》（国务院493号令）及相关法律法规、管理制度的要求，组织事故调查组或配合有关政府行政部门对事故进行调查。	2	企业内部无调查报告，不得分；调查报告内容不全，每次扣2分；相关的文件资料未整理归档，每次扣2分。		
		事故调查应查明事故发生的时间、经过、原因、人员伤亡情况及直接经济损失等。按照《生产安全事故报告和处理条例》（国务院493号令）要求编制事故调查报告。	3	企业内部调查报告内容不全，每次扣1分；政府部门调查报告未保存和公开，每次扣1分。		
	12.2 事故调查和处理	按照《工伤保险条例》办理工伤，及时申报工伤认定材料，并保存档案。定期对事故进行统计分析。	2	工伤未及时办理工伤认定，不得分；工伤档案保存不完整，扣1分；未定期进行事故统计分析，不得分。		
		按照事故"四不放过"原则，对事故进行调查、处理，严格对事故相关人员的行政责任追究；事故发生单位应认真妥善处理受伤人员的善后工作。	6	未按"四不放过"处理，不得分；行政责任追究不落实，每次扣2分；受伤人员的善后工作处理不妥善，每次扣2分；未落实事防范和整改措施，不得分；对整改措施未进行监督检查，每次扣3分。		
小计			20	得分小计		

第十四节　绩效评定和持续改进的标准化
考评项目、内容与考评办法

一、绩效评定和持续改进的标准化考评项目和内容

1. 绩效评定

（1）安全生产标准化绩效评定管理制度中应明确组织、时间、人员、内容范围、方法与技术、过程、报告与分析等要求。

（2）每年至少一次对安全生产标准化实施情况进行评定，并形成正式的评定报告。发生死亡事故后应重新进行评定。

（3）将安全生产标准化工作评定报告向所有部门、所属单位和从业人员通报。

（4）将安全生产标准化实施情况的评定结果，纳入部门、所属单位、员工年度安全绩效考评。

2. 持续改进

（1）根据安全生产标准化的评定结果和安全预警指数系统，对安全生产目标与指标、规章制度、操作规程等进行修改完善，制定完善安全生产标准化的工作计划和措施，实施 PDCA 循环、不断提高安全绩效。

（2）安全生产标准化的评定结果要明确下列事项：

①系统运行效果；

②系统运行中出现的问题和缺陷，所采取的改进措施；

③统计技术、信息技术等在系统中的使用情况和效果；

④系统各种资源的使用效果；

⑤绩效监测系统的适宜性以及结果的准确性；

⑥与相关方的关系。

二、绩效评定和持续改进的标准化考评办法

考评类目	考评项目	考评内容	标准分值	考评办法	自评/评审描述	实际得分
十三、绩效评定和持续改进	13.1 绩效评定	安全生产标准化绩效评定管理制度中应明确组织、时间、人员、内容范围、过程、报告与分析等要求。	3	制度中每缺少一项要求的,扣1分;制度缺乏操作性和针对性的,扣1分。		
		每年至少一次对安全生产标准化实施情况进行评定,并形成正式的评定报告。发生死亡事故后应重新进行评定。	2	少于每年一次评定的,不得分;无评定报告的,不得分;主要负责人未组织和参与的,不得分;评定报告未成正式文件的,扣2分;评定中缺少元素或其支撑性材料不全的,每个扣1分;未对前次评定中提出的纠正措施性进行落实及效果重新进行评价的,扣2分;发生死亡事故时未重新进行安全标准化评定的,不得分。		
		将安全生产标准化工作评定报告向所有部门、所属单位和从业人员通报。	2	未通报的,不得分;抽查有关部门和人员对相关内容不清楚的,每人次扣1分。		
		将安全生产标准化实施情况的评定结果,纳入部门、所属单位、员工年度安全绩效考评。	5	未纳入年度考评的,不得分;评定考评每少一个部门、单位、人员的,扣1分;年度考评结果未落实兑现的,每项扣1分。		
	13.2 持续改进	根据安全管理系统、安全预警指数系统,对安全生产目标与指标、规章制度、操作规程等修进行修改完善,制定完善安全生产标准化的工作计划和措施,实施PDCA循环、不断提高安全绩效。	5	未进行安全标准化系统持续改进的,不得分;未制定完善安全标准化工作计划和措施,扣1分;修订完善的记录与安全生产标准化系统评定结果不一致的,每处扣1分。		
		安全生产标准化的评定结果要明确下列事项: (1) 系统运行效果; (2) 系统运行中出现的问题和缺陷,所采取的改进措施; (3) 统计技术、信息技术等在系统中的使用情况和效果; (4) 系统各种资源的使用效果; (5) 绩效监测系统的适宜性以及结果的准确性; (6) 与相关方的关系。	3	安全生产标准化的评定结果要明确的事项,缺项或评定结果与实际不符,每项扣2分。		
		小计	20	得分小计		
		总计	1000	得分总计		

附表

自评扣分点及原因说明汇总表

序号	考评类目	考评项目	考评内容	扣分说明	扣分分值

第五章 有色金属压力加工企业安全生产标准化考评内容与考核评分标准

第一节 有色金属压力加工企业安全生产标准化创建概要

为进一步推进有色行业企业安全生产标准化工作制度化、规范化和科学化，国家安全生产监督管理总局依据《国务院关于进一步加强企业安全生产工作的通知》（国发〔2010〕23号）和《企业安全生产标准化基本规范》（AQ/T9006-2010），制定了《有色金属压力加工企业安全生产标准化评定标准》，并于2011年8月5日发布。该标准适用于有色金属压力加工企业开展安全生产标准化自评、申请、外部评审及各级安全监管部门监督审核等相关工作。有色金属压力加工企业是指生产铸锭、板、带、箔、管、棒、型、线、锻件等有色金属产品(粉材除外)的企业，有色金属产品包括铝、铜、钛、镍、镁、锌、锡、铅等有色金属产品及其合金。

一、有色金属压力加工企业安全生产标准化创建的核心要素

根据《有色金属压力加工企业安全生产标准化评定标准》的规定，有色金属压力加工企业安全生产标准化创建工作包括以下13个核心要素：

（1）安全生产目标；

（2）组织机构和职责；

（3）安全投入；

（4）法律法规与安全管理制度；

（5）教育培训；

（6）生产设备设施；

（7）作业安全；

（8）隐患排查与治理；

（9）危险源监控；

（10）职业健康；

（11）应急救援；

（12）事故报告、调查和处理；

（13）绩效评定和持续改进。

二、参加安全生产标准化等级评审的条件

依法生产的有色金属压力加工企业，在考核年度内未发生较大及以上生产安全事故的，可以参加安全生产标准化等级考评。

三、有色金属压力加工企业安全标准化等级评定

有色金属压力加工企业安全生产标准化的等级评定分为 13 项考评类目、46 项考评项目和 239 条考评内容。

在评定标准表中的自评／评审描述列中，企业及评审单位应根据评定标准的有关要求，针对企业实际情况，如实进行评分及扣分点说明、描述，并在自评扣分点及原因说明汇总表（见附表）中逐条列出。

评定标准中累计扣分的，均为直到该考评内容分数扣完为止，不得出现负分。有特别说明扣分的（在考评办法中加粗内容），在该类目内进行扣分。

评定标准共计 1000 分，最终标准化得分换算成百分制。换算公式如下：

标准化得分＝标准化工作评定得分÷（1000－不参与考评内容分数之和）×100。最后得分采用四舍五入，取小数点后一位数。

有色金属压力加工企业的标准化等级共分为一级、二级、三级，其中一级为最高。所评定等级须同时满足标准化得分和安全绩效要求（见下表）。

评定等级	标准化得分	安全绩效
一级	≥ 90	申请评审之日前一年内，无人员死亡的生产安全事故，重伤率 ≤ 1‰；无 100 万元以上直接经济损失的事故；无新增职业病发生。
二级	≥ 75	申请评审之日前一年内，死亡率 ≤ 0.1‰，重伤率 ≤ 2‰；无 300 万元以上直接经济损失的事故；新增职业病发病率 ≤ 1‰。
三级	≥ 60	申请评审之日前一年内，死亡率 ≤ 0.2‰；重伤率 ≤ 3‰；无 500 万元以上直接经济损失的事故；新增职业病发病率 ≤ 2‰。

有色金属压力加工企业的安全生产标准化考评程序、有效期、等级证书和牌匾等按照《全国冶金等工贸企业安全生产标准化考评办法》（安监总管四〔2011〕84 号）中有关要求执行。

第二节 安全生产目标的标准化考评项目、内容与考评办法

一、安全生产目标的标准化考评项目和内容

1. 目标

（1）建立安全生产目标管理制度，明确指标的制定、分解、实施、考核等环节内容。

（2）按照安全生产目标管理制度的规定，制定文件化的年度安全生产目标与指标。

2. 监测与考核

（1）根据所属基层单位和部门在安全生产中的职能，分解年度安全生产目标，并制定实施计划和考核办法。

（2）按照制度规定，对安全生产目标和指标实施计划的执行情况进行监测，并保存有关监测记录资料。

（3）定期对安全生产目标的完成效果进行评估和考核，依据评估考核结果，及时调整安全生产目标和指标的实施计划。

评估报告和实施计划的调整、修改记录应形成文件并加以保存。

二、安全生产目标的标准化考评办法

考评类目	考评项目	考核内容	标准分值	考评办法	自评/评审描述	实际得分
一、安全生产目标	1.1 目标	建立安全生产目标管理制度，明确指标的制定、分解、实施、考核等环节内容。	3	无该项制度的，不得分；未以文件形式发布生效的，不得分；安全生产目标管理制度缺少制定、分解、实施、考核、绩效考核等任一环节内容的，扣1分；未能明确相应环节的责任人相应责任的，扣1分。		
		按照安全生产目标管理制度的规定，制定文件化的年度安全生产目标与指标。	5	无年度安全生产目标计划的，不得分；安全生产目标与指标未以企业正式文件发布的，不得分。		
		根据所属基层单位和部门的职能，分解年度安全生产目标，并制定实施计划和考核办法。	5	无年度安全生产目标分解的，不得分；无实施计划或考核办法的，不得分；实施计划无针对性的，不得分；缺一个基层单位和职能部门的指标实施计划或考核办法的，扣1分。		
	1.2 监测与考核	按照制度规定，对安全生产目标和指标实施计划的执行情况进行监测，并保存有关监测记录资料。	4	无安全生产目标实施情况的检查或监测记录的，不得分；检查和监测不符合制度规定的，扣2分；检查和监测资料不齐全的，每次扣1分。		
		定期对安全生产目标的完成效果进行评估和考核，依据评估和指标的实施结果，及时调整安全生产目标实施计划。评估报告和实施计划的调整、修改记录应形成文件并加以保存。	3	未定期进行效果评估和考核的（含无评估计划、未及时调整实施计划的，不得分；调整后的目标以及实施计划未以文件形式颁发的，扣1分；评估报告和安全生产目标与指标以及实施计划未保存或保存不齐全的，扣1分。		
小计			20	得分小计		

第三节 组织机构和职责的标准化考评项目、内容与考评办法

一、组织机构和职责的标准化考评项目和内容

1. 组织机构和人员

（1）建立设置安全管理机构、配备安全管理人员的管理制度。

（2）按照相关规定设置安全管理机构或配备安全管理人员。

（3）根据有关规定和企业实际，设立安全生产委员会或安全生产领导机构。

（4）安委会或安全生产领导机构每季度应至少召开一次安全专题会，协调解决安全生产问题。会议纪要中应有工作要求并保存。

2. 职责

（1）企业主要负责人应全面负责安全生产工作，并履行下列主要职责：

①组织建立、健全本单位的安全生产责任制，并保证有效执行；

②组织制定安全生产规章制度和操作规程，并保证其有效实施；

③保证本单位安全生产投入的有效实施；

④督促、检查本单位的安全生产工作，及时消除生产安全事故隐患；

⑤组织制定并实施本单位的生产安全事故应急救援预案；

⑥及时、如实报告生产安全事故。

（2）建立针对安全生产责任制的制定、沟通、培训、评审、修订及考核等环节内容的管理制度。

（3）建立、健全安全生产责任制，并对落实情况进行考核。

（4）对各级管理层进行安全生产责任制与权限的培训。

（5）定期对安全生产责任制进行适宜性评审与更新。

二、组织机构和职责的标准化考评办法

考评类目	考评项目	考核内容	标准分值	考评办法	自评/评审描述	实际得分
二、组织机构和职责	2.1 组织机构和人员	建立设置安全管理机构、配备安全管理人员的管理制度。	8	无该项制度的，不得分；未以文件形式发布生效的，不得分；与国家、地方等有关规定不符的，每处扣1分。		
		按照相关规定设置安全管理机构或配备安全管理人员。	8	未设置或配备的，不得分；未以文件形式进行设置或任命的，不得分；设置或配备不符合规定的，不得分。		
		根据有关规定和企业实际，设立安全生产委员会或安全生产领导机构。	5	未设立的，不得分；未以文件形式任命的，扣2分；成员未包括主要负责人、部门负责人等相关人员的，扣1分。		
		安委会或安全生产领导机构每季度应至少召开一次安全专题会，协调解决安全生产问题。会议纪要中应有工作要求并保存。	5	未定期召开安全专题会的，扣2分；未跟踪上次会议落实情况的或未制订新的工作要求的，不得分；有未完成项目无整改措施的，每项扣1分。		
	2.2 职责	企业主要负责人应全面负责安全生产工作，并履行下列主要职责： (1)组织建立、健全本单位的安全生产责任制，并保证有效执行； (2)组织制定安全生产规章制度和操作规程，并保证其有效实施； (3)保证本单位安全生产投入的有效实施； (4)督促、检查本单位的安全生产工作，及时消除生产安全事故隐患； (5)组织制定并实施本单位的生产安全事故应急救援预案； (6)及时、如实报告生产安全事故。	5	企业主要负责人安全生产职责不明确的，不得分；没有履行主要职责的，每项扣2分；本小项不得分时，再加扣10分。		

考评类目	考评项目	考核内容	标准分值	考评办法	自评/评审描述	实际得分
		建立针对安全生产责任制的制定、沟通、培训、评审、修订及考核等环节内容的管理制度。	2	无该项制度的,不得分;未以文件形式发布生效的,不得分;制度中每缺一个环节内容的,扣1分。		
		建立、健全安全生产责任制,并对落实情况进行考核。	2	未建立安全生产责任制的,不得分;每缺一个纵向、横向安全生产责任制的,扣1分;责任制内容与岗位工作不相符的,扣1分;没有对安全生产责任制落实情况进行考核的,扣1分。		
		对各级管理层进行安全生产责任制与权限的培训。	2	无培训记录的,不得分;缺少一人培训的,每人扣1分;被抽查人员对安全生产责任制不清楚的,每人扣1分。		
		定期对安全生产责任制进行适宜性评审与更新。	3	未定期进行适宜性评审的,不得分;没有评审记录、更新频次不符合规定的,每次扣2分;评审、更新后未以文件形式发布的,扣2分。		
		小计	40	得分小计		

第四节 安全投入的标准化考评项目、内容与考评办法

一、安全投入的标准化考评项目和内容

1. 安全生产费用

（1）建立安全生产费用提取和使用管理制度。

（2）保证安全生产费用投入，专款专用，并建立安全生产费用使用台账。

（3）制定包含以下方面的安全生产费用的使用计划：

①完善、改造和维护安全防护设备设施；

②安全生产教育培训和配备劳动防护用品；

③安全评价、重大危险源监控、事故隐患评估和整改；

④设备设施安全性能检测检验；

⑤应急救援器材、装备的配备及应急救援演练；

⑥安全标志及标识；

⑦其他与安全生产直接相关的物品或者活动。

制定职业危害防治，职业危害因素检测、监测和职业健康体检费用的使用计划。

2. 相关保险

（1）建立员工工伤保险、安全生产责任保险的管理制度。

（2）足额缴纳工伤保险费、安全生产责任保险费。

（3）保障伤亡员工获取相应的保险与赔付。

二、安全投入的标准化考评办法

考评类目	考评项目	考核内容	标准分值	考评办法	自评/评审描述	实际得分
三、安全投入	3.1 安全生产费用	建立安全生产费用提取和使用管理制度。	4	无该项制度的，不得分；制度中每缺一项职责、流程、范围、检查等内容的，扣1分。		
		保证安全生产费用投入，专款专用，并建立安全生产费用使用台账。	6	未保证安全生产费用投入的，不得分；财务报表中无安全生产费用归类统计管理的，扣2分；无安全费用使用台账的，台账不完整齐全的，扣1分。		
		制定包含以下方面的安全生产费用的使用计划：(1)完善、改造和维护安全防护设备设施；(2)安全生产教育培训和配备劳动防护用品；(3)安全评价、重大危险源监控、事故隐患评估和整改；(4)设备设施安全性能检测检验；(5)应急救援器材、装备的配备及应急救援演练；(6)安全标志及标识；(7)其他与安全生产直接相关的物品或者活动。制定职业危害防治、职业危害因素检测、监测和职业健康体检费用的使用计划。	25	无该项计划的，不得分；计划内容每缺失一项的，扣5分；未按计划实施的，每项扣5分；有超范围使用的，每次扣4分。		
	3.2 相关保险	建立员工工伤保险、安全生产责任保险的管理制度。	4	无该项制度的，不得分；未以文件形式发布生效的，扣1分。		
		足额缴纳工伤保险费、安全生产责任保险费。	6	未缴纳的，不得分；无缴费相关资料的，分。		
		保障伤亡员工获得相应的保险与赔付。	10	有关保险评估、年费、返回资料、赔偿等资料不全的，每项扣2分；未进行伤残等级鉴定的，不得分；伤残等级鉴定每少一人，扣2分；赔偿不到位的，不得分。		
	小计		55	得分小计		

第五节　法律法规与安全管理制度的标准化 考评项目、内容与考评办法

一、法律法规与安全管理制度的标准化考评项目和内容

1. 法律法规、标准规范

（1）建立识别、获取、评审、更新安全生产法律法规与其他要求的管理制度。

（2）各职能部门和基层单位应定期识别和获取本部门适用的安全生产法律法规与其他要求，并向归口部门汇总。

（3）每年应发布一次适用且有效的安全生产法律法规与其他要求清单。及时将适用且有效的安全生产法律法规与其他要求传达给从业人员。

（4）企业应按照规定定期识别和获取适用的安全生产法律法规与其他要求，并发布其清单。

（5）及时将识别和获取的安全生产法律法规与其他要求融入到企业安全生产管理制度中。

（6）及时将适用的安全生产法律法规与其他要求传达给从业人员，并进行相关培训和考核。

2. 规章制度

（1）建立文件的管理制度，确保安全生产规章制度和操作规程编制、发布、使用、评审、修订等效力。

（2）按照相关规定建立和发布健全的安全生产规章制度，至少包含下列内容：安全生产责任制、领导现场带班、岗位达标制度、安全生产投入、文件和档案管理、风险评估和控制管理、安全教育培训管理、特种作业人员管理、设备设施安全管理、消防安全管理、建设项目安全"三同时"管理、施工和检维修安全管理、危险物品及重大危险源管理、作业安全管理、相关方及外来用工（单位）管理、安全技术措施审批管理、职业健康管理、安全标识、劳动防护用品（具）和保健品管理、隐患排查及治理、安全生产考核管理、应急管理、事故管理、安全绩效评定管理等制度。

（3）将安全生产规章制度发放到相关工作岗位，并对员工进行培训和考核。

3. 安全操作规程

（1）基于岗位生产特点中的特定风险的辨识，编制齐全、适用的岗位安全操作规程。

（2）向员工下发岗位安全操作规程，并对员工进行培训和考核。

4. 评估

每年至少一次对安全生产法律法规、标准规范、规章制度、操作规程的执行情况和适用情况进行检查、评估。

5. 修订

根据评估情况、安全检查反馈的问题、生产安全事故案例、绩效评定结果等，对安全生产管理规章制度和操作规程进行修订，确保其有效和适用。

6. 文件和档案管理

（1）建立文件和档案的管理制度，明确责任部门、人员、流程、形式、权限及各类安全生产档案及保存要求等。

（2）确保安全规章制度和操作规程编制、使用、评审、修订的效力。

（3）对下列主要安全生产资料进行档案管理：主要安全生产文件、事故、事件记录；培训记录；标准化系统评价报告；事故调查报告；检查、整改记录；职业健康检查与监护记录；安全生产会议记录；安全活动记录；法定检测记录；关键设备设施档案；应急演习信息；承包商和供应商信息；维护和校验记录；技术图纸等。

二、法律法规与安全管理制度的标准化考评办法

考评类目	考评项目	考核内容	标准分值	考评办法	自评/评审描述	实际得分
四、法律法规与安全管理制度	4.1 法律法规、标准、规范	建立识别、获取、评审、更新安全生产法律法规与其他要求的管理制度。	2	无该项制度的，不得分；缺少识别、获取、评审、更新等环节的，人员职责不清及发布，扣1分；未以文件形式发布生效的，扣1分。		
		各职能部门和基层单位应定期识别和获取本部门适用的安全生产法律法规与其他要求，并向归口部门汇总。	2	每少一个部门和基层单位定期识别和获取的，扣1分；未及时汇总的，扣1分；未分类汇总的，扣1分。		
		每年应发布一次适用有效的安全生产法律法规与其他要求清单。及时将适用有效的安全生产法律法规与其他要求传达给从业人员。	2	无清单的，不得分；清单中每缺少一项的，每个扣1分；规与其他要求不全的，缺每项的，扣1分；传达每缺少一项的，扣1分。		
		企业应按照规定定期识别和获取适用的安全生产法律法规与其他要求，并发布其清单。	2	结果未定期识别和获取的，每次扣1分；无安全生产法律法规与其他要求清单的，不得分；安全生产法律法规与其他要求文本或电子版的，扣1分。		
		及时将识别和获取的安全生产法律法规与其他要求融入到企业安全生产管理制度中。	2	未及时融入的，每项扣1分；制度与安全生产法律法规其他要求不符的，每项扣1分。		
		及时将适用的安全生产法律法规与其他相关要求，传达给从业人员，并进行相关培训和考核。	2	未培训考核的，不得分；无培训和考核的，扣1分；每缺少一项培训和考核的，扣1分。		
	4.2 规章制度	建立文件的管理制度，确保安全生产规章制度编制、发布、使用、评审、相关审批程序、修订等效力。	2	无该项制度的，不得分；未以文件形式发布的，不得分；缺少环节内容的，每处扣1分。		
		按照相关规定建立建全的安全生产规章制度，至少包含下列内容：安全生产责任制、领导现场带班、安全生产投入、文件和档案管理、风险评估和控制管理、设备设施安全管理、特种作业人员管理、建设项目安全"三同时"管理、危险物品及重大危险源管理、作业安全管理、相关方及外来用工（单位）管理、安全技术措施计划、职业健康管理、劳动防护用品（具）和保健品管理、安全标识、隐患排查及治理、安全生产考核管理、应急管理、事故管理、安全绩效评定管理等制度。	10	未以文件形式发布的，扣1分；制度内容不符合规定或与实际不符的，每项扣1分；制度未执行记录的，无制度执行记录的，每项扣1分。		

考评类目	考评项目	考核内容	标准分值	考评办法	自评/评审描述	实际得分
	4.3 安全操作规程	将安全生产规章制度发放到相关工作岗位，并对员工进行培训和考核。	3	未发放的，扣2分；无培训和考核记录的，不得分；每缺少一项培训和考核的，扣1分。		
		基于岗位生产特点中的特定风险的辨识，编制齐全、适用的岗位安全操作规程。	12	无岗位安全操作规程的，不得分；岗位操作规程不齐全、适用的，每处扣1分；内容没有基于特定风险分析、评估和控制的，每处扣1分。		
		向员工下发岗位安全操作规程，并对员工进行培训和考核。	6	未发至岗位的，不得分；每缺一个岗位的，扣1分；无培训和考核资料的，不得分；每缺一个培训和考核的，扣1分。		
	4.4 评估	每年至少对一次对安全生产法律法规、标准规范、规章制度、操作规程的执行情况进行检查、评估。	5	未评估的，不得分；评估报告缺少一个方面内容的，扣1分；评估结果与实际不符的，扣2分。		
	4.5 修订	根据评估情况、安全检查情况、生产中反馈的问题、生产安全事故案例、绩效评定结果等，对安全生产管理规章制度和操作规程进行修订，确保其有效和适用。	5	应组织修订而未组织进行的，不得分；该修订而未修订的，每项扣1分；无修订计划和记录资料的，不修订的，不得分。		
		建立文件和档案的管理制度，明确责任部门、人员、流程、形式、权限及各类安全生产档案及保存要求等。	5	无该项制度的，不得分；未以文件形式发布的，不得分；未明确安全规章制度和操作规程编制、使用、评审、修订等责任部门、人员、流程、形式、权限等，扣2分；未明确具体档案资料、保存形式等的，扣2分。		
		确保安全规章制度和操作规程编制、使用、评审、修订的效力。	2	未按文件管理制度执行的，不得分；缺少环节记录资料的，扣1分。		
	4.6 文件和档案管理	对下列主要安全生产资料进行档案管理：主要安全生产文件、事故、事故调查报告、事故处理记录；安全生产会议记录；安全检查与监控报告；安全生产会议记录；安全设施设备检查记录；关键安全设施设备信息；维护和供应商应急预习信息；承包商和供应商和检验记录；技术图纸等。	8	未实行档案管理的，不得分；档案管理不规范的，扣2分；每缺少一类档案的，扣1分。		
		小计	70	得分小计		

第六节 教育培训的标准化考评项目、内容与考评办法

一、教育培训的标准化考评项目和内容

1. 教育培训管理

（1）建立安全教育培训的管理制度。

（2）确定安全教育培训主管部门，定期识别安全教育培训需求，制定各类人员的培训计划。

（3）按计划进行安全教育培训，对安全培训效果进行评价和改进；做好培训记录，并建立档案。

2. 安全生产管理人员教育培训

主要负责人和安全生产管理人员，应具备与本单位所从事的生产经营活动相适应的安全生产知识和管理能力，经培训考核合格后方可任职。

3. 操作岗位人员教育培训

对岗位操作人员进行安全教育和生产技能培训和考核，考核不合格人员，不得上岗。

对新员工进行"三级"安全教育。

在新工艺、新技术、新材料、新设备设施投入使用前，应对有关岗位操作人员进行专门的安全教育和培训。

岗位操作人员转岗、离岗三个月以上重新上岗者，应进行车间（工段）、班组安全教育培训，经考核合格后，方可上岗工作。

4. 特种作业和特种设备作业人员教育培训

从事特种作业人员和特种设备作业的人员应取得特种作业操作资格证书，方可上岗作业。

5. 其他人员教育培训

对外来参观、学习、实习等人员进行有关安全规定、可能接触到的危害及应急知识等内容的安全教育和告知，并由专人带领。

6. 安全文化建设

采取多种形式的活动来促进企业的安全文化建设，促进安全生产工作。

二、教育培训的标准化考评办法

考评类目	考评项目	考核内容	标准分值	考评办法	自评/评审描述	实际得分
五、教育培训	5.1 教育培训管理	建立安全教育培训的管理制度。	4	无该项制度的，不得分；未以文件形式发布生效的，扣1分；制度中缺少一类培训规定的，扣1分；有与国家有关规定不一致的，扣1分。		
		确定安全教育培训主管部门，定期识别安全教育培训需求，制定各类人员的培训计划。	4	未明确主管部门的，不得分；未定期识别需求的，扣1分；识别不充分的，扣1分；无培训计划的，扣1分；培训计划中每缺一类培训的，扣1分。		
		按计划进行安全教育培训，对安全培训效果进行评价和改进；做好培训记录，并建立档案。	6	未按计划进行培训的，每次扣1分；记录不完整齐全的，每项扣1分；未进行效果评估的，每次扣1分；未根据评估作出改进的，每次扣1分；未进行档案管理的，不得分；档案资料不完整齐全的，每次扣1分。		
	5.2 安全生产管理人员教育培训	主要负责人和安全生产管理人员，应具备与本单位所从事的生产经营活动相适应的安全生产知识和管理能力，经培训考核合格后方可任职。	6	主要负责人未经培训考核合格就上岗的，不得分；安全管理人员未经培训考核合格的或培训要求不符合有关规定的，每人扣2分；培训不按国家安全监管总局令第3号要求的，每次扣2分。		
	5.3 操作岗位人员教育培训	对岗位操作人员进行安全教育和生产技能培训和考核，考核不合格人员，不得上岗。对新员工进行"三级"安全教育。在新设备、新技术、新材料、新设备设施投入使用前，应对有关岗位操作人员进行专门的安全教育和培训。岗位操作人员转岗、离岗三个月以上重新上岗者，应进行车间（工段）、班组安全教育培训，经考核合格后，方可上岗工作。	15	未经培训"考核合格就上岗的，每人次扣5分；未进行"三级"安全教育的，每人次扣5分；在新工艺、新技术、新材料、新设备设施投入使用前，未对新岗位操作人员进行专门安全教育培训的，每人次扣5分；未按规定复岗工者离岗复岗前进行培训或考核不合格的，每人次扣5分。		

考评类目	考评项目	考核内容	标准分值	考评办法	自评/评审描述	实际得分
	5.4 特种作业和特种设备作业人员教育培训	从事特种作业人员和特种设备作业的人员应取得特种作业操作资格证书，方可上岗作业。	10	特种作业人员和特种设备作业人员配备不合理的，每次扣2分；有特种作业和特种设备作业岗位但未配备相应作业人员的，每次扣2分；无特种作业和特种设备作业人员上岗作业的，每人次扣4分；证书过期未及时审核的，每人次扣2分；缺少特种作业和特种设备作业人员档案资料的，每人次扣2分。		
	5.5 其他人员教育培训	对外来参观、学习、实习等人员进行有关安全规定、可能接触到的危害及应急注意等内容的安全教育和告知，并由专人带领。	5	未进行安全教育和危害告知的，不得分；内容与实际不符的，扣1分；未提供相应劳保用品的，不得分；无专人带领的，不得分。		
	5.6 安全文化建设	采取多种形式的活动来促进企业的安全文化建设，促进安全生产工作。	5	未开展企业安全文化建设的，不得分；安全文化建设与《企业安全文化建设导则》（AQ/T9004）不符的，扣2分。		
	小计		55	得分小计		

第七节 生产设备设施的标准化考评项目、内容与考评办法

一、生产设备设施的标准化考评项目和内容

1. 生产设备设施建设

（1）新改扩建设项目应依照国家相关法规、标准的规定，严格履行立项、审批和审查，以及安全及职业卫生设施"三同时"制度、项目安全和职业卫生专篇、安全和职业卫生预评价、安全验收评价和职业病控制效果评价等审查、批复和备案等程序；按照《建设工程消防监督管理规定》（公安部令第106号）的要求，进行消防设计审核和消防验收。

（2）设有集中的监控及火警处理中心，并定期对系统进行检查。

（3）厂址选择、厂区布置和主要车间的工艺布置应遵循《工业企业总平面设计规范》（GB50187）的规定；厂区布置应合理安排车流、人流、物流，应设有安全通道；供电主控室、室内开关站、整流器室、变配电室、计算机室、地下油库、地下液压站、地下润滑站等要害部位，应按规定设置安全出入口，出入口设置的门应向外开。

（4）厂区内的建构筑物，应按《建筑物防雷设计规范》（GB50057）的规定设置防雷设施，供电整流设备、动力配电设备、计算机设备、油罐等重点设备、设施均应按相关设计规范设置防雷设施，并定期由具备检测资质的部门进行检测。

（5）厂内的铁路、道路设施（包括车辆、铁路、道口、道路安全标识等）以及列车运行和调车作业，道路运输车辆、货物装卸、车辆行驶应符合《工业企业厂内铁路、道路运输安全规程》（GB4387）规定。

（6）厂房照明应按照《建筑采光设计标准》（GB50033）和《建筑照明设计标准》（GB50034）的规定设置；厂房、车间紧急出入口、通道、走廊、楼梯及主要会议室、操作室、计算机室、室内开关站、整流器室、变频室、配电室、电缆隧道、地下室、液压站、油库、泵房、酸碱洗槽、监控中心、供气站等关键场所，应按规定设置应急照明，并定期检查。

（7）设备设施应符合有关法律法规、标准规范要求。

（8）危险场所和其他特定场所，使用的照明器材应遵守下列规定并定期检查：

①有爆炸和火灾危险的场所，应按其危险等级选用相应的照明器材；

②有酸碱腐蚀的场所，应选用耐酸碱的照明器材；

③潮湿地区，应采用防水性照明器材；

④含有大量烟尘但不属于爆炸和火灾危险的场所，应选用防尘型照明器材。特殊场所应配

备相应的照明器材。

（9）轧机计算机及 PLC、轧机火警控制中心、铸轧生产线设备主机电控系统及通讯系统宜配置 UPS 不间断电源。

（10）重点防火设施应通过消防设计审查及公安消防部门竣工验收。主要生产场所消防建设应符合《建筑设计防火规范》（GB50016）的相关规定。

（11）生产场所应根据易燃、易爆物质的物理及化学性质，合理设计灭火系统、报警系统及选择灭火设备类型（如非水灭火）。合理布置消防水栓，并保证水量、水压。灭火器的配置应符合《建筑灭火器配置设计规范》（GB50140），并定期检查维护。

（12）厂区内的坑、沟、池、井、洞、孔和高处的边缘等，应设置安全盖板、防护栏、平台和梯子；牵引机轨道、中断锯、淬火炉水槽周围应设置防护栏杆；淬火炉本体上应设置防护栏杆、楼梯；需到顶部作业、检修的油箱应设置走廊、栏杆、梯子；油箱梯子与走廊表面必需经防滑处理，并在醒目位置放置防滑防摔警示牌；直梯、斜梯、防护栏杆和工作平台应符合《固定式钢直梯安全技术条件》（GB4053.1）、《固定式钢斜梯安全技术条件》（GB4053.2）、《固定式工业防护栏杆安全技术条件》（GB4053.3）、《固定式工业钢平台》（GB4053.4）的规定。

（13）生产岗位操作室、会议室、生活辅助设施（更衣室、浴池、食堂）、车间主配电室等场所应符合《工业企业设计卫生标准》（GBZ1），与吊运熔融金属液及危险物品的影响范围、高压设备、高压管路间保持安全距离。

（14）高压配电装置设计应符合规范《3-110KV 高压配电装置设计规范》（GB50060）；低压电气装置设计应符合规范《低压配电设计规范》（GB50054）；电力装置的继电保护、非电量保护和自动装置设计应符合《电力装置的继电保护和自动装置设计规范》（GB50062）。

（15）整流机组及动力变配电系统的电、操控设备配置的安全连锁、快停、急停等本质安全设计与装置应符合设计规范要求，并定期检测。

（16）供电主控室、配电值班室、主电缆隧道和电缆夹层，应设有火灾自动报警器、烟雾火警信号装置、灭火装置和防止小动物进入的措施；整流及动力变压器设施应设置防火墙，电缆进出穿线时封闭、预留孔洞应用防火材料密封。

（17）各种变压器应设有安全防护设施，并挂安全警示牌。

（18）裸露接线柱应设有安全防护设施。

（19）电缆不能和燃油管、可燃气体输送管道共同敷设在同一沟道内或行架上。

（20）桥式起重机、电葫芦、卷扬机、龙门吊、汽车吊、电梯等起重设备应符合《起重机设计规范》（GB3811）和《起重机械安全规程》（GB6067）要求；限位器、联锁开关、制动器、限载器、报警器等安全设施应齐全；电梯应设置应急保安电源；用于吊运熔融金属液的桥式起重机应符合《冶金起重机技术条件铸造起重机》（JB/T7688.15）的标准要求。

（21）厂房起重机滑线应安装通电指示灯或采用其他标识带电的措施；裸露滑线应布置在吊车驾驶室对面；若布置在驾驶室同一侧，应采取安全防护措施。

（22）金属液包及金属液包吊具的生产应符合《铁水浇包》（JB5771.1）和《铁水浇包》（JB5771.2）的有关规定，并定期检查。

（23）蒸汽缓冲器、压缩空气储罐、真空罐等压力容器应符合《固定式压力容器安全技术监察规程》（TSGR0004）的要求，压力管道应符合《压力管道安全技术监察规程 - 工业管道》（TSG D0001）的规定，各种安全附件（安全阀、压力表、温度表、等）应齐全，并按照相关规定定期检查。

（24）电动轨道平板车应有明确运行方向的按钮、声光报警装置、扫轨器，轨道两端端头应安装阻挡装置，并定期检查；过跨车应设置专有安全区域。

（25）设备裸露的转动或快速移动部分，应按规定设置联锁装置和安全防护设施，并定期检查。

（26）熔炼炉、保温炉和铸造机周边地面应干燥，周边不应有积水坑（铸造井、铸造坑除外）；铸造厂房内的地坑应进行防渗漏设计和施工，防止地下水渗入；熔炼、铸造设备、盐浴槽上方不应设置存在滴、漏水隐患的设施。

（27）熔炼炉及保温炉区域起重机的司机室，应有良好的通风、防尘设施。

（28）熔炼炉、保温炉放流口（流眼处）应备有塞棒（流眼钎子），每个眼备用2个，并定期检查。

（29）真空熔炼炉应设有泄爆阀等装置，真空自耗炉应设有泄爆洞并通室外；电子束炉应设有防辐射设施。

（30）铸造机升降平台或托架等，不得有储水空间。

（31）铸造倾翻炉应设置紧急复位操作系统，液位自动检测、控制系统等联锁保护装置。

（32）用水冷却的熔炼炉、铸造机应设置应急冷却水源。

（33）铸井应涂刷防爆涂料，并定期检查防爆层是否完好。

（34）铸造浇铸生产流程中应设置金属液紧急排放和储存的设施；过滤除气装置放干放流口（流眼处）应备有该装置1.5倍以上金属液容量的放干箱。

（35）铸锭专用铣床刀盘、刀具应安装牢固，并安装防刀盘飞出和防止金属屑飞溅的设施。

（36）清擦铸锭下表面异物时，应配置专用料架，并安全可靠。

（37）轧机应设超温、超压、超速报警联锁装置；油雾发生器应有超温报警联锁装置；油烟风道应安装防火挡板；风道的适当位置上应装有灭火探头，并定期检测。

（38）全油轧机及其板式过滤器和油箱室（地下室）应配置火灾自动报警和灭火系统；轧辊轴承箱、支撑辊轴承箱、轧制油泵轴承应安装温度监控联锁装置，并定期检测。热轧机应配备防液压油泄漏起火的灭火设施或器材。

（39）高速轧机应设断带保护装置，防止断带时轧制油着火。

（40）全油轧机的自动灭火系统应与主电源系统、润滑系统、送排风系统设连锁装置，自动灭火系统应由有资质的单位进行维护保养，并定期试喷。

（41）带冷床的轧机视频监控应完好。

（42）压力加工设备应设有压力、油温、油位、速度检测及显示系统，并定期检测。

（43）锻压机工作台与中顶器、侧顶器应设置联锁装置，并定期检查。

（44）除水压机外，在压力加工设备主操作台、辅操作台应设有电源紧急停电按钮，并定期检查。

（45）板材剪切机列、矫直机列的圆盘剪、矫直机、剪切机等高危部位应有安全防护装置及清辊安全防护装置，并定期检查。

（46）拉拔机、轧管机、轧机等生产设备在操作台上应设紧急停车按钮，并应定期对紧急停车装置进行试验。

（47）拉拔机要设专门的润滑油坑对润滑油进行回收。

（48）各热处理炉应设超温报警联锁装置，并定期检查。

（49）燃气的加热炉和退火炉应安装燃气点火、熄火、泄漏报警装置，并定期检测；燃气炉的烧嘴应设防回火装置。

（50）感应加热炉应设缺水、缺相、短路、欠压、过热等故障报警装置，在高压侧加装过电压保护器，并定期检查。

（51）立式淬火炉应设测高装置并定期校验。

（52）盐浴槽区域厂房应配置机械通风装置。

（53）盐浴槽的槽体与加热元件、母线之间、各保护罩应采取可靠绝缘并设置电流接地报警装置；盐浴槽、淬火油池应配置两套以上独立的智能温控和报警系统。

（54）油库地下室的送风系统应完备，消防器材应齐全完好、易取。

（55）储油、储酸罐应设有液位显示及控制系统，储罐周围应设置围堰。

2. 设备设施运行管理

（1）建立设备设施运行台帐，制定检修、维修计划，并按照计划实施；检修结束，应进行验收；针对设备设施的运行情况，适时修改设备、设施的检修、维护、保养的相关管理标准和规范。

（2）机械设备、设施、工具、配件等完整无缺陷；应做好设备、设施的检修、维护和保养工作，并有检查记录。

（3）危险化学品应符合《危险化学品管理条例》（国务院 2011（591）号令）的相关规定。

（4）起重设备应符合规定，并取得政府主管部门颁发的运行许可证，定期进行检测、检验。

（5）起重设备的下列安全装置，应按制度进行检查：

①吊车之间防碰撞装置；

②大、小行车端头缓冲和防冲撞装置；

③起重量限制器；

④主、副卷扬限位、报警装置；

⑤登吊车信号装置及门联锁装置；

⑥露天作业的防风装置；

⑦电动警报器或大型电铃以及警报指示灯；

⑧地面操作手柄要有急停按钮；

⑨吊运熔融金属起重设备应安装起升机构独立的双级制动和双限位装置，机械绝缘等级为H级；

⑩吸盘吊失压保护装置。

（6）吊具应在其额定载荷范围内使用。钢丝绳和链条的安全系数、钢丝绳的报废标准、限重标识应符合《起重机械安全规程》（GB6067）的有关规定。

（7）施工现场临时用电应符合《施工现场临时用电安全技术规范》（JGJ46）规定：

①TN系统除在配电室或总配电箱处做重复接地外，还应在中间和末端处做重复接地且保护接地每处接地电阻不大于10Ω；

②配电柜应装设漏电隔离开关及短路、过载漏电保护器，电源开关分断时应有明显的断点；

③隧道、人防工程、高温、有导电灰尘、比较潮湿或灯具离地面高度低于2.5m等场所的照明，电源电压不应大于36V。

（8）长期停用、检修后或新装电动机，电加热炉和退火炉长时间停用，送电前应检测其绝缘；定期对电机、变压设备、油烟较重及潮湿、粉尘场所的电器设备设施进行绝缘测量，并做好记录；电气安全绝缘工器具由具备检测资质的部门进行定期检测。

（9）全油轧机本体、管道及油箱等应保证接地良好并定期检测。

（10）定期对熔炼和保温炉的烧嘴、流眼、阀门、控制系统及安全装置进行检查。

（11）针对铸造生产的实际情况，及时修订和完善铸造设备防爆、防金属液泄漏、防砸制度，对运行情况进行检查。

（12）定期对连铸连轧机组、铸造机、锯切机的防护装置完好和使用情况进行检查。

（13）配备有透气砖的金属液保温炉，应采取有效的监控、预防措施，对透气砖定期检查。

（14）保温炉每次放金属液铸造前，应检查、确认放流管（流眼砖）、流槽完好；倾翻式保温炉倾倒金属液时，应确保流眼与流槽搭接处堵塞严实，应控制流眼流量，防止溢出。

（15）每次铸造前对应急水源进行检测，并测试压力，铸造过程中，若发现正常供水压力不足时应能启动备用水源。

（16）铸造时应用测液仪自动检测金属液面。

（17）炉内金属液面与炉门下沿高度差不应小于规定的安全距离。

（18）转炉前，应确认放流管（流眼砖）、流槽完好，流眼与流槽、流槽之间接口堵塞严实，防止金属液泄漏。转炉时，应根据流槽中液位情况及时调节流眼中的金属液流量。

（19）输送、转注金属液所使用的流槽、流盘、分配盘等在输送、转注前须经充分干燥并保证畅通；接触金属溶液的工具应按制度提前烘干。

（20）盐浴槽在运行过程中应定时巡视检查；对槽体每两年至少进行一次安全性能检测。

（21）定期对压力加工设备配电控制盘柜、压机配电控制盘柜进行清灰，端子紧固。

（22）定期对轧管机、拉拔机直流电机励磁系统线路接触情况进行检查，确保无断路。

（23）与运行中的 X 射线或放射性同位素测厚仪保持安全距离并定期检测其放射量。

3. 设备设施验收及报废拆除

（1）设备的设计、制造、安装、使用、检测、维修、改造、报废和拆除，应符合有关法律法规、标准规范的要求，应优先选用本质安全型设备；应建立更新设备设施验收及报废、拆除的管理制度，并及时完善、修订。

（2）按规定对新设备设施进行验收，确保使用质量合格、设计符合要求的设备设施。

（3）按规定对不符合要求的设备设施进行报废或拆除，并采取必要的安全技术防范措施和管理措施。

二、生产设备设施的标准化考评办法

考评类目	考评项目	考核内容	标准分值	考评办法	自评/评审描述	实际得分
六、生产设备设施	6.1 生产设备设施建设	新改扩建设项目应依照国家相关法规、标准的规定，严格执行立项、审批和审查，以及安全及职业卫生设施"三同时"制度、项目安全卫生预评价、安全和职业卫生专篇、职业病控制效果评价和职业卫生专篇、职业病控制效果评价等审查、批复和备案等程序，按照《建设工程消防监督管理规定》（公安部令第106号）的要求，进行消防设计审核和消防验收。	10	建设项目无立项、审批和审查等批复手续的，不得分；未执行"三同时"要求的，不得分，并加扣20分；未按照规定进行安全和职业卫生预评价、安全和职业卫生专篇、职业病控制效果评价程序的，每项扣3分；每缺一项程序的，扣2分；未按规定时间段执行的，每次扣1分；未按照《建设工程消防设计审核和消防验收》进行消防设计审核和消防验收的，不得分。		
		设有集中的监控及火灾报警处理中心，并定期对系统进行检查。	3	无监控及火灾报警处理中心的，不得分；未定期检查的，扣1分。		
		厂址选择、厂区布置和主要车间的工艺布置应遵循《工业企业总平面设计规范》（GB50187）的规定；厂区安全通道、供电主控室、室内开关站、整流器室、变配电室、计算机室、地下油库、地下液压站、地下润滑站等重要部位，应按规定设置安全出入口，出入口设置的门应向外开。	4	建厂设计文件中未按规范进行厂址选择论证的，不得分；不符合要求的，每处扣1分；未按规定设置安全出入口的，每处扣1分。		
		厂区内的建构筑物，应按《建筑物防雷设计规范》（GB50057）的规定设置防雷设施，供配电设备、计算机设备、动力配电设备、整流设备、设施均应按相关设计规范设置防雷设施，并定期由具备检测资质的部门进行检测。	5	未按规定设置防雷设施的，每处扣1分；未定期检测的，扣1分；检测部门无资质的，不得分；未提供检测报告的，扣1分；防雷设施不完好的，每处扣1分。		
		厂内的铁路、道路设施（包括车辆、铁路、道口、道路安全标识等）以及列车运行和调车作业、货物装卸、车辆行驶应符合《工业企业厂内铁路、道路运输安全规程》（GB4387）规定。	4	有一处不符合规定的，扣1分。		
		厂房照明应按照《建筑采光设计标准》（GB50033）和《建筑照明设计标准》（GB50034）的规定设置。厂房、车间紧急出入口、通道、走廊、楼梯及主要会议室、计算机室、操作室、整流器室、变配电室、配电室、电缆隧道、地下室、供电主要会议室、液压库、油库、泵房、酸碱洗漕、监控中心、供气站等关键场所，应按规定设置应急照明，并定期检查。	4	天然采光和人工照明不符合要求的，每处扣1分；未定期检查的，扣1分；关键场所未按规定设置应急照明或不能正常使用的，每处扣1分。		

考评类目	考评项目	考核内容	标准分值	考评办法	自评/评审描述	实际得分
		设备设施应符合有关法律法规、标准规范要求。	6	设备选型应符合项目设计方案，不应选用国家明令淘汰、不准许使用的、危及生产安全的设备设施，有一套设备不符合要求的，扣1分；存在重大风险或隐患的，除本分值扣完外，再加扣12分。		
		危险场所和其他特定场所，使用的照明器材应遵守下列规定并定期检查：（1）有爆炸和火灾危险的场所，应按其危险等级选用相应的照明器材；（2）有酸碱腐蚀的场所，应选用耐酸碱的照明器材；（3）潮湿地区，应采用防水性照明器材；（4）含有大量烟尘但不属于爆炸和火灾危险的场所，应选用防尘型照明器材。特殊场所应配备相应的照明器材。	4	使用不符合现场要求的照明器材的，每处扣1分。		
		轧机计算机及PLC、轧机火警控制中心、转机生产线设备主机电控系统及通讯系统宜配置UPS不间断电源。	3	未配置UPS电源的，每处扣1分。		
		重点防火设施应通过公安消防部门消防设计审查及公安消防部门门验收。主要生产场所消防设计应符合《建筑设计防火规范》（GB50016）的相关规定。	3	重点防火设施未通过公安消防部门门验收的，不得分；不符合规定的，每处扣1分。		
		生产场所应根据易燃、易爆物质的物理及化学性质，合理设计灭火系统、报警系统及选择灭火设备类型，合理布置消防水栓，并保证消水量，水压。灭火器的配置应符合《建筑灭火器配置设计规范》（GB50140），并定期检查维护。	4	不符合规定的，每处扣1分；未定期检查维护的，扣1分。		
		厂区内的坑、沟、池、井、洞、孔和高处的边缘等，应设置安全盖板、防护栏、平台和梯子；牵引机构、中断锯、淬火炉等危险设置应设置防护栏；淬火本体上应设置防护栏杆、楼梯；需到达顶端作业、检修的应需到油箱表面必需经防滑处理，并在醒目位置放置防滑防摔警示牌；直梯、斜梯、防护栏杆和工作平台应符合《固定式钢直梯安全技术条件》（GB4053.1）、《固定式钢斜梯安全技术条件》（GB4053.2）、《固定式工业防护栏杆安全技术条件》（GB4053.3）、《固定式工业钢平台》（GB4053.4）的规定。	4	未按要求设计的，不得分；不符合要求的，每处扣1分。		

考评类目	考评项目	考核内容	标准分值	考评办法	自评/评审描述	实际得分
		生产岗位操作室、会议室、生活辅助设施（更衣室、浴池、食堂），车间主配电室等场所应符合《工业企业设计卫生标准》（GBZ1），高压设备、高压管路间保持安全距离。	3	有一处不符合要求的，不得分。		
		高压配电装置设计应符合规范《3-110KV高压配电装置设计规范》（GB50060）；低压配电设计应符合《低压配电设计规范》（GB50054）；电力装置的继电保护、非电量保护和自动装置设计应符合《电力装置的继电保护和自动装置设计规范》（GB50062）。	3	不符合要求的，每处扣1分。		
		整流机组及动力变配电系统的安全连锁、快停、急停等本质安全设计规范要求，并定期检测。	2	未定期检测的，每处扣1分。		
		供电主控室、配电值班室、主电缆隧道和电缆夹层，应设有火灾自动报警器、烟雾火警装置、灭火装置和防止小动物进入的措施；电缆进出务线时封闭、预留孔洞应用防火材料密封。	3	未设装置的，不得分；未设防火墙的，每处扣1分；未用防火材料封堵的，每处扣1分。		
		各种变压器应设有安全防护设施，并挂安全警示牌。	2	未设防护设施的，每处扣1分；未挂安全警示牌。		
		裸露接线柱应设有安全防护设施。	4	未安装安全防护设施的，每处扣1分。		
		裸露接线、可燃气体输送管道共同敷设在同一沟道内或吊行架上。	3	不符合要求的，每处扣1分。		
		桥式起重机、电葫芦、卷扬机、龙门吊、汽车吊、电梯起重设备应应符合《起重机械安全规程》（GB6067）要求，安全设施应齐全；限位器、联锁开关、制动器、限载器、报警器等安全设施应齐全；用于吊运熔融金属的桥式起重机应设置应急保安电源；冶金起重机技术条件特造起重机》（JB/T7688.15）的标准要求。	10	不符合要求的，每处扣2分；安全设施每处缺一项的，扣2分；电梯无应急保安电源的，每处扣2分；吊运熔融金属的桥式起重机不符合要求的，每处扣4分。		
		厂房起重机滑线应安装通电指示灯或采用其他标识带电的措施；裸露滑线应布置在司车驾驶室对面；若布置在驾驶室同一侧，应采取安全防护要求。	3	未安装通电指示灯或采用其他标识带电措施的，每处扣1分；裸露滑线布置在驾驶室一侧，未采取安全防护措施的，每处扣1分。		

考评类目	考评项目	考核内容	标准分值	考评办法	自评/评审描述	实际得分
		金属液包及金属液包吊具的生产应符合《铁水浇包》(JB5771.1)和《铁水浇包》(JB5771.2)的有关规定,并定期检查。	2	不符合要求的,每处扣1分;未定期检查的,扣1分。		
		蒸汽缓冲器、压缩空气储罐、真空罐等压力容器应符合《固定式压力容器安全技术监察规程》(TSGR0004)的规定,压力管道应符合《压力管道安全技术监察规程-工业管道》(TSG D0001)的规定,各种安全附件(安全阀、压力表、温度表,等)应齐全,并按照相关规定定期检查。	6	不符合要求的,每处扣2分;安全附件每缺一项的,扣1分;未按照相关规定定期检查的,每处扣1分。		
		电动轨道平板车应有明确运行方向的按钮、声光报警装置、扫轨器,轨道两端端头应安装阻挡装置,并定期检查;过跨车应设置专有安全区域。	5	未安装声光报警装置的,每处扣1分;未安装阻挡装置的,每处扣1分;未安装扫轨器的,每处扣1分;无明确方向按钮的,每处扣1分;未定期检查的,每处扣1分。		
		设备裸露的转动或快速移动部分,应按规定设置联锁装置和安全防护设施,并定期检查。	4	未设置联锁装置和安全防护设施的,每处扣1分;未定期检查的,每处扣1分。		
		熔炼炉、保温炉和铸造机周边不应有积水坑;铸造井、铸造坑除外;周边及铸造厂房内的地坑应进行防渗漏设计和施工,防止地下水渗入;熔炼、铸造设备、盐浴槽上方不应设置有漏水隐患的设施。	4	熔炼炉、保温炉和铸造机周边有积水坑的,每处扣1分;铸造厂房地坑有水渗入的,每坑(井)点扣1分;熔炼、铸造设备、盐浴槽上方设有漏水隐患设施的,每处扣1分。		
		熔炼炉及保温炉区域起重机的司机室,应有良好的通风、防尘设施。	2	未安装良好的通风、防尘设施的,不得分。		
		熔炼炉、保温炉放流口(流眼处)应备有塞棒(流钎子),每个眼备用2个,并定期检查。	3	备用塞棒(流钎子)不符合要求的,每处扣1分;未定期检查的,扣1分。		
		真空熔炼炉应有泄爆阀等装置,真空自耗炉应设有防辐射设施;电子束炉应设有防辐射设施。	2	未设置泄爆装置的,每处扣1分;未设置防辐射设施的,扣1分。		
		铸造机升降平台或托架等,不得有储水空间。	3	铸造机升降平台或托架有储水空间的,不得分。		
		铸造倾翻炉应设置急停复位等联锁保护装置。液位自动检测、控制系统等应设置联锁保护装置。	2	无紧急复位的,扣1分;未设置联锁保护装置的,每处扣1分。		

考评类目	考评项目	考核内容	标准分值	考评办法	自评/评审描述	实际得分
		用水冷却的熔炼炉、铸造机应设置急冷却水源。	3	未设置应冷却水源的，每处扣1分。		
		铸井应涂刷防爆涂料，并定期检查涂层是否完好。	2	未涂刷防爆涂料的，不得分；未定期检查的，扣1分。		
		铸造浇铸生产流程中应设置金属液急紧排放和储存的设施，过滤除气装置放干放容量处（流眼处）应备有该装置的放干箱。	2	未设置金属液急紧排放和储存设施的，不得分；未设置放干箱的，不得分；放干容量不符合要求的，扣1分。		
		铸锭专用铣床刀盘、刀具应安装牢固，并安装防刀盘飞出和防止金属屑飞溅的设施。	2	未安装防刀盘飞出和防止金属屑飞溅设施的，每处扣1分。		
		清擦铸锭下表面异物时，应配置专用料架，并安全可靠。	3	未配置专用料架的，不得分；专用料架不可靠的，扣2分。		
		轧机应设超温、超压、超速报警联锁装置；油雾发生器应有超温报警联锁装置；油烟风道应安装防火挡板，并定期检测。轧机适当位置上应装有灭火探头。	3	未设置超温、超压、超速报警联锁装置的，每处扣1分；未设置防火挡板的，扣1分；未装灭火探头的，扣1分；未定期检测的，扣1分。		
		全油轧机及其板式过滤器和油箱室（地下室）应配置火灾自动报警和灭火系统；轧机轴承箱、支撑辊轴承、轧制油采集应安装温度监控连锁装置，并定期检测。热轧机应配备防液压油泄漏起火的灭火设施或器材。	4	未设置自动报警和灭火系统的，不得分；未设置温度监控连锁装置的，扣1分；未定期检测的，扣1分。		
		高速轧机应设断带保护装置，防止断带时轧制油着火。	3	未设置断带保护装置的，不得分。		
		全油轧机的自动灭火系统应与主电源系统、润滑系统、送排风系统设连锁装置，自动灭火系统应由有资质的单位进行维护保养，并定期喷淋。	4	维护保养单位没有资质的，不得分；未定期喷的，扣1分；未设置连锁装置的，每处扣1分。		
		带冷床的轧机视频监控应良好。	2	无监控的，不得分；视频监控不完善的，每处扣1分。		

考评类目	考评项目	考核内容	标准分值	考评办法	自评/评审描述	实际得分
		压力加工设备应有压力、油温、油位、速度检测及显示系统，并定期检测。	2	未设置监控系统的，扣1分；未定期检测的，扣1分。		
		锻压机工作台与中顶器、侧顶器应设置联锁装置，并定期检查。	4	未设置连锁装置的，每处扣1分；未定期检查的，扣1分。		
		除水压机外，在压力加工设备主操作台、辅操作台应设有电源紧停电按钮，并定期检查。	3	未设置紧停按钮的，不得分；紧停功能无效的，每处扣1分；未定期检查的，扣1分。		
		板材剪切机列的圆盘剪、矫直机、剪切机等高危部位应设有安全防护装置及清辊安全装置，并定期检查。	4	未设置安全防护装置的，不得分；安全防护装置无效的，每处扣1分；未定期检查的，扣1分。		
		拉拔机、轧管机、轧机等生产设备在操作台上应设紧急停车按钮，并应定期对紧急停车装置进行试验。	2	未设置紧急停车按钮的，不得分；紧急停车装置无效的，每处扣1分。		
		拉拔机要设专门的润滑油坑对润滑油进行回收。	2	未设置润滑油坑的，不得分。		
		各热处理炉要设置超温报警联锁装置，并定期检查。	2	未配备超温报警联锁装置的，不得分；未定期检查的，扣1分。		
		燃气的加热炉和退火炉应装燃气点火、熄火、泄漏报警装置；燃气炉的烧嘴应设防回火装置，并定期检测。	3	未安装燃气点火、熄火、泄漏报警装置的，扣1分；未定期检测的，每处扣1分。		
		感应加热炉应设故障报警装置，在高压侧加装过电压保护器，并定期检查。	3	未设置故障报警装置的，不得分；未定期检查的，扣2分；未安装电压保护器的，扣1分。		
		立式淬火炉应设置测高装置并定期校验。	2	未设置测高装置的，不得分；未定期校验的，扣1分。		
		盐浴槽区域厂房应配置机械通风装置。	3	未设置机械通风的，不得分。		
		盐浴槽的槽体与加热元件、母线之间、各保护罩应取可靠绝缘并设置电流接地报警装置，盐浴槽、淬火油池应配置两套以上独立的智能温控和报警系统。	3	未设置绝缘的，每处扣1分；未设置报警系统的，每处扣1分。		
		油库地下室的送风系统应完好、易取。	2	不符合要求的，每处扣1分；未配备消防器材的，不得分。		

考评类目	考评项目	考核内容	标准分值	考评办法	自评/评审描述	实际得分
		储油、储酸罐应设有液位显示及控制系统，储罐周围应设置围堰。	4	无液位显示仪的，每处扣1分；无控制系统的，不得分；储罐周围未设置围堰的，每处扣1分。		
		建立设备设施运行台账、制定检修、维修计划，并按照计划实施；检修结束，应进行验收；针对设备设施的运行情况、适时修改设备、设施的检修、维护、保养的相关标准和规范。	5	未建立设备运行台账的，不得分；验收资料不齐全的，每次（项）扣1分；检修、维修计划未执行的，每次（项）扣1分。		
		机械设备、设施、工具、配件等无缺陷；应做好设备、设施的检修、维护和保养工作，并有检查记录。	2	机械设备、设施、工具、配件等，不完整或有缺陷的，每处扣1分；对设备、设施的检修、维护、保养情况，没有检查记录的，每处扣1分。		
		危险化学品应符合《危险化学品管理条例》（国务院2011（591）号令）的相关规定。	3	不符合要求的，每处扣1分。		
	6.2 设备设施运行管理	起重设备应符合规定，并取得政府主管部门颁发的运行许可证，定期进行检测、检验。	6	未取得运行许可证的，不得分；未按期进行检测、检验的，每台次扣4分。		
		起重设备的下列安全装置，应按制度进行检查： (1) 吊车之间防碰撞装置； (2) 大、小行车端头缓冲和防冲撞装置； (3) 起重量限制器； (4) 主、副卷扬限位、报警装置； (5) 登吊车信号装置及门联锁装置； (6) 露天作业大型电铃以及警报指示灯； (7) 电动警报器或者有急停报警按钮； (8) 地面操作手柄要有急停按钮； (9) 吊运熔融金属起重设备应安装起升机构独立的双级制动和双限位装置，机械绝缘等级为H级； (10) 吸盘吊失压保护装置。	10	没有检查记录的，不得分；检查记录不符合记录要求的，每处扣1分；安全装置不齐全的，每处扣1分；安全装置不灵敏、不可靠的，每处扣1分。		
		吊具应在其额定载荷范围内使用。钢丝绳和链条的安全系数、钢丝绳的报废标准、限重标识应符合《起重机械安全规程》（GB6067）的有关规定。	5	超额定载荷使用吊具的，不得分；未设置限重标识的，每处扣1分。		

考评类目	考评项目	考核内容	标准分值	考评办法	自评/评审描述	实际得分
		施工现场临时用电应符合《施工现场临时用电安全技术规范》(JGJ46)规定: (1) TN系统除在配电室或总电室处做重复接地外,还应在中间和末端处做重复接地且保护接地每处接地电阻不应大于10Ω; (2) 配电柜应设漏电隔离开关及短路、过载漏电保护器,电源开关分断时应有明显的断点; (3) 隧道、人防工程、高温、有导电灰尘、比较潮湿或有导电灰尘、电源电压低于2.5m等场所的照明,不应大于36V。	6	不符合要求的,每处扣1分。		
		长期停用、检修后或新装其绝缘,送电前应检测其绝缘;电加热炉和退火炉、变压器设备、油烟较重及潮湿、粉尘较重的电器设施对绝缘进行绝缘质量的部门进行定期检测。电气安全绝缘工器具由有备检测部门进行定期检测。	4	未定期检测绝缘的,扣2分;无记录的,扣1分;绝缘工器具未定期检测的,扣1分;检测部门无资质的,扣1分;未出具检测报告的,不得分。		
		全油轧机机体本、管道及油箱等应保证接地良好并定期检测。	2	未定期检测的,每处扣1分。		
		定期对熔炼和保温炉的烧嘴、流眼、阀门、控制系统及安全装置进行检查。	2	未定期检查的,每处扣1分。		
		针对铸造生产的实际情况,及时修订和完善铸造设备防爆、防金属液泄漏、防脏制度,对运行情况进行检查。	3	未及时修订和完善的,扣1分;未进行检查的,每项扣1分;未按制度执行的,每处扣1分。		
		定期对连铸连轧机机组、铸造机,锯切机的防护装置完好和使用情况进行检查。	2	未定期检查的,每处扣1分;防护装置不完好的,每处扣1分。		
		配备有透气砖的金属液保温炉,应检查、确认放流管(流眼孔)、流槽完好,应采取有效的监控、预防措施,对透气砖进行定期检查。	2	未对透气砖采取有效监控及预防措施、未定期检查的,均不得分。		
		保温炉每次放流金属液铸造前,应检查、确认放流管(流眼砖)、流槽完好,倾翻式保温炉倾倒金属液滚时,应确保流眼与流槽搭接处堵严实,防止溢出。	4	未进行检查的,每处扣1分;未堵严实的,每处扣1分。		

考评类目	考评项目	考核内容	标准分值	考评办法	自评/评审描述	实际得分
		每次铸造前对应急水源进行检测，并测试压力，铸造过程中，若发现供水压力不足时应能启动应急水源。	4	未进行检测的，扣1分；备用水源不能启动的，不得分。		
		铸造时应用测液位自动检测金属液面。	2	不符合要求的，不得分。		
		炉内金属液面与炉门下沿高度差不应小于规定的安全距离。	3	高度差小于安全距离的，不得分。		
		转炉前，应确认放流管（流眼砖）、流槽完好，流槽之间接口堵严实，防止金属液泄漏。转炉时，流槽、应根据流槽中液面及时调节流眼中的金属液流量。	2	不符合要求的，每处扣1分。		
		输送、转注金属液所使用的流槽、流盘、分配盘等在使用前须经充分干燥并保证畅通；接触金属离液的工具应按制度要求前烘干。	2	不符合要求的，每处扣一分。		
		盐浴槽在运行过程中应定时巡视检查；对槽体每两年至少进行一次安全性能检测。	5	无定时巡视检查记录的，扣1分；未定期检测的，扣1分。		
		定期对压力加工设备配电控制盘柜，压机配电控制盘柜进行定期清灰或端子紧固，端子紧固。	2	未对配电控制柜进行定期清灰或端子紧固的，每处扣1分。		
		定期对轧管机、拉拔机直流电机励磁系统线路接触情况进行检查，确保线路无断路。	3	未定期检查无记录的，检查无记录的，每项扣1分。		
		与运行中的X射线或放射性同位素测厚仪保持安全距离并定期检测其放射量。	2	未保持安全距离的，扣1分；未定期检测的，扣1分。		
	6.3 设备设施验收及报废拆除	设备的设计、制造、安装、使用、检测、维修、改造、报废和拆除，应符合有关法律法规、标准规范的要求，应优先选用本质安全型设备；应建立更新设备设施验收及报废、拆除的管理制度，并及时完善、修订。	7	不符合有关标准规范的，不得分；未建立管理制度的，每项扣2分；管理制度操作性差的，扣1分。		
		按规定对新设备设施进行验收，确保使用质量合格，设计符合要求的设备设施。	2	未对设备设施（含其安全设备设施）的进行验收的，每处扣1分；使用不符合要求设备的，每处扣1分。		
		按规定对不符合要求的设备设施进行报废或拆除，并采取必要的安全技术防范措施和管理措施。	3	未按规定进行报废、拆除的，不得分；涉及到危险物品的生产、设备设施的拆除，无危险品处置方案的，不得分；未采取防范措施的，每处扣1分。		
小计			280	得分小计		

第八节 作业安全的标准化考评项目、内容与考评办法

一、作业安全的标准化考评项目和内容

1. 生产现场管理和生产过程控制

（1）定期对生产现场和生产过程、环境存在的风险和隐患进行辨识、评估分级，制定相应的控制措施，并得到落实；根据实际变化情况及时进行更新。

（2）生产操作现场应有严格的管理措施，与生产无关人员不应进入生产操作现场。

（3）生产现场应实行定置管理，物品摆放整齐、有序，区域划分科学合理。

（4）现场不应有"跑、冒、滴、漏"现象，保持地面整洁，对现场所有区域的卫生，划分区域责任人，并明确工作标准要求。

（5）对下列危险作业，按照相关管理制度严格执行审批手续或签发工作票或安排专人进行现场安全管理，并确保安全措施的落实：

①危险区域动火作业；

②进入受限空间作业；

③有中毒或窒息环境作业；

④高处作业；

⑤大型吊装作业；

⑥易燃易爆环境作业；

⑦特种设备拆除安装、修理作业；

⑧电气作业；

⑨交叉作业；

⑩其他危险作业。

（6）按维护检修计划定期对设备设施进行检修；检修前，应对检修人员进行施工现场安全交底，对现场进行危险源辨识，制定控制措施，并进行监督检查。

（7）设备操作、检修、清理所使用的设备、工器具等应安全可靠；高处作业应系好安全带、绳，垂直交叉作业应设安全防护棚或围栏，并设置警示、提示标志。

（8）检修、清理中拆除的安全装置，检修、清理完毕应及时恢复。

（9）立式铸造的平台周围及地面应避免油污、保持清洁；清理竖井时应保持通风；在生产准备、吊运成品、清理竖井和通风等作业，应有防止人员坠落的措施。

（10）铸造开始前应将底座（引锭头）上表面残留水吹干，底座（引锭头）不应有金属液泄漏的通道。

（11）直径350mm以下密排式多模圆锭结晶器，应备有二分之一以上铸模数量的应急铸模堵头。

（12）放流、安装过滤板、堵除气室流眼操作程序正确、规范。

（13）熔铝的电炉在加料、扒渣、精炼、取样、清炉时应停电。

（14）轧机卷取捆卷应开启安全联锁装置；金属卷捆绑前应压住料头，捆绑牢固；堆放应采取防滚动的措施。

（15）金属带材开卷时应先压住料头，后剪捆绑带，不准许正对料头剪切捆绑带。

（16）煤气炉在系统停用后重新点火前，应先做煤气爆发试验，确认煤气成分合格；天然气炉重新点火前，应对炉膛进行充分的吹扫。

（17）具体明确各类煤气危险区域。在第一类区域，应戴上呼吸器方可工作；在第二类区域，应有监护人员在场，并备好呼吸器方可工作；在第三类区域，可以工作，但应有人定期巡查。

（18）在有煤气危险的区域作业，应两人以上进行，并携带便携式一氧化碳报警仪。

（19）氧气瓶、乙炔瓶、液化气瓶，氯气罐、氨气罐、酸罐等易燃易爆物品及危险化学品，应专人管理，按规定存放和使用，现场使用气瓶应有防倾倒装置。

（20）对物料堆放地点、堆垛高度、间距等制定相关制度，并严格执行。

2. 作业行为管理

（1）对生产作业过程中人的不安全行为进行辨识，并制定相应的控制措施。

（2）对现场出现的不安全行为进行严肃的处理，并定期进行分类、汇总和分析，制定针对性控制措施。

（3）车间（工区、工段）级每周应开展安全检查，每月应召开安全例会，对安全工作进行总结、布置。

（4）班组每班应开展安全教育、安全检查等活动。

（5）开展岗位达标工作，制定岗位标准，建立评定制度，并定期组织开展岗位达标工作检查。

（6）作业人员严格执行安全操作规程、设备使用及维护规程。

（7）为从业人员配备与工作岗位相适应的符合国家标准或者行业标准的劳动防护用品，并监督、教育从业人员按照使用规则佩戴、使用；从事金属液作业的人员应选用防灼伤非化纤长袖工作服；近距离金属液操作时应采取面部防护措施；熔炼铸造工应配备耐热防砸钢包头鞋。

（8）设备运行时，不准许人员从设备上方跨越或下方穿行，在特定的情况下需越过主体设备时应有相应的安全措施。

（9）不准许专用吊具与吊物不配套或有缺陷的吊运；天车吊物时不准许从人头上经过；铸

锭（棒）从出井至平放过程中，与人要保持安全距离。

（10）在全部停电或部分停电的电气设备上作业，应遵守下列规定：

①拉闸断电，并采取开关箱加锁等措施；

②验电、放电；

③各相短路接地；

④悬挂"禁止合闸，有人工作"的标示牌和装设遮拦。

（11）设备发生故障时，应停机处理；处理锻造、挤压等带压设备故障时，应先泄压。

（12）人员进入具有自动灭火系统装备的地下室，应采取相应的安全措施。

（13）工作中人员应与移动或旋转部位以及高温部件保持安全距离。

（14）加入炉中的原料、辅料干燥，不存在爆炸风险的夹带物。

（15）向金属液里人工加料时，应使用专用工具。

（16）熔炼炉、保温炉等搅拌和扒渣作业应按规程操作。

（17）在机列生产时，不准许用手触摸运行的板材或清除运行产品上的异物。

（18）矫直机清辊时应使用清辊器。

（19）在检查和清除轧辊表面缺陷时，作业人员应在轧辊转动的反方向进行作业。

（20）锻造或矫直时调整工件应使用专用工具处理。机列头尾剪的料头无法通过时，应用专用工具引料。

（21）轧管机、矫直机在运行时，人员与出口处保持安全距离。

（22）管、棒、型拉伸机在拉伸制品时，人与前后夹头两侧保持安全距离。

（23）挤压过程中不准许在挤压机出口探视。

（24）盐浴槽、淬火油池不准许超温淬火；不准许其它液体进入槽体；液面高度控制在槽体的安全液面以下。

3. 安全标识

（1）现场安全标识、安全色应符合《安全标识及其使用导则》(GB2894) 和《安全色》(GB2893) 的规定。

（2）应根据《建筑设计防火规范》（GB50016）、《爆炸和火灾危险环境电力装置设计规范》（GB50058）规定，结合生产实际，确定具体的危险场所，设置危险标识牌或警告标识牌，并严格管理其区域内的作业。

（3）在变、配电场所应有醒目的安全标识，应有防止人员触电的安全措施。

（4）在油、汽等危险化学品储存场所应有醒目的安全标识，应有防火、防爆、防中毒的安全措施；在剧毒化学品贮存、使用场所还应有危险提示、警示，告知危险的种类、后果及应急措施的标识。

（5）在高温熔体易飞溅区域和高温产品区域应有防烫伤的安全警示标识。

（6）不同介质的管线，应按照《工业管道的基本识别色、识别符号和安全标识》(GB7231)

的规定涂上不同的颜色，并注明介质名称和流向。管道上包装物应无破损。跨越道路管线应设置限高标志。

（7）设备检修、清理应执行安全文明施工的要求，现场应设有明显的警示牌、标识或围栏，用料及设备、工器具有序堆放，夜间照明要良好；施工、吊装等作业现场应设置警戒区域和警示标志。

（8）在有较大危险因素的生产经营场所和有关设施、设备上，设置明显的安全警示标识。

（9）在氯气罐区、盐浴槽区域、高压泵区、氧化上色区、涂层、铸造区域等危险区域应当设置醒目的公告栏、警示标识。

4. 相关方管理

（1）严格执行相关方及外用工（单位）管理制度，对承包商、供应商等相关方的资格预审、选择、服务前准备、作业过程监督、提供的产品、技术服务、表现评估、续用等进行管理，建立相关方的名录和档案。

（2）项目建设的设计、评价、施工、监理单位应具备相应的资质；工程项目承包协议应当明确规定双方的安全生产责任和义务或签订安全文明施工协议。

（3）建立劳务派遣工管理制度，并对劳务派遣工实施安全管理。

（4）对外来施工、服务单位实施安全监督管理；甲方应统一协调管理同一作业区域内的多个相关方的交叉作业，应根据相关方提供的服务作业性质和行为定期识别服务行为风险，采取行之有效的风险控制措施，并对其安全绩效进行监测。

（5）对外来施工、服务单位建立安全绩效考评体系，严格执行安全准入条件。

5. 变更

（1）对有关人员、机构、工艺、技术、设施、作业过程及环境的变更制定实施计划。

（2）对变更的项目进行审批和验收管理，并对变更过程及变更后所产生的风险和隐患进行辨识、评估和控制。定期对生产现场和生产过程、环境存在的风险和隐患进行辨识、评估分级，并制定相应的控制措施。及时进行更新。

（3）变更安全设施，应经设计单位书面同意，重大变更的，还应报安全生产监督管理部门备案。

二、作业安全的标准化考评办法

考评类目	考评项目	考核内容	标准分值	考评办法	自评/评审描述	实际得分
七、作业安全	7.1 生产现场管理和生产过程控制	定期对生产现场和生产过程、环境存在的风险和隐患进行辨识、评估分级；制定相应的控制措施，并根据实际变化情况及时进行更新。	10	无风险和隐患辨识、评估分级汇总资料的，不得分；辨识所涉及的范围未全部覆盖的，每少一处扣2分；缺少一类风险和隐患辨识、评估分级的，扣4分；每缺少控制措施或者针对性不强的，每类扣2分；控制措施不落实的，每处扣2分；现场岗位人员不清楚岗位有关风险及其控制措施的，每人次扣2分。		
		生产操作现场应有严格的管理措施，与生产无关人员不应进入生产操作现场。	3	与生产无关人员进入生产操作现场的，发现一次扣1分。		
		生产现场应实行定置管理、物品摆放整齐、有序，区域划分科学合理。	4	未开展定置管理的，不得分；定置管理不规范的，每处扣2分；定置不合理的，每处扣1分。		
		现场不应有"跑、冒、滴、漏"现象，保持地面整洁，对现场所有区域的卫生、划分区域责任人，并明确工作标准要求。	7	不符合要求的，每处扣1分。		
		对下列危险作业，按照相关管理制度严格执行审批手续或发工作票专人进行现场安全管理，并确保安全措施的落实： (1) 危险区域动火作业； (2) 进入受限空间作业； (3) 有中毒或窒息危险作业； (4) 高处作业； (5) 大型吊装作业； (6) 易燃易爆环境作业； (7) 特种设备设施拆除安装、修理作业； (8) 电气作业； (9) 交叉作业； (10) 其他危险作业。	7	未执行审批手续或工作票的，不得分；工作票中危险分析和控制措施不全的，扣2分；授权程序不清或签字不全的，扣1分；审批手续及工作票未存档的，扣1分；安全措施未落实的，每处扣2分。		
		按维护检修计划定期对设备设施进行检修；检修前，应对检修人员进行危险源辨识、制定控制措施，并进行监督检查。	5	未按计划检修、维修方案未包含作业危险分析和控制措施的，每项扣1分；未对检修人员进行施工现场安全交底的，每次扣1分；未执行检修计划的，每处扣1分；未恢复安全设备装置的，每处扣1分；未经安全部门同意就拆除安全设施后，未经验收、签字验收毕后按标准检修，维修记录归档不规范、不及时的，每处扣1分。		

考评类目	考评项目	考核内容	标准分值	考评办法	自评/评审描述	实际得分
		设备操作、检修、清理所使用的设备、工器具等应安全可靠；高处作业应系好安全带、绳，垂直交叉作业应设设安全防护棚或围栏，并设置警示、提示标志。	2	不符合要求的，每处扣1分。		
		检修、清理中拆除的安全装置、检修、清理完毕后应及时恢复。	2	未及时恢复的，每处扣1分；安全防护装置的变更，未经主管部门同意的，每处扣1分。		
		立式铸造的平台周及地面应避免油污，保持清洁；清理竖井时应保持通风；在生产准备、吊运造成保品、清理竖井和通风等作业，应有防止人员坠落的措施。	2	现场不清洁的，每处扣1分；不能保持通风的，不得分；防范措施落实不到位的，每处扣1分。		
		铸造开始前应将底座（引锭头）上表面残留水吹干，底座（引锭头）不应有金属液泄漏的通道。	4	不符合要求的，每处扣1分。		
		直径350mm以下密排式多模圆锭结晶器，应备有二分之一以上铸模数量的应急铸模堵头。	2	不符合要求的，每处扣1分。		
		放流、安装过滤板、堵流、除气、流眼操作程序正确、规范。	2	不符合要求的，每处扣1分。		
		熔铝的电炉在加料、扒渣、取样、精炼、清炉时应停电。	2	不符合要求的，每处扣1分。		
		轧机卷取据卷应开启安全联锁装置；金属卷捆绑前应压住料头、后剪捆绑带取下的情动的措施。	3	不符合要求的，每处扣1分。		
		金属带材开卷时应先压住料头、后剪捆绑带，不准许正对料头剪切捆绑带。	2	不符合要求的，每处扣1分。		
		煤气炉系统停用后重新点火前，应先做煤气爆发试验，确认煤气成分合格、天然气重新点火前，应对炉膛进行充分的吹扫。	3	不符合要求的，每处扣1分。		
		具体明确各类煤气危险区域，在第一类区域，应戴上呼吸器方可工作；在第二类区域，应有监护人员在场，并备好呼吸器方可工作；在第三类区域，可以工作，但应有人定期巡查。	5	不符合要求的，每处扣2分。		

考评类目	考评项目	考核内容	标准分值	考评办法	自评/评审描述	实际得分
		在有煤气危险的区域作业，应两人以上进行，并携带便携式一氧化碳报警仪。	2	不符合要求的，不得分。		
		氧气瓶、乙炔瓶、液化气瓶、氯气罐、氨气罐等燃易燃物品及危险化学品，应专人管理、存放和使用，现场使用气瓶应有防顷倒装置。	5	不符合要求的，每处扣1分。		
		对物料堆放地点、堆垛高度、同距等制定相关制度，并严格执行。	2	不符合要求的，每处扣1分。		
		对生产过程中人的不安全行为进行辨识，并制定相应的控制措施。	4	每名作业人员的不安全行为未辨识的，扣1分；未建立人员典型违章数据库和典型事故案例数据库的，每项扣1分；缺少控制措施或针对性不强的，每项扣1分；作业人员不清楚风险及控制措施的，每人次扣1分。		
		对现场出现的不安全关行为进行严肃的处理，并定期进行分类、汇总和分析，制定针对性控制措施。	8	对不安全行为未按照相关制度进行处理的，每次扣1分；未定期进行分类、汇总和分析的，扣4分。		
	7.2 作业行为管理	车间（工区、工段、工序）级每周应开展安全检查，每月应召开安全例会，对安全工作进行总结、布置。	5	不符合要求的，每处扣1分。		
		班组每班应开展安全教育、安全检查等活动。	4	不符合要求的，每处扣1分。		
		开展岗位达标工作，制定岗位标准、建立评定制度，并定期组织开展岗位达标工作检查。	3	未制定岗位标准的，不得分；岗位标准不全的，每缺一项，扣1分；未建立评定制度的，扣1分；未定期组织开展岗位达标工作检查的，扣1分。		
		作业人员严格执行安全操作规程、设备使用及维护规程。	5	发现有不按规程作业的，每人次扣2分；累计扣完本项分值后，继续累计追加扣10分。		
		为从业人员配备与工作岗位相适应的符合国家标准或行业标准的劳动防护用品，并监督、教育从业人员按照使用规则佩戴、使用；从事金属液操作时应选用防护伤害化纤长袖工作服；近距离离金属液应采取防护措施；熔炼铸造工应配备耐热防飞溅包头鞋。	5	无发放标准的，不得分；购买、使用不合格劳动防护用品的，不得分；发放标准不符合有关规定的，每项扣1分；员工未正确佩戴和使用的，每人次扣1分。		

考评类目	考评项目	考核内容	标准分值	考评办法	自评/评审描述	实际得分
		设备运行时，不准许人员从设备上方跨越或上方穿行，在特定的情况下需越过主体设备时应有相应的安全措施。	3	不符合规定的，每人次扣1分。		
		不准许专用吊具与吊物不配套或有缺陷的吊运；天车吊物时不准许从人头上经过；铸锭（棒）从出井至平放过程中，与人要保持安全距离。	4	不符合规定的，每人次扣1分。		
		在全部停电或部分停电的电气设备上作业，应遵守下列规定： （1）拉闸断电，并采取开关箱加锁等措施； （2）验电、放电； （3）各相短路接地； （4）悬挂"禁止合闸，有人工作"的标示牌和装设遮拦。	3	不符合要求的，每处扣1分。		
		设备发生故障时，应停机处理；处理锻造、挤压件带压设备故障时，应先泄压。	6	不符合要求的，每处扣1分。		
		人员进入具有自动灭火系统装备的地下室，应采取相应的安全措施。	3	未采取措施的，每处扣1分。		
		工作中人员应与移动或旋转部位以及高温部位保持安全距离。	5	不符合要求的，每处扣1分。		
		加入炉中的原料、辅料应干燥，不存在爆炸风险的夹带物。	2	将未干燥的原料、辅料，存在爆炸风险的夹带物加入炉内的，不得分。		
		向金属液里人工加料时，应使用专用工具。	2	不符合要求的，每处扣1分。		
		熔炼炉、保温炉等搅拌和扒渣作业应按规程操作。	2	作业过程有违反规程的，每处扣1分。		
		在机列生产时，不准许用手触摸运行的板材清除运行产品上的异物。	2	不符合要求的，每处扣1分。		
		矫直产品清理时应使用清辊器。	2	不符合要求的，每处扣1分。		
		在检查和清除轧辊表面缺陷时，作业人员应在轧辊转动的反方向进行作业。	2	不符合要求的，每处扣1分。		

考评类目	考评项目	考核内容	标准分值	考评办法	自评 评审 描述	实际得分
		锻造或矫直工作应使用专用工具处理。机列头尾剪的料头的料头无法通过时，应用专用工具引料。	2	不符合要求的，每处扣1分。		
		轧管机、矫直机在运行时，人员与出口处保持安全距离。	2	不符合要求的，每处扣1分。		
		管、棒、型拉伸机在拉伸制品时，人与前后头两侧保持安全距离。	2	不符合要求的，不得分。		
		挤压过程中不准许在挤压机出口探视。	2	有探视行为的，不得分。		
		盐浴槽、淬火油池不准许超温淬火；不准许其它液体进入槽体；液面高度控制在槽体的安全液面以下。	6	不符合要求的，不得分。		
		现场安全标识、安全色应符合《安全标识及其使用导则》(GB2894)和《安全色》(GB2893)的规定。	3	不符合要求的，每处扣1分。		
		应根据《建筑设计防火规范》(GB50016)、《爆炸和火灾危险环境电力装置设计规范》(GB50058)规定，结合生产实际，确定具体的危险场所，设置危险标识牌或警告标识牌，并严格管理其区域内的作业。	2	未确定具体危险场所的，不得分；有一处危险标识牌或警告标识牌不符合要求的，扣1分。		
	7.3 安全标识	在变、配电场所应有醒目的安全标识，应有防止人员触电的安全措施。	2	无标识的，每处扣1分；无防护措施的，每处扣1分。		
		在油、汽等危险化学品储存场所应有醒目的安全标识，应有防火、防爆、防中毒的安全措施；在剧毒化学品贮存、使用场所还应有危险提示、警示、告知危险的标识，品种类、后果及应急措施的标识。	2	无标识的，每处扣1分；无防护措施的，每处扣1分。		
		在高温熔体易飞溅区域和高温产品区域应有防烫伤的安全警示标识。	2	不符合要求的，每处扣1分。		

考评类目	考评项目	考核内容	标准分值	考评办法	自评/评审描述	实际得分
		不同介质的管线，应按照《工业管管道的基本识别色标识》（GB7231）的规定涂上不同的颜色，并注明介质名称和流向。管道上包装物应无破损。跨越道路管线应设置限高标志。	3	不符合要求的，每处扣1分；未设限高标志的，每处扣1分。		
		设备检修、清理应执行安全文明施工的要求，现场应设有明显的警示牌，标识或围栏；施工、用料及设备、工器具有序堆放，夜间照明要良好；施工、吊装等作业现场应设置警戒区域和警示标志。	3	未设警示牌，标识或围栏的，每处扣1分；现场物料堆放杂乱的，每处扣1分；夜间照明不符合要求的，每处扣1分；未设置警戒区域和警示标志的，每处扣1分。		
		在有较大危险因素的生产经营场所和有关设施、设备上，设置明显的安全警示标识。	3	未设置标识的，不得分；设置不规范的，每处扣1分。		
		在氯气罐区、盐浴槽区域、高压泵区、铸造区域等危险区域应当设置醒目的公告区、涂层、警示标识。	3	不符合要求的，每处扣1分。		
		严格执行相关方及外用工（单位）管理制度，对承包商、供应商等相关方的资格预审、选择，服务、供应产品的等作业过程监督、技术服务进行管理，建立相关方的名录和档案。	3	未执行制度的，不得分；执行不严的，每次扣1分；以包代管的，不得分；未纳入甲方统一安全管理，不得分；未将安全绩效与续用挂钩的，每项扣1分；名录或档案资料不全的，每项扣1分。		
	7.4 相关方管理	项目建设的设计、评估、施工、监理项目承包方或义务应具备相应的资质；工程项目承包方或义务应当明确规定双方的安全生产责任和义务或签订安全文明施工协议。	4	承包协议中未明确双方安全生产责任和义务的，每项扣1分；未执行协议的，每项扣1分；发包给无相应资质的相关方，除本条不得分外，加扣8分。		
		建立劳务派遣工管理制度，并对劳务派遣工实施安全管理。	2	未制定相关制度的，不得分；制度未落实的，每处扣1分。		
		对外来施工、服务单位实施安全监督管理；甲方应统一协调管理同一作业区域内的多个相关方的交叉作业，应根据相关方提供的服务行为作业性质和作业定期识别，并对其服务行为安全绩效进行监测。采取有效的风险控制措施，并对其服务行为安全绩效进行监测。	2	未定期进行风险评估的，每处扣1分；风险控制措施缺乏针对性、操作性、监测性的，每处扣1分；未对其进行有效统一协调管理或文件齐全，不得分；相关方在甲方现场所发生工亡事故，除本条不得分外，加扣4分。		

考评类目	考评项目	考核内容	标准分值	考评办法	自评/评审描述	实际得分
		对外来施工、服务单位建立安全绩效考评体系，严格执行安全准入条件。	2	未建立安全绩效考评体系的，不得分；未执行安全准入条件的，不得分。		
		对有关人员、机构、工艺、技术、设施、作业过程及环境的变更制定实施计划。	3	无实施计划的，不得分；未按计划实施的，每项扣1分；变更中无风险识别或控制措施的，每项扣1分。		
	7.5变更	对变更的项目进行审批和验收管理，并对变更过程及变更后产生的风险和隐患进行辨识、评估和控制。定期对生产现场和生产过程、环境存在的风险和隐患进行辨识、评估和分级，并制定相应的控制措施。及时进行更新。	5	无审批和验收报告的，不得分；未对变更导致新的风险或隐患进行辨识、评估和控制的，每项扣1分。		
		变更安全设施，应经设计单位书面同意，重大变更的，还应报安全生产监督管理部门备案。	3	未经书面同意就变更的，每处扣1分；未及时备案的，每次扣1分。		
小计			205	得分小计		

第九节 隐患排查与治理的标准化考评项目、内容与考评办法

一、隐患排查与治理的标准化考评项目和内容

1. 隐患排查

（1）建立隐患排查治理的管理制度，明确责任部门/人员、方法。

（2）制定隐患排查工作方案，明确排查的目的、范围、方法和要求等。

（3）按照方案进行隐患排查工作。

（4）对隐患进行分析评估，确定隐患等级，登记建档。

2. 排查范围与方法

（1）隐患排查的范围应包括所有生产经营场所、环境、人员、设备设施和活动。

（2）采用综合检查、专业检查、季节性检查、节假日检查、日常检查等方式进行隐患排查工作。

3. 隐患治理

（1）根据隐患排查的结果，制定隐患治理方案，对隐患进行治理；方案内容应包括目标和任务、方法和措施、经费和物资、机构和人员、时限和要求；重大事故隐患在治理前应采取临时控制措施并制定应急预案。隐患治理措施应包括工程技术措施、管理措施、教育措施、防护措施、应急措施等。

（2）在隐患治理完成后对治理情况进行验证和效果评估。

（3）按规定对隐患排查和治理情况进行统计分析并向安监部门和有关部门报送书面统计分析表。

4. 预测预警

企业应根据生产经营状况及隐患排查治理情况，采用技术手段、仪器仪表及管理方法等，建立安全预警指数系统。

二、隐患排查与治理的标准化考评办法

考评类目	考评项目	考核内容	标准分值	考评办法	自评/评审描述	实际得分
八、隐患排查与治理	8.1 隐患排查	建立隐患排查治理的管理制度，明确责任部门/人员、方法。	6	无该项制度的，不得分；制度与《安全生产事故隐患排查治理暂行规定》等有关规定不符的，扣2分。		
		制定隐患排查工作方案，明确排查的目的、范围、方法和要求等。	6	无该方案，不得分；方案依据缺少或不正确的，每项扣2分；方案内容缺项的，每项扣2分。		
		按照方案进行隐患排查工作。	6	未按方案排查的，不得分；有未排查出隐患的，每处扣1分；排查人员不能胜任的，每人次扣1分；未进行汇总总结的，扣2分。		
		对隐患进行分析评估，确定隐患等级，登记建档。	10	无隐患汇总登记台账的，不得分；隐患评估分级的，不得分；隐患评估分级不全的，每处扣2分；无隐患登记档案资料的，每处扣2分。		
	8.2 排查范围与方法	隐患排查的范围应包括所有生产经营场所、环境、人员、设备设施和活动。	6	隐患排查范围每缺一类的，扣2分。		
		采用综合检查、专业检查、季节性检查、节假日检查等方式对隐患进行排查工作。	6	各类检查缺少一次的，扣2分；缺少一类检查表的，扣2分；检查表内容不全的，每个扣2分；检查表无人签字或签不全的，每次扣2分。		
	8.3 隐患治理	根据隐患进行治理，制定隐患治理方案，方案内容应包括目标和任务、方法、经费和物资、机构和要求、时限和要求；重大事故隐患在治理前应采取临时控制措施并制定隐患治理方案。隐患治理措施应包括工程技术措施、管理措施、教育措施、防护措施、应急措施等。	15	无该方案的，不得分；方案内容不全的，每项扣2分；隐患整改措施针对性不强的，每项扣2分；隐患治理工作未形成闭路循环的，每项扣2分。		
		在隐患治理完成后对治理情况进行验证和效果评估。	7	未进行验证或效果评估的，每项扣1分。		
	8.4 预测预警	按规定对隐患排查和治理情况进行统计分析，并向安监部门和有关部门上报告书面统计分析表。	3	无统计分析表的，不得分；统计分析不全的，不得分；未及时报送的，不得分。		
		企业应根据生产经营状况及隐患排查治理情况，采用技术手段、仪器仪表及管理方法等，建立安全预测预警系统。	5	无安全预警指数系统的，不得分；未对相关数据进行分析、测算，实现对安全生产状况及发展趋势纳入安全预报的，扣2分；未将隐患排查治理信息纳入预警系统的，扣2分；未对预警系统所反映的问题，及时采取针对性措施的，扣2分；未每月进行风险分析的，扣2分。		
		小计	70	得分小计		

第十节 危险源监控的标准化考评项目、内容与考评办法

一、危险源监控的标准化考评项目和内容

1. 辨识与评估

（1）建立危险源的管理制度，明确辨识与评估的职责、方法、范围、流程、控制原则、回顾、持续改进等。

（2）按相关规定对本单位的生产设施或场所进行危险源辨识、评估，确定危险源及重大危险源（包括企业确定的重大危险源）。

2. 登记建档与备案

（1）对确认的重大危险源及时登记建档。

（2）按照相关规定，将重大危险源向安监部门和相关部门备案。

3. 监控与管理

（1）对危险源（包括企业确定的危险源）采取措施进行监控，包括技术措施（设计、建设、运行、维护、检查、检验等）和组织措施（职责明确、人员培训、防护器具配置、作业要求等）。

（2）在危险源现场设置明显的安全警示标志和危险源点警示牌（内容包含名称、地点、责任人员、事故模式、控制措施等）。

（3）相关人员应按规定对危险源进行检查，并在检查记录本上签字。

二、危险源监控的标准化考评办法

考评类目	考评项目	考核内容	标准分值	考评办法	自评/评审描述	实际得分
九、危险源监控	9.1 辨识与评估	建立危险源的管理制度，明确职责、范围、方法，明确辨识与评估的原则，控制原则，回顾、持续改进等。	4	无该项制度的，不得分；制度中每缺少一项内容要求的，扣1分。		
		按相关规定对本单位的生产设施或场所进行危险源辨识、评估，确定危险源及重大危险源（包括企业确定的重大危险源）。	15	未进行辨识和评估的，不得分；未按制度严格进行辨识和评估的，每处扣3分；辨识和评估不充分、准确的，每处扣3分。		
	9.2 登记建档与备案	对确认的重大危险源及时登记建档。	3	无重大危险源档案资料的，不得分；档案资料不全的，每处扣2分。		
		按照相关规定，将重大危险源向安监部门和相关部门备案。	3	未备案的，不得分；备案资料不全的，每个扣1分。		
	9.3 监控与管理	对危险源（包括企业确定的危险源）采取措施进行监控，包括技术措施（设计、建设、运行、维护、检查、检验等）和组织措施（职责明确、人员培训、防护器具配置、作业要求等）。	20	未实施监控的，不得分；监控技术措施和组织措施不全的，每项扣1分；有重大隐患或带病运行、严重危及安全生产的，除本分值扣完后加扣40分。		
		在危险源现场设置明显的安全警示标志和危险源点警示牌（内容包含名称、地点、责任人员、事故模式、控制措施等）。	5	无安全警示标志的，每处扣1分；内容不全的，每处扣1分；警示标志污损或不明显的，每处扣1分。		
		相关人员应按规定对危险源进行检查，并在检查记录本上签字。	5	未按规定进行检查的，不得分；检查未签字的，每次扣1分；检查结果与实际状态不符的，每处扣1分。		
		小计	55	得分小计		

第十一节 职业健康的标准化考评项目、内容与考评办法

一、职业健康的标准化考评项目和内容

1. 职业健康管理

（1）建立职业健康的管理制度。

（2）按有关要求，为员工提供符合职业健康要求的工作环境和条件。

（3）建立健全职业卫生档案和从业人员健康监护档案。

（4）对职业病患者按规定给予及时的治疗、疗养；对患有职业禁忌症的，应及时调整到合适岗位。

（5）定期识别作业场所职业危害因素，并定期进行检测，将检测结果公布、存入档案。

（6）对可能发生急性职业危害的有毒、有害工作场所，应当设置报警装置，制定应急预案，配置现场急救用品和必要的泄险区。

（7）指定专人负责保管、定期校验和维护各种防护用具，确保其处于正常状态。

（8）指定专人负责职业健康的日常监测，并维护监测装置。

（9）工作场所操作人员每天连续接触噪声的时间、接触碰撞和冲击等的脉冲噪声，应符合《工业企业设计卫生标准》（GBZ 1）的规定。

（10）积极采取防止噪声的措施，消除噪声危害。达不到噪声标准的作业场所，作业人员应佩戴防护用具。

（11）使用酸、碱的场所，应通风良好，应有防止人员灼伤的措施，并设置安全喷淋或洗涤设施。

2. 职业危害告知和警示

（1）与从业人员订立劳动合同（含聘用合同）时，应将保障从业人员劳动安全和工作过程中可能产生的职业危害及其后果、职业危害防护措施、待遇等如实以书面形式告知从业人员，并在劳动合同中写明。

（2）对员工及相关方宣传和培训生产过程中的职业危害、预防和应急处理措施。

（3）对存在严重职业危害的作业岗位应按照《工作场所职业危害警示标识》（GBZ158）要求，在醒目位置设置警示标识和警示说明。

3. 职业危害申报

（1）按《作业场所职业危害申报管理办法》（国家安全生产监督管理总局令第 27 号）规

定，及时、如实的向当地主管部门申报生产过程存在的职业危害因素；发生变化后应及时补报。

（2）下列事项发生重大变化时，应向原申报主管部门申请变更：

①新、改、扩建项目；

②因技术、工艺或材料等发生变化导致原申报的职业危害因素及其相关内容发生重大变化；

③企业名称、法定代表人或主要负责人发生变化。

二、职业健康的标准化考评办法

考评类目	考评项目	考核内容	标准分值	考评办法	自评/评审描述	实际得分
十、职业健康	10.1 职业健康管理	建立职业健康的管理制度。	5	无该项管理制度的，不得分；制度与有关法规规定不一致的，扣1分。		
		按有关要求，为员工提供符合职业健康要求的工作环境和条件。	3	有一处不符合要求的，扣1分；一年内有新增职业病患者的，此类目不得分。		
		建立健全职业卫生档案和从业人员健康监护档案。	5	未进行员工健康检查的，不得分；健康检查每少一人次，扣1分；无档案的，不得分；每缺少一人档案的，扣1分；档案内容不全的，每缺一项资料，扣1分。		
		对职业病患者按规定给予及时的治疗、疗养；对患有职业禁忌证的，应及时调整到合适岗位。	3	未及时给予治疗、疗养、治疗、疗养每少一人，扣1分；没有及时调整职业禁忌患者的，每人扣1分。		
		定期识别作业所职业危害因素，并定期进行检测，将检测结果公布，存入档案。	3	未定期识别作业场所职业危害因素的或未进行检测的，不得分；检测周期、地点、有毒有害因素等不符合要求的，每项扣1分；结果未存档的，不得分；结果未公开公布的，每次扣1分。		
		对可能发生急性职业危害的有毒、有害工作场所，应当设置报警装置，配置现场急救用品和必要应急预案。	5	无报警装置的，不得分；缺少报警装置或不能正常工作的，每处扣1分；无应急预案、无急救用品、不能正常使用的，应急撤离通道和必要的泄险区的，不得分。		
		指定专人负责保管、定期校验和维护各种防护用具，确保其处于正常状态。	5	未指定专人保管或未定期校验维护的，不得分；未指定专人保管和维护的，每次扣1分；校验和维护记录未存档的，不得分。		
		指定专人负责职业健康的日常监测，并维护监测装置。	3	未指定专人负责的，不得分；人员不胜任的（含无资格证书或未经专业培训的），不得分；日常监测每缺少一次的，扣1分；监测装置不能正常运行的，扣1分；监测装置不能正常使用的，每处扣1分。		
		工作场所操作人员每天连续接触噪声，接触碰撞和冲击等的脉冲声，应符合《工业企业设计卫生标准》（GBZ1）的规定。	2	工作场所操作人员每天连续接触噪声的时间、接触碰撞和冲击等的脉冲声不符合《工业企业设计卫生标准》规定的，一处未符合扣1分；未进行噪声检测的，扣1分。		

考评类目	考评项目	考核内容	标准分值	考评办法	自评/评审描述	实际得分
		积极采取防止噪声危害的措施，消除噪声危害。达不到标准的作业场所，作业人员应佩戴防护用具。	4	对高噪音场所没有防止噪声措施、消除噪声危害的，扣1分；达不到噪声标准的作业场所、作业人员没有佩戴防护用具的，扣1分。		
		使用酸、碱的场所，应通风良好，应有防止人员灼伤的措施，并设置安全喷淋或洗漆设施。	3	无防灼伤措施的，不得分；未设置安全喷淋或洗漆设施、措施或设施不符合要求的，每处扣1分。		
		与从业人员订立劳动合同（含聘用合同）时，应将保障从业人员劳动安全和工作过程中可能产生的职业危害及其后果、职业危害防护措施、待遇等如实以书面形式告知从业人员，并在劳动合同中写明。	6	未书面告知、不得分；告知内容不全的，每缺一项内容，扣1分；未在劳动合同（含聘用合同）中写明的，不得分；劳动合同中写明内容不全的，每缺一项内容，扣1分。		
	10.2 职业危害告知和警示	对员工及相关方宣传和培训生产过程中的职业危害、预防和应急处理措施。	3	无培训及记录的，不得分；培训无针对性缺失内容的，每次扣1分；员工及相关方表述不清楚的，每人次扣1分。		
		对存在严重职业危害的作业岗位应按照《工作场所职业危害警示标识》（GBZ158）要求，在醒目位置设置警示标识和警示说明。	5	未按规定设置标识的，不得分；缺少标识内容（含职业危害的种类、预防以及应急救治措施等）不全的，每处扣1分。		
		按《作业场所职业危害申报管理办法》（国家安全生产监督管理总局令第27号）规定，及时向当地主管部门申报生产过程存在的职业危害因素；发生变化后应及时补报。	7	无申报材料的，不得分；申报内容不全的，每缺少一类扣1分；未及时补报的，每次扣1分。		
	10.3 职业危害申报	下列事项发生重大变化时，应向原申报主管部门申请项变更： （1）新、改、扩建项目； （2）因技术、工艺或材料等发生变化导致原申报的职业危害因素及其相关内容发生重大变化； （3）企业名称、法定代表人或主要负责人发生变化。	8	未申报的，不得分；每缺少一类变更申请的，扣2分。		
		小计	70	得分小计		

第十二节 应急救援的标准化考评项目、内容与考评办法

一、应急救援的标准化考评项目和内容

1. 应急机构和队伍

（1）建立事故应急救援制度。

（2）按相关规定指定负责安全生产应急管理工作的机构或专职人员。

（3）建立与本单位生产安全特点相适应的专兼职应急救援队伍或指定专兼职应急救援人员。

（4）定期组织专兼职应急救援队伍和人员进行培训。

2. 应急预案

（1）按应急预案编制导则，结合企业实际制定生产安全事故应急预案，包括综合预案、专项应急预案和处置方案。

（2）生产安全事故应急预案的评审、发布、培训、演练和修订应符合《生产安全事故应急预案管理办法》（国家安全监管总局令第 17 号）。

（3）根据有关规定将应急预案报当地主管部门备案，并通报有关应急协作单位。

3. 应急设施装备物资

（1）按应急预案的要求，建立应急设施，配备应急装备，储备应急物资。

（2）对应急设施、装备和物资进行经常性的检查、维护、保养，确保其可靠。

4. 应急演练

（1）按规定组织生产安全事故应急演练。

（2）对应急演练的效果进行评估，修订预案或应急处置措施。

5. 事故救援

（1）发生事故后，应立即启动相关应急预案，积极开展事故救援。

（2）应急结束后应编制应急救援报告。

二、应急救援的标准化考评办法

考评类别	考评项目	考核内容	标准分值	考评办法	自评/评审描述	实际得分
十一、应急救援	11.1 应急机构和队伍	建立事故应急救援制度。	3	无该项制度的，不得分；制度内容不全或不针对性不强的，扣1分。		
		按相关规定指定负责安全生产应急管理工作的机构或专职人员。	3	没有指定机构或专人负责的，不得分；机构或专人未及时调整的，每次扣1分。		
		建立与本单位生产安全特点相适应的专职兼职应急救援队伍或指定专兼职人员。	3	未建立队伍或指定专兼职人员，队伍人员不能满足要求的，不得分。		
		定期组织专兼职应急救援队伍和人员进行培训。	2	无培训计划和记录的，不得分；未定期训练的，每次扣1分；未按计划训练的，每次扣1分；救援人员不清楚能或不熟悉救援装备使用的，每人次扣1分。		
	11.2 应急预案	按应急预案编制导则，结合企业实际制定生产安全事故应急预案，包括综合预案、专项应急预案和处置方案。	6	无应急预案的，不得分；应急预案的格式和内容不符合有关规定的，不得分；无重点作业岗位应急处置方案或措施的，不得分；未在重点岗位应公布应急处置方案或措施的，每处扣1分；有关人员不熟悉应急预案和处置方案处置措施的，每人次扣1分。		
		生产安全事故应急预案的评审、发布、培训、演练和修订应符合《生产安全事故应急预案管理办法》（国家安全监管总局令第17号）。	3	未定期评审或评审无有关记录的，不得分；未根据评审结果或实际发布变化情况修订的，不得分；每项扣1分；修订后未正式发布实施的，扣1分。		
		根据有关规定将应急预案报当地主管部门备案，并通报有关应急协作单位。	2	未按规定进行备案的，不得分；未通报有关协作单位的，每项扣1分。		
	11.3 应急设施装备物资	按应急预案要求，建立应急设施、储备应急物资。	4	每缺少一类的，扣2分。		
		对应急设施、装备和物资进行经常性的检查、维护、保养，确保其可靠。	4	无检查、维护、保养记录的，不得分；每缺少一项的，扣1分；有一处不完好，可靠的，不得分；每缺少一处，扣1分。		

考评类目	考评项目	考核内容	标准分值	考评办法	自评/评审描述	实际得分
	11.4 应急演练	按规定组织生产安全事故应急演练。	3	未进行演练的，不得分；无应急演练方案和记录的，演练方案简单或缺乏执行性的，每人次扣1分；高层管理人员未参加演练的，每人次扣1分。		
		对应急演练的效果进行评估，修订预案或急处置措施。	2	无评估报告的，不得分；评估报告未认真总结问题或未提出改进措施的，扣1分；未根据评估的意见修订预案或应急处置措施的，扣1分。		
	11.5 事故救援	发生事故后，应立即启动相关应急预案，积极开展事故救援。	3	未及时启动的，不得分；未达到预案要求的，每项扣1分。		
		应急结束后应编制应急救援报告。	2	无应急救援报告的，不得分；救援工作的，每缺一项，扣1分。未全面总结分析应急		
小计			40	得分小计		

第十三节　事故报告、调查和处理的标准化
考评项目、内容与考评办法

一、事故报告、调查和处理的标准化考评项目和内容

1. 事故报告

（1）建立事故的管理制度，明确报告、调查、统计与分析、回顾、书面报告样式和表格等内容。

（2）发生事故后，主要负责人或其代理人应立即到现场组织抢救，采取有效措施，防止事故扩大。

（3）按规定及时向上级单位和有关政府部门报告，并保护事故现场及有关证据。

（4）对事故进行登记管理。

2. 事故调查和处理

（1）按照相关法律法规、管理制度的要求，组织事故调查组或配合有关政府行政部门对事故、事件进行调查。

（2）按照《企业职工伤亡事故分析规则》（GB6442）定期对事故、事件进行统计、分析。

3. 事故回顾

对本单位的事故及其他单位的有关事故进行回顾、学习。

二、事故报告、调查和处理的标准化考评办法

考评类目	考评项目	考核内容	标准分值	考评办法	自评 / 评审描述	实际得分
十二、事故报告调查和处理	12.1 事故报告	建立事故的管理制度，明确报告、调查、统计与回顾，书面报告样式和表格等内容。	2	无该项制度的，不得分；制度与有关规定不符的，扣 1 分；制度中每缺少一项内容的，扣 1 分。		
		发生事故后，主要负责人或其代理人应立即到现场组织抢救，采取有效措施，防止事故扩大。	2	有一次未到现场组织抢救的，不得分；有一次未采取有效措施，导致事故扩大的，不得分。		
		按规定及时向上级单位和有关政府部门报告，并保护事故现场及有关证据。	2	未及时报告的，不得分；未有效保护现场及有关证据的，不得分；报告的事故信息内容和形式与规定不相符的，扣 1 分。		
		对事故进行登记管理。	2	无登记记录的，不得分；登记管理不规范的，每次扣 1 分。		
	12.2 事故调查和处理	按照相关法律法规、管理制度的要求，组织事故调查组或配合有关政府行政部门对事故、事件进行调查。	5	事故发生后，无调查报告的，不得分；未按"四不放过"原则处理的，每项扣 2 分；调查报告内容不全的，不得分；相关资料文件整理未整理归档的，每次扣 2 分。		
		按照《企业职工伤亡事故分类规则》（GB6442）定期对事故、事件进行统计、分析。	5	事故发生后，未统计分析的，不得分；统计分析不符合规定的，扣 1 分；未向领导层汇报结果的，扣 1 分。		
	12.3 事故回顾	对本单位的事故及其他单位的有关事故进行回顾、学习。	2	未进行回顾的，每人次扣 1 分；有关人员对原因和防范措施不清楚的，每人次扣 1 分。		
	小计		20	得分小计		

第十四节 绩效评定和持续改进的标准化
考评项目、内容与考评办法

一、 绩效评定和持续改进的标准化考评项目和内容

1. 绩效评定

（1） 建立安全生产标准化绩效评定的管理制度，明确对安全生产目标完成情况、现场安全状况与标准化条款的符合情况及安全管理实施计划落实情况的测量评估方法、组织、周期、过程、报告与分析等要求，测量评估应得出可量化的绩效指标。

（2）通过评估与分析，发现安全管理过程中的责任履行、系统运行、检查监控、隐患整改、考评考核等方面存在的问题，由安全生产委员会或安全领导机构讨论提出纠正、预防的管理方案，并纳入下一周期的安全工作实施计划中。

（3）每年至少一次对安全生产标准化实施情况进行评定，并形成正式的评定报告。发生死亡事故后或生产工艺发生重大变化后，应重新进行评定。

（4）将安全生产标准化工作评定报告向所有部门、所属单位和从业人员通报。

（5）将安全生产标准化实施情况的评定结果，纳入部门、所属单位、员工年度安全绩效考评。

2. 持续改进

（1）根据安全生产标准化的评定结果和安全预警指数系统，对安全生产目标与指标、规章制度、操作规程等进行修改完善，制定完善安全生产标准化的工作计划和措施，实施计划、执行、检查、改进（PDCA）循环，不断提高安全绩效。

（2）安全生产标准化的评定结果要明确下列事项：

①系统运行效果；

②系统运行中出现的问题和缺陷，所采取的改进措施；

③统计技术、信息技术等在系统中的使用情况和效果；

④系统各种资源的使用效果；

⑤绩效监测系统的适宜性以及结果的准确性；

⑥与相关方的关系。

二、绩效评定和持续改进的标准化考评办法

考评类目	考评项目	考核内容	标准分值	考评办法	自评/评审描述	实际得分
十三、绩效评定和持续改进	13.1 绩效评定	建立安全生产标准化绩效评定的管理制度，明确对安全生产目标完成情况、现场安全状况与标准化条款的符合情况及安全管理实施的组织、周期、过程、报告与分析的测量方法，测量评估评定得出可量化的绩效指标。	3	无该项制度的，不得分；制度中每缺少一项要求的，扣1分；制度缺乏操作性和针对性的，扣1分。		
		通过评估与分析，发现安全管理过程中的责任履行，系统运行，检查监控，隐患整改，评价考核等方面存在的问题，由安全生产委员会或安全领导等机构讨论提出纠正、预防的管理方案，并纳入下一周期的安全工作实施计划中。	2	未进行讨论形成会议纪要的，不得分；纠正、预防的管理方案，未纳入下一周期实施计划的，扣1分。		
		每年至少对安全生产标准化实施情况进行评定，并形成正式的评定报告。发生死亡事故后或安全生产工艺发生重大变化后，应重新进行评定。	2	少于每年一次评定的，扣1分；无评定报告的，不得分；评定报告未形成正式文件的，不得分；评定中缺少元素或其支撑性材料不全的，每个扣1分；未对前次评定中提出的纠正措施的落实效果及安全生产工艺发生重大变化后未及时重新进行安全标准化评定的，不得分。		
		将安全生产标准化工作评定报告向所有部门、所属单位和从业人员通报。	2	未通报的，不得分；抽查有关部门和人员对相关内容不清楚的，每人次扣1分。		
		将安全生产标准化实施情况的评定结果，员工作为安全绩效考评。纳入部门、所属单位、所属分厂年度安全绩效考评。	3	未纳入年度考评的，不得分；评定考评每缺少一个部门、单位，人员的，扣1分；年度考评每评结果未落实兑现到单位、人员的，每项扣1分。		
	13.2 持续改进	根据安全生产标准化的评定结果和指标、规章制度、操作规程进行修改完善，制定完善安全生产标准化的工作计划、实施措施，执行PDCA循环，改进、检查，不断提高安全绩效。	5	未进行安全标准化系统持续改进的，不得分；制定完善安全标准化工作计划和措施的，扣1分；修订完善的记录与安全生产标准化系统评定结果不一致的，每处扣1分。		

考评类目	考评项目	考核内容	标准分值	考评办法	自评/评审描述	实际得分
		安全生产标准化的评定结果要明确下列事项： （1）系统运行效果； （2）系统运行中出现的问题和缺陷，所采取的改进措施； （3）统计技术、信息技术等在系统中的使用情况和效果； （4）系统各种资源的使用效果； （5）绩效监测系统的适宜性以及结果的准确性； （6）与相关方的关系。	3	安全生产标准化的评定结果要明确的事项缺项，或评定结果与实际不符的，每项扣1分。		
		小计	20	得分小计		
		合计	1000	得分总计		

附表

自评扣分点及原因说明汇总表

序号	考评类目	考评项目	考评内容	扣分说明	扣分分值

第六章 有色重金属冶炼企业安全生产标准化考评内容与考核评分标准

第一节 有色重金属冶炼企业安全生产标准化创建概要

为进一步推进有色行业企业安全生产标准化工作制度化、规范化和科学化，国家安全生产监督管理总局依据《国务院关于进一步加强企业安全生产工作的通知》（国发〔2010〕23号）和《企业安全生产标准化基本规范》（AQ/T9006-2010），制定了《有色重金属冶炼企业安全生产标准化评定标准》，并于2011年8月5日发布。有色重金属冶炼企业包括铜、镍、铅、锌、锡、锑、铋、镉、汞等九种有色重金属冶炼企业。该标准适用于上述九种有色重金属冶炼企业开展安全生产标准化自评、申请、外部评审及各级安全监管部门监督审核等相关工作。

一、有色重金属冶炼企业安全生产标准化创建的核心要素

根据《有色重金属冶炼企业安全生产标准化评定标准》的规定，有色重金属冶炼企业安全生产标准化创建工作包括以下13个核心要素：

（1）方针与目标；

（2）组织机构和职责；

（3）安全生产投入；

（4）法律法规与安全管理制度；

（5）教育培训；

（6）生产设备设施；

（7）作业安全；

（8）隐患排查和治理；

（9）危险源监控与管理；

（10）职业健康；

（11）应急救援；

（12）事故报告、调查和处理；

（13）绩效评定和持续改进。

二、参加安全生产标准化等级评审的条件

依法生产的有色重金属冶炼企业在考核年度内未发生较大及以上生产安全事故的，可以参加安全生产标准化等级考评。

三、有色重金属冶炼企业安全标准化等级评定

有色重金属冶炼企业安全生产标准化的等级评定分为 13 项考评类目、46 项考评项目和 179 条考评内容。

在评定标准表中的自评／评审描述列中，企业及评审单位应根据评定标准的有关要求，针对企业实际情况，如实进行得分及扣分点说明、描述，并在自评扣分点及原因说明汇总表（见附表）中逐条列出。

评定标准中累计扣分的，均为直到该考评内容分数扣完为止，不得出现负分。有特别说明扣分的（在考评办法中加粗内容），在该类目内进行扣分。

评定标准共计 1500 分，最终标准化得分换算成百分制。换算公式如下：

标准化得分（百分制）＝标准化工作评定得分 ÷（1500－不参与考评内容分数之和）×100。最后得分采用四舍五入，取小数点后一位数。

有色重金属冶炼企业的标准化等级共分为一级、二级、三级，其中一级为最高。评定所对应的等级须同时满足标准化得分和安全绩效等要求，取最低的等级来确定标准化等级（见下表）。

评定等级	标准化得分	安全绩效
一级	≥ 90	申请评审之日前一年内，无人员死亡的生产安全事故，千人重伤率 ≤ 1；无 100 万元以上直接经济损失的事故；在评定年度内无职业病发生。
二级	≥ 75	申请评审之日前一年内，千人死亡率 ≤ 0.1，千人重伤率 ≤ 3；无 300 万元以上直接经济损失的事故；在评定年度内职业病发病率 ≤ 1‰。
三级	≥ 60	申请评审之日前一年内，千人死亡率 ≤ 0.3，无较大以上事故，千人重伤率 ≤ 5；无 500 万元以上直接经济损失的事故；在评定年度内职业病发病率 ≤ 2‰。

有色重金属冶炼企业的安全生产标准化考评程序、有效期、等级证书和牌匾等按照《全国冶金等工贸企业安全生产标准化考评办法》（安监总管四〔2011〕84 号）中有关要求执行。

第二节 方针与目标的标准化考评项目、内容与考评办法

一、方针与目标的标准化考评项目和内容

1. 目标

（1）建立安全生产目标的管理制度，明确目标与指标的制定、分解、实施、考核等环节内容。

（2）按照安全生产目标管理制度的规定，制定文件化的年度安全生产目标与指标。

2. 监测与考核

（1）根据所属基层单位和部门在安全生产中的职能，分解年度安全生产目标，并制定实施计划和考核办法。

（2）按照制度规定，对安全生产目标和指标实施计划的执行情况进行监测，并保存有关监测记录资料。

（3）定期对安全生产目标的完成效果进行评估和考核，依据评估考核结果，及时调整安全生产目标和指标的实施计划。

评估报告和实施计划的调整、修改记录应形成文件并加以保存。

二、方针与目标的标准化考评办法

考评类目	考评项目	考评内容	标准分值	评分标准	自评/评审描述	实际得分
一、方针与目标	1.1 目标	建立安全生产目标的管理制度，明确目标与指标的制定、分解、实施、考核等环节内容。	4	无该项制度的，不得分；未以文件形式发布生成的，不得分；安全生产目标管理制度缺少制定、分解、实施、绩效考核等任一环节内容的，扣1分；未能明确相应环节的责任部门或责任人相应责任的，扣1分。		
		按照安全生产目标管理制度的规定，制定文件化的年度安全生产目标与指标。	4	无年度安全生产目标与指标计划的，不得分；安全生产目标与指标未以企业正式文件印发的，不得分。		
		根据所属基层单位和部门在安全生产中的职能，分解年度安全生产目标，并制定实施计划和考核办法。	4	无实施计划或考核办法的，不得分；实施计划无针对性的，不得分；缺一个基层单位和职能部门能指标实施计划或考核办法的，扣1分。		
	1.2 监测与考核	按照制度规定，对安全生产目标和指标存有关监测，并保存有关监测记录资料。	10	无安全目标与指标实施情况的检查或监测记录的，不得分；检查和监测不符合制度规定的，扣1分；检查和监测资料不齐全的，扣1分。		
		定期对安全生产目标的完成效果进行评估和考核，依据评估结果，及时调整安全生产目标和指标的实施计划。评估报告和实施计划的调整、修改记录应形成文件并加以保存。	8	未定期进行效果评估和考核的（含无评估报告），不得分；未及时调整实施计划的，不得分；调整后的目标与指标以及实施计划未以文件形式颁发的，扣1分；评估报告记录资料保存不齐全的，扣1分。		
	小计		30	得分小计		

第三节　组织机构和职责的标准化考评项目、内容与考评办法

一、组织机构和职责的标准化考评项目和内容

1. 组织机构和人员

（1）建立设置安全管理机构、配备安全管理人员的管理制度。

（2）按照相关规定设置安全管理机构或配备安全管理人员。

（3）根据有关规定和企业实际，设立安全生产委员会或安全生产领导机构。

（4）安委会或安全生产领导机构每季度应至少召开一次安全专题会，协调解决安全生产问题。会议纪要中应有工作要求并保存。

2. 职责

（1）企业主要负责人应全面负责安全生产工作，并履行下列主要职责：

①组织建立、健全本单位的安全生产责任制，并保证有效执行；

②组织制定安全生产规章制度和操作规程，并保证其有效实施；

③保证本单位安全生产投入的有效实施；

④督促、检查本单位的安全生产工作，及时消除生产安全事故隐患；

⑤组织制定并实施本单位的生产安全事故应急救援预案；

⑥及时、如实报告生产安全事故。

（2）建立针对安全生产责任制的制定、沟通、培训、评审、修订及考核等环节内容的管理制度。

（3）建立、健全安全生产责任制，并对落实情况进行考核。

（4）对各级管理层进行安全生产责任制与权限的培训。

（5）定期对安全生产责任制进行适宜性评审与更新。

二、组织机构和职责的标准化考评办法

考评类目	考评项目	考评内容	标准分值	评分标准	自评/评审描述	实际得分
二、组织机构和职责	2.1 组织机构和人员	建立设置安全管理机构、配备安全管理人员的管理制度。	5	无该项制度的，不得分；未以文件形式发布生效的，不得分；与国家、地方等有关规定不符的，扣2分。		
		按照相关规定设置安全管理机构或配备安全管理人员。	5	未设置或配备的，不得分；设置或配备不符合规定的，不得分。		
		根据有关规定和企业实际，设立安全生产委员会或安全生产领导机构。	5	未设立的，不得分；未以文件形式任命的，扣2分；成员未包括主要负责人等相关人员的，扣2分。		
		安委会或安全生产领导机构每季度应至少召开一次安全专题会，协调解决安全生产问题。会议纪要应有工作要求并保存。	5	未定期召开安全专题会的，不得分；未跟踪上次会议工作的落实情况的，扣2分；无会议记录或未制订新的工作要求的，不得分；有未完成项目无整改措施的，每一项扣2分。		
	2.2 职责	企业主要负责人应全面负责安全生产工作，并履行下列主要职责： (1) 组织建立、健全本单位的安全生产责任制，并保证有效执行； (2) 组织制定安全生产规章制度和操作规程，并保证其有效实施； (3) 保证本单位安全生产投入的有效实施； (4) 督促、检查本单位的安全生产工作，及时消除生产安全事故隐患； (5) 组织制定并实施本单位的生产安全事故应急救援预案； (6) 及时、如实报告生产安全事故。	20	企业主要负责人安全生产职责不明确的，不得分；没有履行主要职责的，每缺一项扣5分；本小项不得分时，加扣40分。		
		建立针对安全生产责任制的制定、沟通、培训、评审、修订及考核等环节内容的管理制度。	5	无该项制度的，不得分；未以文件形式发布生效的，不得分；制度中每缺一个环节内容的，扣2分。		

考评类目	考评项目	考评内容	标准分值	评分标准	自评/评审描述	实际得分
		建立、健全安全生产责任制，并对落实情况进行考核。	5	未建立安全生产责任制的，不得分；未以文件形式发布生效的，不得分；每缺一个纵向、横向安全生产责任制的，扣1分；责任制内容与岗位工作实际不相符的，扣2分；没有对安全生产责任制落实情况进行考核的，扣2分。		
		对各级管理层进行安全生产责任制与权限的培训。	5	无该培训的，不得分；无培训记录的，不得分；每缺少一人培训的，扣2分；被抽查人员对责任制不清楚的，每人扣2分。		
		定期对安全生产责任制进行适宜性评审与更新。	5	未定期进行适宜性评审的，不得分；没有评审记录的，不得分；评审、更新频次不符合制度规定的，每缺一次扣2分；更新后未以文件形式发布的，扣2分。		
	小计		60	得分小计		

第四节 安全生产投入的标准化考评项目、内容与考评办法

一、安全生产投入的标准化考评项目和内容

1. 安全投入

（1）建立安全生产费用提取和使用管理制度。

（2）保证安全生产费用投入，专款专用，并建立安全生产费用使用台账。

（3）制定包含以下方面的安全生产费用的使用计划：

①完善、改造和维护安全防护设备设施；

②安全生产教育培训和配备劳动防护用品；

③安全评价、重大危险源监控、事故隐患评估和整改；

④设备设施安全性能检测检验；

⑤应急救援器材、装备的配备及应急救援演练；

⑥安全标志及标识；

⑦其他与安全生产直接相关的物品或者活动。

制定职业危害防治，职业危害因素检测、监测和职业健康体检费用的使用计划。

2. 相关保险

（1）建立员工工伤保险、安全生产责任保险的管理制度。

（2）足额缴纳工伤保险费、安全生产责任保险费。

（3）保障伤亡员工获取相应的保险与赔付。

二、安全生产投入的标准化考评办法

考评类目	考评项目	考评内容	标准分值	评分标准	自评/评审描述	实际得分
三、安全生产投入	3.1 安全投入	建立安全生产费用提取和使用管理制度。	5	无该项制度的，不得分；制度中职责、流程、范围、检查等内容，每缺一项扣 2 分。		
		保证安全生产费用投入，专款专用，并建立安全生产费用使用台账。	8	未保证安全生产费用投入的，不得分；财务报表中无安全生产费用归类统计管理的，扣 2 分；无安全费用使用台账的，不得分；台账不完整齐全的，扣 2 分。		
		制定包含以下方面的安全生产费用的使用计划：（1）完善、改造和维护安全防护设备设施；（2）安全生产教育培训和配备劳动防护用品；（3）安全评价、重大危险源监控、事故隐患评估和整改；（4）设备设施安全性能检测检验；（5）应急救援器材、装备的配备及应急救援演练；（6）安全标志及标识；（7）其他与安全生产直接相关的物品或者活动。制定职业危害防治、职业危害因素检测和职业健康体检费用的使用计划。	22	无该项计划的，不得分；计划内容缺失的，每缺一个方面扣 5 分；未按计划实施的，每次扣 10 分；有超范围使用的，每次扣 5 分。		
	3.2 相关保险	建立员工工伤保险、安全生产责任保险的管理制度。	5	无该项制度的，不得分；未以文件形式发布生效的，扣 2 分。		
		足额缴纳工伤保险费、安全生产责任保险费。	10	未缴纳的，不得分；无缴费相关资料的，不得分。		
		保障伤亡员工获取相应的保险与赔付。	10	有关保险评估、年费、返回资料、赔偿等资料不全的，每缺一项扣 5 分；未进行伤残等级鉴定、伤残等级鉴定每少一人，扣 5 分；赔偿每一人不到位的，本项目不得分。		
	小计		60	得分小计		

第五节 法律法规与安全管理制度的标准化考评项目、内容与考评办法

一、法律法规与安全管理制度的标准化考评项目和内容

1. 法律法规、标准规范

（1）建立识别、获取、评审、更新安全生产法律法规与其他要求的管理制度。

（2）各职能部门和基层单位应定期识别和获取本部门适用的安全生产法律法规与其他要求，并向归口部门汇总。

（3）企业应按照规定定期识别和获取适用的安全生产法律法规与其他要求，并发布其清单。

（4）及时将识别和获取的安全生产法律法规与其他要求融入到企业安全生产管理制度中。

（5）及时将适用的安全生产法律法规与其他要求传达给从业人员，并进行相关培训和考核。

2. 规章制度

（1）建立文件的管理制度，确保安全生产规章制度和操作规程编制、发布、使用、评审、修订等效力。

（2）按照相关规定建立和发布健全的安全生产规章制度，至少包含下列内容：安全目标管理、安全生产责任制管理、法律法规标准规范管理、安全投入管理、文件和档案管理、风险评估和控制管理、安全教育培训管理、特种作业人员管理、设备设施安全管理、建设项目安全设施"三同时"管理、生产设备设施验收管理、生产设备设施报废管理、施工和检（维）修安全管理、危险物品及重大危险源管理、作业安全管理、现场带班管理、作业标准管理、相关方及外用工（单位）管理、职业健康管理、劳动防护用品（具）和保健品管理、安全检查及隐患治理、应急管理、事故管理、安全绩效评定管理等。

（3）将安全生产规章制度发放到相关工作岗位，并对员工进行培训和考核。

3. 安全操作规程

（1）基于岗位生产特点中的特定风险的辨识，编制齐全、适用的岗位安全操作规程。

（2）向员工下发岗位安全操作规程，并对员工进行培训和考核。

4. 评估

每年至少一次对安全生产法律法规、标准规范、规章制度、操作规程的执行情况和适用情

况进行检查、评估。

5. 修订

根据评估情况、安全检查反馈的问题、生产安全事故案例、绩效评定结果等，对安全生产管理规章制度和操作规程进行修订，确保其有效和适用。

6. 文件和档案管理

（1）建立文件和档案的管理制度，明确责任部门、人员、流程、形式、权限及各类安全生产档案及保存要求等。

（2）确保安全规章制度和操作规程编制、使用、评审、修订的效力。

（3）对下列主要安全生产资料进行档案管理：主要安全生产文件、事故、事件记录；培训记录；标准化系统评价报告；事故调查报告；检查、整改记录；职业健康检查与监护记录；安全生产会议记录；安全活动记录；法定检测记录；关键设备设施档案；应急演习信息；承包商和供应商信息；维护和校验记录；技术图纸等。

二、法律法规与安全管理制度的标准化考评办法

考评类目	考评项目	考评内容	标准分值	评分标准	自评/评审描述	实际得分
四、法律法规与安全管理制度	4.1 法律法规、标准规范	建立识别、获取、评审、更新安全生产法律法规与其他要求的管理制度。	4	无该项制度的，不得分；缺少识别、获取、评审、更新等环节要求以及部门、人员职责等内容的，扣 1 分；未以文件形式发布生效的，扣 1 分。		
		各职能部门和基层单位应定期识别和获取本部门适用的安全生产法律法规与其他要求，并向归口部门汇总。	3	每少一个部门和基层单位定期识别和获取的，扣 1 分；未及时汇总的，扣 1 分；未分类汇总的，扣 1 分。		
		企业应按照规定定期识别和获取安全生产法律法规与其他要求，并发布其清单。	3	未定期识别和获取的，不得分；工作程序或结果不符合规定的，每次扣 1 分；无安全生产法律法规与其他要求清单的，不得分；缺一个安全生产法律法规与其他要求的，扣 1 分；未分类电子版的，扣 1 分。		
		及时将识别和获取的安全生产法律法规与其他要求融入到企业安全生产管理制度中。	6	未及时融入的，每项扣 2 分；制度与安全生产法律法规要求不符的，每项扣 2 分。		
		及时将适用的安全生产法律法规与其他要求传达给从业人员，并进行相关培训和考核。	4	未培训考核的，不得分；无培训考核记录的，扣 1 分；每缺少一项培训和考核的，扣 1 分。		
		建立文件的管理制度，确保安全生产规章制度和操作规程编制、发布、使用、评审、修订等有效力。	2	无该项制度的，不得分；缺少环节的，扣 1 分；未以文件形式发布的，不得分；每项扣 1 分。		
	4.2 规章制度	按照相关规定建立和发布健全的安全生产规章制度，至少包含下列内容：安全目标管理、安全生产责任制管理、安全投入管理、法律法规标准规范管理、安全教育培训管理、文件和档案管理、风险评估和控制管理、设备设施安全管理、建设项目安全设施"三同时"管理、生产设备设施验收管理、生产设施拆除和报废管理、危险物品及重大危险源管理、作业安全管理、现场带班管理、特种作业管理、相关方及外用工管理、职业健康管理、劳动防护用品（具）和保健品管理、安全检查及隐患治理、事故管理、应急管理、安全绩效评定管理等。	24	未以文件形式发布的，不得分；制度内容不符合规定或与实际不符的，每缺一项制度的，扣 5 分；制度与法律法规不符合规定的，每项制度扣 5 分；无制度执行记录的，每项制度扣 5 分。		

考评类目	考评项目	考评内容	标准分值	评分标准	自评/评审描述	实际得分
	4.3 安全操作规程	将安全生产规章制度发放到相关工作岗位，并对员工进行培训和考核。	5	未发放的，扣2分；无培训和考核记录的，每缺少一项培训和考核，扣2分。		
		基于岗位生产特点中的特定风险的辨识，编制和适用的岗位安全操作规程。	12	无岗位安全操作规程的，不得分；岗位操作规程不齐全、适用的，每缺一个岗位扣3分；内容没有基于特定风险分析、评估和控制的，每个扣3分。		
		向员工下发岗位安全操作规程，并对员工进行培训和考核。	12	未发放至岗位的，不得分；每缺一个岗位的，扣3分；无培训和考核记录的，每缺一个培训和考核的，扣3分。		
	4.4 评估	每年至少对安全生产法律法规、标准规范、规章制度、操作规程的执行情况进行评估。	15	未进行的，不得分；无评估报告的，扣6分；评估结果与实际不符的，每缺少一个方面内容，扣10分。		
	4.5 修订	根据评估情况、安全检查反馈的问题、生产安全事故案例、绩效评定结果等，对安全生产规章制度和操作规程进行修订，确保其有效和适用。	15	应组织修订而未组织进行的，不得分；该修订而未修订的，每项扣8分；无修订计划和记录资料的，不得分。		
	4.6 文件和档案管理	建立文件和档案的管理制度，明确责任部门、人员、流程、形式、权限及保存要求等。	10	无该项制度的，不得分；未以文件形式发布的，不得分；未明确安全规章制度编制、使用、评审、权限等的，扣5分；未明确责任部门、人员、流程、保存周期、保存形式等的，扣5分。		
		确保安全规章制度和操作规程编制、使用、评审、修订的效力。	10	未按文件管理制度执行的，不得分；缺少环节记录资料的，扣5分。		
		对下列主要安全生产资料进行档案管理：主要安全生产文件、事故、标准化系统评价报告、整改记录、生产会议记录、关键设备设施监护记录、应急演习信息、承包商和供应商信息、技术图纸等；培训记录：事故调查报告；检查、安全检测记录；职业健康检查记录；安全活动记录；法定检测信息；维护和校验记录。	10	未实行档案管理的，不得分；档案管理不规范的，扣3分；未缺少一类档案的，每缺一类，扣3分。		
小计			135	得分小计		

第六节 教育培训的标准化考评项目、内容与考评办法

一、教育培训的标准化考评项目和内容

1. 教育培训管理

（1）建立安全教育培训的管理制度。

（2）确定安全教育培训主管部门，定期识别安全教育培训需求，制定各类人员的培训计划。

（3）按计划进行安全教育培训，对安全培训效果进行评估和改进。做好培训记录，并建立档案。

2. 安全生产管理人员教育培训

主要负责人和安全生产管理人员，应具备与本单位所从事的生产经营活动相适应的安全生产知识和管理能力，经培训考核合格后方可任职。

3. 操作岗位人员教育培训

对岗位操作人员进行安全教育和生产技能培训和考核，考核不合格人员，不得上岗。

对新员工进行"三级"安全教育。

在新工艺、新技术、新材料、新设备设施投入使用前，应对有关岗位操作人员进行专门的安全教育和培训。

岗位操作人员转岗，离岗三个月以上重新上岗者，应进行车间（工段）、班组安全教育培训，经考核合格后，方可上岗工作。

4. 特种作业和特种设备作业人员教育培训

从事特种作业人员和特种设备作业的人员应取得特种作业操作资格证书，方可上岗作业。

5. 其他人员教育培训

对外来参观、学习等人员进行有关安全规定、可能接触到的危害及应急知识等内容的安全教育和告知，并由专人带领。

6. 安全文化建设

采取多种形式的活动来促进企业的安全文化建设，促进安全生产工作。

二、教育培训的标准化考评办法

考评类目	考评项目	考评内容	标准分值	评分标准	自评/评审描述	实际得分
五、教育培训	5.1 教育培训管理	建立安全教育培训的管理制度。	4	无该项制度的，不得分；未以文件形式发布生效的，不得分；制度中缺少一类培训规定的，扣2分；有与国家有关规定不一致的，扣2分。		
		确定安全教育培训主管部门，定期识别安全教育培训需求，制定各类人员的培训计划。	6	未明确主管部门的，不得分；识别不充分的，扣2分；未定期识别需求的，不得分；无培训计划的，不得分；计划中每缺一类培训的，扣2分。		
		按计划进行安全教育培训，对安全教育培训效果进行评估和改进。做好培训记录，并建立档案。	10	未按计划进行培训的，每次扣2分；每缺一项扣2分；未进行效果评估的，扣2分；根据评估结果作出改进的，每次扣2分；未进行档案管理的，不得分；档案资料不完整不齐全的，每次扣2分。		
	5.2 安全生产管理人员教育培训	主要负责人和安全生产管理人员，应具备与本单位所从事的生产经营活动相适应的安全生产知识和管理能力，经培训考核合格后方可任职。	10	主要负责人和安全生产管理人员未经考核合格上岗的，不得分；安全管理人员未经培训考核合格的或未按有关规定进行再培训的，一人扣5分；培训要求不符合国家安全监管总局令第3号要求的，每次扣5分。		
	5.3 操作岗位人员教育培训	对岗位操作人员考核，考核不合格人员，不准上岗。对新员工进行"三级"安全教育。在新工艺、新技术、新材料、新设备设施投入使用前，应对有关岗位操作人员进行专门的安全教育和培训。岗位操作人员转岗、离岗三个月以上重新上岗者，应进行车间(工段)、班组安全教育培训，经考核合格后，方可上岗工作。	10	安全教育培训人员未经培训考核合格就上岗的，每人次扣2分；未进行"三级"安全教育的，每人次扣2分；在新工艺、新技术、新材料、新设备设施投入使用前，未对岗位人员进行培训的，每人次扣2分；新设备投入使用前未及时对上岗人员进行培训考核合格就上岗的，未按规定对转岗和离岗者进行培训考核合格就上岗的，每人次扣2分。		
	5.4 特种作业和特种设备作业人员教育培训	从事特种作业和特种设备作业的人员应取得特种作业操作资格证书，方可上岗作业。	10	特种作业人员和特种设备作业人员配备不合理的，每次扣2分；有特种作业和特种设备作业无证上岗的，每人次扣2分；特种作业人员和特种设备作业人员未配备相应作业资格证书的，每人次扣2分；证书过期未审核的，每人次扣2分；缺少特种作业和特种设备人员档案资料的，每人次扣1分。		
	5.5 其他人员教育培训	对外来参观、学习等人员进行有关安全规定及可能接触到的危害告知，并由专人带领。	10	未进行安全教育和危害告知的，不得分；内容与实际不符的，扣1分；未进行安全教育的，不得分；未提供劳保用品的，无专人带领的，不得分。		
	5.6 安全文化建设	采取多种形式的安全文化建设活动来促进企业安全生产工作。	5	未进行安全文化建设的，不得分；安全文化建设与《企业安全文化建设导则》(AQ/T9004)不符的，扣2分。		
	小计		65	得分小计		

第七节 生产设备设施的标准化考评项目、内容与考评办法

一、生产设备设施的标准化考评项目和内容

1. 生产设备设施建设

（1）建立新、改、扩建工程"三同时"的管理制度。

（2）安全设备设施应与建设项目主体工程同时设计、同时施工、同时投入生产和使用。

（3）安全预评价报告、安全专篇、安全验收评价报告应当报安全生产监督管理部门备案。

（4）项目建设过程生产设备设施变更应执行变更管理制度，履行变更程序，并对变更的全过程进行隐患控制。

（5）厂址选择、厂区布置和主要车间的工艺布置，应设有安全通道，合理安排车流、人流、物流，保证安全顺行；设备设施布置应留有足够的人员安全通道和检修空间；以上选择必须符合《工业企业总平面设计规范》（GB50187）的规定。

（6）主要生产场所消防建设应遵循《建筑设计防火规范》（GB50016）的规定；对重点防火部位必须通过消防设计审查及公安消防部门竣工验收。

（7）厂区内的坑、沟、池、井，应设置安全盖板或安全防护栏；直梯、斜梯、防护栏杆和工作平台应符合《固定式钢梯和平台安全要求》（GB4053.1-3）的规定。

（8）车间电气室（6000V 及以上电压等级）、地下油库、地下液压站、地下润滑站、地下加压站等要害部门，其出入口应不少于两个（室内面积小于 $6m^2$ 而无人值班的，可设一个），门应向外开。

（9）供电主控室、配电值班室、主电缆隧道和电缆夹层，应设有火灾自动报警器、烟雾火警信号装置、灭火装置和防止小动物进入的措施；整流及动力变压器设施应设置防火墙，配电柜及控制屏、电缆沟的所有孔洞和竖井口均应采用防火材料严密封堵。

（10）高压开关柜面板应有断路器或隔离开关"开"、"关"状态指示及一次进线的电压指示。

（11）整流机组及动力变配电系统的电、操控设备应有安全连锁、快停、急停等本质安全设计与装置；整流机组及动力变配电设备应按设计规范要求设置继电保护装置和非电量保护装置。

（12）电缆不应和油管、可燃气体输送管道共同敷设在同一沟道内或行架上。

（13）生产场所必须根据易燃、易爆物质的物理及化学性质，合理设计灭火系统、报警系

统及选择灭火设备类型（如非水灭火）；合理布置消防水栓，并保证水量、水压；灭火器的配置应符合《建筑灭火器配置设计规范》（GB50140）。

（14）机械设备、电气设备、配电系统、压力容器、起重机械上的安全防护装置、信号装置、警报装置、安全连锁装置、限位装置等必须齐全、有效。

（15）产生或使用有毒有害气体的场所，按规定设置气体泄漏检测、报警装置。

（16）厂区内的建构筑物，应按《建筑物防雷设计规范》（GB50057）的规定设置防雷设施，供电整流设备、动力配电设备、计算机设备、油罐等均应按相关设计规范设置防雷设施；并定期检查，确保防雷设施完好。

（17）所有产生烟气及粉尘的系统，都应设净化或收尘系统；产生粉尘、烟气的设备和输送装置均应设置密闭罩壳。

（18）值班室、待机室、会议室等人员聚集场所不应设置在吊运熔融液体及危险物品的影响范围内，应当与以上场所保持安全距离，符合《工业企业设计卫生标准》（GBZ1）。

（19）厂房的照明，应符合《建筑采光设计标准》（GB50033）和《建筑照明设计标准》（GB50034）的规定；在易燃易爆场所，应采用防爆灯具和开关；有导电粉尘或潮湿的场所采用防水防尘灯。

2. 设备设施运行管理

（1）建立健全设备、设施安全管理台账和记录；应建立重要安全设施的台账。

（2）按检维修计划定期对安全设备设施进行检修。

（3）检维修结束后应进行试车，并保存试车记录。

（4）各机组的机、电、操控设备应有安全连锁、快停、急停等本质安全设计与装置。

（5）使用表压超过 0.1MPa 的液体和气体的设备和管路，应安装压力表，必要时还应安装安全阀和逆止阀等安全装置。

（6）不同介质的管线，应按照《工业管道的基本识别色、识别符号和安全标识》（GB7231）的规定涂上不同的颜色，并注明介质名称和流向。

（7）爆炸和火灾危险环境应设灭火装置和自动报警装置；电气装置应满足《爆炸和火灾危险环境电力装置设计规范》（GB50058）的要求。

（8）吊运物行走的安全路线，不应跨越有人操作的固定岗位或经常有人停留的场所，且不应随意越过主体设备。

（9）加热设备和管道应设有可靠的隔热层。

（10）加热设备所有密闭性水冷系统，均应按规定试压合格方可使用；保存试压记录。

（11）电气设备的金属外壳、底座、传动装置、金属电线管、配电盘以及配电装置的金属构件、遮栏和电缆线的金属外包皮等，均应采用保护接地或接零；接零系统应有重复接地；对电气设备安全要求较高的场所，应在零线或设备接零处采用网络埋设的重复接地。

（12）低压电气设备非带电的金属外壳和电动工具的接地电阻，不应大于 4Ω。

（13）下列工作场所应设置应急照明：主要通道及主要出入口、通道楼梯、操作室、计算机室、加热炉及热处理计器室窥视孔、汽化冷却及锅炉设施、高频室、酸碱洗槽、主电室、配电室、液压站、稀油站、油库、泵房、氢气站、氮气站、乙炔站、电缆隧道、制氧站、煤气站。

（14）建立特种设备安全管理台账。

（15）特种设备在投入使用前或者投入使用后 30 日内，特种设备使用单位应当向直辖市或者设区的市的特种设备安全监督管理部门登记；登记标志应当置于或者附着于该特种设备的显著位置。

（16）建立特种设备安全技术档案。

（17）对在用特种设备进行经常性日常维护保养，并定期自行检查。

（18）特种设备作业人员在作业中应当严格执行特种设备的操作规程和有关的安全规章制度。

（19）根据危险源辨识和风险评价的结果，确定关键装置和重点部位，建立关键装置和重点部位清单。

（20）对关键装置、重点部位实行分级安全管理，实行领导干部联系点管理机制。

（21）联系人对所负责的关键装置、重点部位负有安全监督与指导责任；应定期到联系点进行安全活动，活动形式包括参加基层班组安全活动、安全检查、督促治理事故隐患、安全工作指示等。

（22）建立关键装置、重点部位档案，建立企业、管理部门、基层单位及班组监控机制，明确各级组织、各专业的职责，定期进行监督检查，并形成记录。

（23）铜、镍、铅、锌、锡、锑、铋、镉、汞冶炼企业的关键装置按与企业生产工艺对应的附录 A-I 相应要求执行。

3. 设备设施验收及拆除、报废

（1）按规定对新设备设施进行验收，确保使用质量合格、设计符合要求的设备设施。

（2）按规定对达到报废标准的设备设施进行报废或拆除。

（3）拆除作业前，拆除作业负责人应与需拆除设备设施的主管部门和使用单位共同到现场进行对接，作业人员进行危险、有害因素识别，制定拆除计划或方案，办理拆除设施交接手续。

（4）需拆除的容器、设备和管道，应先清洗干净，分析、验收合格后方可进行拆除作业；属于特种设备的，按《特种设备安全监察条例》的有关规定执行。

（5）报废的容器、设备和管道内存有危险化学品的，应清洗干净，分析、验收合格后，方可报废处置；属于特种设备的，按《特种设备安全监察条例》的有关规定执行。

（6）涉及危险作业的，应满足危险作业安全管理要求。

二、生产设备设施的标准化考评办法

其中附录 A-I 是依次针对铜、锑、汞、锡、镍、铅、锌、铋、镉等九种有色重金属冶炼企业不同的工艺特点而设置的。评审／自评时，本评定标准"6.2 设备设施运行管理"最后一个考核条款，应分别对照附录 A-I 评分；有多种金属冶炼工艺的，分别对应评分后，取其加权平均值作为该项得分。

考评类目	考评项目	考评内容	标准分值	评分标准	自评／评审描述	实际得分
六、生产设备设施	6.1 生产设备设施建设	建立新、改、扩建工程"三同时"的管理制度。	4	无该项制度的，不得分；制度不符合有关规定的，扣3分。		
		安全设备设施应与建设项目主体工程同时设计、同时施工、同时投入生产和使用。	10	未进行"三同时"管理的，不得分；没有建设或产权单位对"三同时"进行评估，审核认可手续就投用的，不得分；项目立项审批手续不全的，扣2分；设计、评价、施工单位资质不符合规定的，扣2分；项目概算编算的，扣2分；安全投资没有纳入项目概算的，扣2分；初步设计无安全专篇的，扣2分；变更安全设备设施未经设计单位书面同意的，每处扣1分；隐蔽工程未经检查合格就投用的，每处扣1分；未经验收安全设备设施未同时投用的，扣1分。		
		安全预评价报告、安全专篇、安全验收评价报告应当报安全生产监督管理部门备案。	4	无资质单位编制的，不得分；未备案的，少备案一个，扣2分。		
		项目建设过程生产设备设施变更应执行变更管理制度，履行变更手续，并对变更过程进行隐患控制。	4	未履行变更手续的，不得分。		
		厂址选择、厂区布置有主要车间的工艺布置，应设有安全通道、合理安排车间人流、物流，保证安全顺序；设备布置应留有足够的《工业企业总平面设计规范》(GB50187)的规定。	4	厂址选择易受自然灾害影响同边环境的，不得分；有一处不符合规定的，扣2分；未按规定设置安全通道的，每处扣1分；其设置不合理或不符合要求的，每处扣1分。		
		主要生产场所消防建设应遵循《建筑设计防火规范》(GB50016)的规定。对重点部位必须通过消防设计审查及公安消防部门门竣工验收。	4	不符合规定的，每处扣2分；未通过消防审查的，不得分；构成重大火灾隐患的，除本分值扣完后加扣8分。		
		厂区内设护栏、坑、沟、池、井、斜梯、直梯、防护栏杆和工作平台应符合《固定式钢梯和平台安全要求》(GB4053.1-3)的规定。	4	不符合要求的，每处扣2分；本分值扣完后再加扣8分。		
		车间电气室(6000V及以上电压等级)、地下油库、地下液压站、地下加压站等要害部门，其出入口应不少于两个(室内面积小于6m² 而无人值班的，可设一个，门应向外开)。	4	出口少于两个的，每处扣1分；门向内开的，每处扣1分。		

考评类目	考评项目	考评内容	标准分值	评分标准	自评/评审描述	实际得分
		供电主控室、配电值班室、主电缆隧道和电缆夹层，应设有火灾自动报警、烟雾火警信号装置，灭火装置和防止小动物进入的措施；整流及动力变压器设施应设置防火墙，配电柜类控制屏，电缆沟沟口所有孔洞和竖井口均应采用防火材料严密封堵。	4	未设置的，本项不得分；设置不合理、无效果的，不得分，每处扣1分；未用防火材料封堵的，每处扣1分。		
		高压开关柜面板应有断路器或隔离开关"开"、"关"状态指示及一次进线的电压指示。	4	没有"开"、"关"状态指示的，每处扣1分；没有一次进线的电压指示的，每处扣1分。		
		整流机组及动力变配电系统的电、操控设备应按本质安全设计与装置安全连锁、快停、急停、动力变配电保护装置和非电量保护装置。	4	整流机组未设置断路器、隔离开关、接地开关之间电气连锁装置的，不得分；设置不全的，每处扣2分；动力变配电系统开关柜未设置机械及电气连锁装置的，不得分，每处扣1分；保护装置设置不全的，每处扣1分。		
		电缆不应和油管、可燃气体输送管道在同一沟道内或行架上。	4	电缆沟和油管、可燃气体输送管道共同敷设在同一沟道内或行架上的，不得分，本分值扣完后再加扣8分。		
		生产场所必须根据易燃、易爆物质的物理及化学性质，合理设计灭火系统、灭火设备类型（如非水灭火），合理布置消防水栓，并保证水量；灭火器的配置应符合《建筑灭火器配置设计规范》（GB50140）。	4	设计灭火系统与现场物质特性不匹配的，不得分；配置数量达不到规定的，每处扣1分，本分值扣完后再加扣8分。		
		机械设备、电气设备、配电系统、压力容器、起重机械上的安全防护装置、信号装置、警报装置、限位装置等必须齐全、安全连锁装置等必须齐全、有效。	4	防护装置不齐全、破损或失效的，每处扣2分，本分值扣完后再加扣8分。		
		产生或使用有毒有害气体的场所，按规定设置气体泄漏检测、报警装置。	4	未设置的，每处不得分；本分值扣完后再加扣8分。		
		厂区内的建构筑物，应按《建筑物防雷设计规范》（GB50057）的规定设置防雷设施，动力配电设备、计算机设备、油罐等均应按相关设计规范设置防雷防护装置，并定期检查；确保防雷设施完好。	4	未按《建筑物防雷设计规范》（GB50057）的规定设置防雷设施的，扣1分；未定期检查的，每处扣1分；防雷设施不完好的，扣1分。		

考评类目	考评项目	考评内容	标准分值	评分标准	自评/评审描述	实际得分
		所有产生烟气及粉尘的系统，都应设净化或收尘系统；产生粉尘、产生烟气和输送的设备和输送装置均应设置密闭罩壳。	4	未设净化或收尘系统的，每处扣2分；产生粉尘、烟气的设备和输送装置未设置密闭罩壳的，每处扣1分；本分值扣完后再加扣8分。		
		值班室、待机室、会议室等人员聚集所不应设置在吊运熔融液体及危险物品的影响范围内，应当与以上场所保持安全距离，符合《工业企业卫生标准》(GBZ1)。	4	不符合要求的，每处扣1分，扣完为止。		
		厂房的照明，应符合《建筑采光设计标准》(GB50033)和《建筑照明设计标准》(GB50034)的规定；在易燃易爆场所，应采用防爆灯具和开关；有导电粉尘或潮湿的场所应采用防水防尘灯。	4	未进行照度测量的，不得分；天然采光和人工照明不符合要求的，每处扣1分。		
		建立健全设备、设施安全管理台账和记录；应建立重要安全设施的台账。	4	无台账或检维修计划的，不得分；资料不齐全的，每次（项）扣1分。		
	6.2 设备设施运行管理	按检修维计划定期对安全设备设施进行检修。	10	未按计划检维修的，每项扣1分；检维修方案未包含作业危险分析和控制措施的，每项扣1分；未对检修人员进行安全教育和施工现场安全交底的，每次扣1分；失修的，每处扣1分；安全装置检修完毕未及时恢复安全设施的，每处扣2分；未经安全生产管理部门同意就拆除安全设备设施的，每处扣2分；安全设备设施归档不规范及时的，每项扣1分；检维修完毕后未按程序后试车的，每项扣1分。		
		检维修结束后应进行试车，并保存试车记录。	4	未进行试车的，不得分。		
		各机组的机、电、操控设备应有安全连锁。停、急停等本质安全设计与装置。快	4	不符合要求的，每处扣2分。		
		使用表压超过0.1MPa的液体和气体的设备和管路，应安装安全阀和逆止阀等安全装置。	4	不符合要求的，每处扣1分；安全阀、压力开关、压力表等未定期校验的，每处扣1分。		

考评类目	考评项目	考评内容	标准分值	评分标准	自评/评审描述	实际得分
		不同介质的管线，应按照《工业管道的基本识别符号和安全标识》（GB7231）的规定涂别色、识别符号和安全色，并注明介质名称和流向。	4	管线不符合要求的，每处扣1分。		
		爆炸和火灾危险环境应设灭火装置和自动报警装置：电气装置应满足《爆炸和火灾危险环境电力装置设计规范》（GB50058）的要求。	4	爆炸和火灾危险环境电气装置不符合要求的，每处扣1分。		
		吊运物行走的安全路线，不应跨越有人操作的固定岗位或常有人停留的场所，且不应随意避过主体设备。	4	吊运物从人的上方经过的，不得分；没有安全措施随意避过主体设备的，不得分；安全措施执行不好的，每处扣2分。		
		加热设备和管道应设有可靠的隔热层。	4	未设有可靠的隔热层的，每处扣1分。		
		加热设备所有密闭性水冷系统，均应按规定压合格试压后使用，保存试压记录。	4	未按规定试压合格就使用的，每台扣2分。		
		电气设备的金属外壳、电线管、底座、传动装置、金属构件、遮栏和电缆线路以及配电装置外包皮等，均应采用保护接地或接零。对电气设备采用保护接地或接零系统的场所，应在零线或接零设备接零处采用网络埋设的重复接地。	4	未采用保护接地或接零的，每处扣1分；接零系统无重复接地的，每处扣1分；对电气设备安全要求较高的场所，未在零线或接零设备接零处采用网络埋设的重复接地的，每处扣1分。		
		低压电气设备非带电的金属外壳和电动工具的接地电阻，不应大于4Ω。	4	未进行接地电阻检测的，每台扣1分；接地电阻大于4Ω的，每台扣1分。		
		下列工作场所应设置应急照明：主要通道及主要出入口、通道楼梯、计算室、操作室、加热炉及热处理计器室氨视孔、汽化冷却装置、高频室、酸碱洗槽、主电室、液压室、稀油站、油库、泵房、氢气站、乙炔气站、站、隧道、煤气站、电缆。	4	工作场所应设置而未设应急照明的，每处扣1分。		
		建立特种设备安全管理台账。	4	未建立台账的，不得分；账、物不符的，每处扣1分。		

考评类目	考评项目	考评内容	标准分值	评分标准	自评/评审描述	实际得分
		特种设备在投入使用前或者投入使用后30日内，特种设备使用单位应当向直辖市或者设区的市的特种设备安全监督管理部门登记；登记标志应当置于或者附着于该特种设备的显著位置。	4	特种设备未登记的，不得分；登记标志不附着于特种设备的显著位置的，每处扣2分。		
		建立特种设备安全技术档案。	4	未建立特种设备安全技术档案的，不得分；档案不全的，扣2分。		
		对在用特种设备进行经常性日常维护保养，并定期自行检查。	4	未对特种设备进行检查和日常维护保养的，每台扣2分。		
		特种设备作业人员在作业中应当严格执行特种设备的操作规程和有关的安全规章制度。	4	现场有特种作业人员违章作业的，不得分。		
		根据危险源辨识和风险评价的结果，确定关键装置和重点部位，建立关键装置和重点部位清单。	4	未确定关键装置和重点部位的，不得分；有遗漏的，每处，扣2分，扣完为止；未建立关键装置和重点部位清单的，扣3分。		
		对关键装置、重点部位实行分级安全管理，实行领导干部联系点管理机制。	4	未实行领导干部联系点管理机制的，不得分。		
		联系人对所负责的关键装置、重点部位负有安全监督与指导责任：应定期到联组基层班组安全活动，督促治理事故隐患，安全工作指示等。	4	联系人未履行责任，未到联系点进行安全活动的，不得分；活动的频次、内容不满足制度要求的，每次扣2分。		
		建立关键装置、重点部位安全档案，建立企业、管理部门、基层单位及班组监控机制，明确各级组织、各专业的职责，定期进行监督检查，并形成记录。	4	未建立档案的，不得分；检查记录不齐全的，每次扣1分。		
		铜、镍、铝、锌、锡、锑、铋、镉、汞冶炼企业按与生产工艺对应的附录A-I相应要求执行。	200	见附录A-I有关评分标准。		

考评类目	考评项目	考评内容	标准分值	评分标准	自评/评审描述	实际得分
		按规定对新设备设施进行验收，确保使用质量合格、设计符合要求的设备设施。	4	未进行验收的（含其安全设备设施），每项扣1分；使用不符合要求的，每项扣1分。		
		按规定对达到报废标准的设备设施进行报废或拆除。	4	未按规定进行报废、拆除，涉及到危险物品的生产设备设施，无危险品处置方案的，不得分；未执行作业许可的，扣1分；未进行作业前的安全、技术交底的，扣1分；资料保存不完整齐全的，每项扣1分。		
	6.3 设备设施验收及拆除、报废	拆除作业前，拆除作业负责人应与需拆除设备设施的主管部门和使用单位共同到现场进行对接，有害因素识别，制定拆除计划或方案，办理拆除设施交接手续。	4	未制定拆除计划或方案的，扣2分；方案或计划中无危险、有害因素识别内容的，扣2分；未办理交接手续的，扣2分。		
		需拆除的容器、设备和管道，应先清洗干净，验收合格后方可进行拆除作业；属于特种设备的，按《特种设备安全监察条例》的有关规定执行。	4	未清洗、分析、验收进行拆除作业的，不得分。		
		报废的容器、设备和管道内存有危险化学品的，应清洗干净，分析、验收合格后，方可报废处置；属于特种设备的，按《特种设备安全监察条例》的有关规定执行。	4	未清洗、分析、验收便报废的，不得分。		
		涉及危险作业的，应满足危险作业安全管理要求。	4	危险作业未履行审批手续和监护作业的，不得分。		
		小计	400	得分小计		

附录A：铜冶炼（火法）设施、设备要求

设备名称	考评内容	标准分值	评分标准	自评/评审描述	实际得分
冶炼用炉（70分）	加入各冶炼炉的原料、燃辅料应有专用厂房或仓库，无厂房或仓库年的应有其它防雨、防潮措施。	4	无防雨、防潮措施的，不得分；不满足要求的，每处扣2分。		
	熔炼炉应配备重要工艺参数的自动化控制系统；测量数据传输至工业自动控制系统，应有出现炉体发红情况的应急处置设施；出现紧急情况应急温度监测报警。	6	无测量装置的，不得分；无应对出现炉体发红情况的应急处置设施的，不得分；重要工艺参数（温度、熔池高度、鼓风压力、烟气量）不满足要求的，每处扣1分。		
	带有水冷件、余热回收的冶炼炉，应设置流量、温度报警装置；其参数应上传至自动控制系统；应有防止水进入炉内的安全设施（如：切断阀、水冷闸板、泄流口等）。	6	无流量、温度报警装置的，不得分；控制参数未传至自动控制系统的，每处扣2分；设有防止水进入炉内的安全设施的，不得分。		
	各冶炼炉应安装收尘及SO_2烟气收集处理系统，操作平台必须设立安全防护设施。	4	无收尘及SO_2烟气收集处理系统装置的，不得分；操作平台未设立安全防护设施的，每处扣1分；安全设施不符合相关要求的，每处扣1分。		
	易受高温辐射、炉渣喷溅或物体撞击的梁柱结构和墙壁、设备、操作室等，应有隔热、防撞击设施。	4	无隔热、防撞击设施的，不得分；隔热、防撞击措施不满足要求的，每处扣1分。		
	应设置熔体泄漏后能够存放熔体的安全设施，如安全坑、挡火墙、隔离带等；并储备一定数量的应急处置物资，如灭火器、沙袋、防火服等。	3	无安全设施、应急处置物资的，不得分；安全设施、应急处置物资不满足要求的，每处扣1分。		
	所有预警预测检测数据应传输至冶炼炉自动控制系统，消除安全隐患；火法冶炼炉应配置重要工艺参数监测装置，不同强化火法技术应配置要求：（1）使用氧气底吹技术的应备气源、流量和压力检测及报警装置；（2）使用还原剂自动喷吹技术本的应配备的还原剂重量、载体流量及氧气燃烧浓度、氧浓度检测，并进行自动切断装置；（3）采用氧检测、压力检测、火焰探测及流量自动联锁控制。	5	未配置监测装置的，每处扣1分；工艺控制参数缺失，参数控制的，不得分；工艺控制参数未传输至自动控制系统的，每处扣2分。		
	熔炼炉及倾动式炉窑应配备应急电源或应急发电装置；具备紧急停车装置，工艺用风包括流量、压力与炉子倾动角度应有联锁控制装置；所有预警预测检测数据应传输至冶炼炉自动控制系统。	5	无应急电源或应急发电装置的，不得分；无停车装置、无联锁控制装置的，不得分；预警预测检测数据如工艺用风包括流量、压力与炉子倾动角度未传输至自动控制系统的，每处扣1分。		

设备名称	考评内容	标准分值	评分标准	自评/评审描述	实际得分
	铜冶炼用炉窑冷却水系统须配备应急备用泵。	4	无应急用泵或非完好状态的,不得分。		
	阳极浇铸系统应有防爆、防爆防火灾、防泄漏措施: (1)浇铸阳极板前,确保阳极溜槽、中间包、浇包、铜模干燥; (2)浇铸过程中必须有相应的横温控制设施,确保在浇铸位铜模无积水; (3)烘烤溜槽、浇包等辅助设备应有相应的安全控制设施; (4)应设置蒸汽收集及排气装置; (5)浇铸操作室应有相应的防铜水喷溅进入室内的设施,如操作室户使用夹腔玻璃或钢丝绒; (6)浇铸系统配置有液压站的应与高温区进行隔离,液压油应设置油温、油压报警装置及液位检测装置。	6	未设置的,不得分;措施不全的,每处扣1分。		
	固定式铜冶炼炉的排放口应置堵口装置。	4	无堵口装置的,不得分。		
	直接喷入冶炼炉熔体中的压缩空气必须设置汽水分离设备。	5	无汽水分离装置的,不得分;汽水分离不完全的,每处扣1分。		
	余热锅炉与铜熔炼用炉间有安全联锁装置;余热锅炉不正常信号(水流量低、汽包给液位低)反馈铜熔炼用炉实现自动停产。	4	无安全联锁的,不得分;数据不能进入自动控制系统的,每处扣1分。		
	硫酸自动化控制系统风机与铜熔炼用炉间应有安全联锁装置。	3	无安全联锁的,不得分。		
	工业自动化控制系统设置UPS供电,并实现双回路供电。	3	未实现双回路的,不得分。		
	余热锅炉或必须有汽化冷却装置安全附件,监测控制设施完备,并实现安全连锁控制;余热锅炉用炉系统有备用泵,泵实现双回路供电,并根据重要工艺参数(流量、温度、压力等)实施可靠的安全自启联锁。	4	无备用装置的,不得分;未实现安全连锁控制的,不得分;未配备用泵,泵未实现双回路供电的,不得分;无可靠的安全自启联锁的,每处扣1分。		
	小计	70	**得分小计**		
铜电解精炼装置 (45分)	电解土建设施及构筑物应做防腐处理。	2	无防腐处理的,不得分;防腐处理不完全的,每处扣1分。		
	导电母排应设绝缘设施。	3	无绝缘设施的,不得分;绝缘设施不完全的,每处扣1分。		

设备名称	考评内容	标准分值	评分标准	自评/评审描述	实际得分
	电解车间槽面和浓酸储存处应设置应急冲洗装置。	4	无冲洗装置的，不得分；冲洗装置不足的，每处扣1分。		
	在浓酸储存处应设应设防泄漏设施。	2	无防泄漏设施的，不得分。		
	应配置安全存放电解液的设施；存放设施应能满足紧急停电时电解液的存放；高设备应急泵类设施。	5	无存放设施的，扣2分；无应急泵类设施的，扣2分；不满足要求的每处扣1分。		
	电解厂房应具备符合生产安全要求通风条件；电解槽面需配置防止酸雾超标设施。	3	通风条件达不到生产安全要求的，扣2分；无防止酸雾超标设施的，扣2分；不满足要求的，每处扣1分。		
	在机组操作台、面板及机组上应设急停止装置。	3	无紧急停止装置的，不得分；不满足要求的，每处扣1分。		
	不锈钢阴极板电解槽面生产专用吊车设应置接液盘。	3	无接液盘的，不得分；接液盘不满足要求的，每处扣1分。		
	电积脱砷厂房设设抽风系统、槽面油风系统与硅整流应设设联锁装置。	4	无联锁装置的，不得分；联锁装置不满足要求的，每处扣2分。		
	机组设备配有冷却装置的需配备监测报警装置。	5	无冷却监测报警装置的，不得分；冷却监测报警装置不满足要求的，每处扣2分。		
	自动机组出、入口处应设置保护联锁开关，必须保证安全装置如安全栏、安全门、安全绳等能正常使用。	3	无联锁开关的，不得分；安全门、安全栏、安全绳不满足要求的，每处扣2分。		
	洗涤机组应设置酸雾排放装置。	5	无收集装置的，不得分。		
	电解液循环系统应设置酸雾排空装置。	3	无排空装置的，不得分。		
小计		45	得分小计		
燃料供给系统（25分）	需防爆区域配置易产生火花的设备（照明灯具、电磁阀、电气控制箱等）应有防爆装置或接地装置。	2	无防爆装置或接地装置的，不得分；不能满足要求的，每处扣1分。		
	使用可燃气体燃料应安装泄漏检测的装置。	2	无检测装置的，不得分；不能满足要求的，每处扣1分。		
	煤粉储罐及输送煤粉的管道，有供应压缩空气的旁路设施，油料及气体燃料高单独设施管道；储存粉煤、液化石油气、煤气或天然气的罐体应设泄爆阀；泄爆孔的朝向，不应存在泄爆时危及人员和设备的可能性。	5	无泄爆阀或泄爆阀阀向存在隐患的，不得分；不能满足要求的，每处扣1分。		

设备名称	考评内容	标准分值	评分标准	自评/评审描述	实际得分
	燃料燃烧器和输送管道之间，应设有逆止阀、自动切断阀或防回火装置。	3	无逆止阀和自动切断阀的，不得分；不能满足要求的，每处扣1分。		
	检查煤粉喷吹设备时，应配备铜质检测工具。	2	不使用铜质工具的，不得分。		
	根据使用燃料的特点，设立温度、CO浓度、CO_2浓度、O_2浓度等检测设备，应有除尘降爆设施，并配置报警装置。	3	无报警装置的，不得分；不能满足要求的，每处扣1分。		
	煤粉仓应设充惰性气体设施。	2	无惰气设施的，不得分。		
	燃气站、油站及粉煤储存区应设有烟雾火灾自动报警器、监视装置及灭火装置；应采取防火墙、防火门等建筑设施。	3	无火灾自动报警器、监视装置及灭火装置、防火间间隔等建筑设施的，不得分；不能满足要求的，每处扣1分。		
	采用煤气燃烧的冶炼炉，应达到以下要求： (1) 工作扬所应配备固定式和便携式CO监测设备； (2) 煤气管道必须有低压报警装置和低压快速切断系统，并纳入工业自动化控制系统； (3) 煤气使用场所必须有煤气应急防护用品。	3	未达到要求的，每处扣1分。		
	小计	25	得分小计		
除尘系统（20分）	所有产尘设备和尘源点，应严格密闭，并设除尘系统。	2	未密闭的，不得分；不能满足要求的，每处扣1分。		
	除尘设施的开停，应与工艺设备一致；收集的粉尘应采用密闭运输方式，避免二次扬尘产生。	2	未密封运输的，不得分；不能满足要求的，每处扣1分。		
	主抽风机操作室应与风机房隔离，应有隔音和调温设施。	4	无隔音和调温措施的，不得分；不能满足要求的，每处扣1分。		
	处理含易燃、易爆介质的除尘器应安装易燃、易爆气体检测装置、联锁报警控制系统、防爆装置。	6	无检测装置、联锁报警控制系统、防爆装置的，不得分；不能满足要求的，每处扣2分。		
	电除尘器高压供电系应具备安全连锁装置，进入电除尘器内部作业前应确保接地可靠。	3	无安全联锁装置的，不得分；不能满足要求的，每处扣1分。		
	气力输送系统中的贮气包、吹灰机或罐车，均应设有安全阀、减压阀和压力表。	3	不符合要求的，不得分；不能满足要求的，每处扣1分。		
	小计	20	得分小计		

设备名称	考评内容	标准分值	评分标准	自评/评审描述	实际得分
空压站-风机房（20分）	风机、空压机需配备相应的压力表、温度计、油位计、流量计等测量装置。	3	无测量装置的，不得分；不能满足要求的，每处扣1分。		
	空压机需配备相应的安全阀、排污阀。	2	无安全阀、排污阀的，不得分；安全阀缺项的，不得分；排污阀每缺一项，扣1分。		
	35Kw以上的风机必须设置紧急复位操作系统。	3	无紧急复位的手动操作装置的，扣3分。		
	2051Kw、800Kw、671Kw风机必须设置自动监测轴承振动装置。	2	无测量装置的，不得分；不能满足要求的，每处扣1分。		
	顶吹炉炉前环风机应采用DCS系统控制。	3	未采用DCS系统控制的，不得分。		
	风机、空压机现场需设有隔音降噪设施。	3	现场未设有隔音降噪设施的，不得分；不能满足要求的，每处扣1分。		
	2051Kw、800Kw、671Kw风机必须设有喘振报警功能，控制系统需拥有防喘振功能。	4	风机未设有喘振报警的，不得分；控制系统无防喘振功能的，不得分。		
	小计	20	得分小计		
电气设备及电力系统	电气设备、配电系统上的安全防护装置、信号装置、警报装置、安全连锁装置等必须齐全、有效。	8	防护装置不齐全、破损或失效的，不得分；不能满足要求的，每处扣2分。		
	供电、整流机组一次回路应设置避雷器，二次回路设置防止操作过电压浪涌的装置。	4	未设置避雷器、整流器柜未设置过电压吸收装置的，不得分；二次回路交直流回路未设置浪涌吸收装置的，每处扣2分。		
	供电、整流机组必须设置自动喷淋消防系统。	4	未设置自动喷淋消防系统的，不得分。		
	整流机组及动力变配电设备应设有继电保护装置和非电量保护装置。	4	无继电保护装置和非电量保护装置的，不得分；不能满足要求的，每处扣1分。		
	小计	20	得分小计		
	合计	200	得分合计		

附录 B：锑冶炼设施、设备要求

设备名称	考评内容	标准分值	评分标准	自评/评审描述	实际得分
锑熔炼设施（70分）	加人各冶炼炉的原料、燃辅料应有专用厂房或仓库，厂房或仓库等车设施应有防雨、防潮设施。	5	无防雨、防潮设施的，不得分；不满足要求的，每处扣2分。		
	锑熔炼炉必须采用DCS系统控制。	10	未采用DCS系统控制的，不得分。		
	熔炼炉等配料系统输送机必须设置紧急复位操作系统。	4	无复位操作系统的，不得分。		
	熔炼炉应装备炉体温度监测报警装置；对于出现炉体温度过高的紧急情况应有冷却应急处置设备。	5	无报警装置，应急处置设施的，不得分；不满足要求的，每处扣1分。		
	熔炼炉渣排放口必须设置紧急排渣设施，并采取有效的防爆措施。	5	有一处未设置的，不得分。		
	各熔炼炉、水循环冷却，必须设置水流量、温度报警装置；其参数应上传至自动控制系统；防止入炉内大量进水的安全设施（如：止回阀、快速切断阀、泄流口等）。	6	无报警装置，防水进入炉内的设施的，不得分；控制参数传至自动控制系统的，不得分；不满足要求的，每处扣1分。		
	各冶炼炉应安装集烟装置。	3	无集烟装置的，不得分；不满足要求的，每处扣1分。		
	操作平台必须设立安全防护设施。	10	不符合的规定的，每处扣5分，本分值扣完后再加扣20分。		
	锑熔炼炉的附属机构设备、电气设备、配电系统、压力容器、起重机械的安全防护装置、安全连锁装置、限位装置等必须齐全、有效。	4	无隔热，防撞击措施的，不得分；隔热、防撞击措施不满足要求的，每处扣1分。		
	受高温辐射、炉渣喷溅的操作平台或熔体撞击的梁柱结构和墙壁，应设置防撞击的安全设施，如安全坑、挡火墙、隔离带物资，如沙袋、灭火器、防火服等。	4			
	应设置熔体泄漏后能够存放熔体的安全设施，并配备一定数量的应急处置物资。	5	无安全设施、应急处置物资的，不得分；安全设施、应急处置物资不满足要求的，每处扣1分。		
	顶吹炉等进行富氧熔炼的炉子，氧气输送管道必须设置有效的防静电措施。	4	氧气输送管道未设置防静电措施的，不得分。		
	产生或使用有毒有害气体的场所，按规定设置气体泄漏检测、报警装置。	5	未设置的，不得分。		

设备名称	考评内容	标准分值	评分标准	自评/评审描述	实际得分
	锅炉、干燥窑、收尘设备等设施的排烟系统应设置泄爆门。	4	未设泄爆门的，每处扣2分；泄爆门设置不合理的，每处扣2分。		
	小计	70	得分小计		
锑冷凝、还原装置（45分）	冷凝装置应配置测温装置、压力表和流量计。	4	无计量设施的，每缺一项扣1分。		
	冷凝装置附属的泵类设备应有备泵自动报警装置。	3	无报警装置的，不得分；自动报警不全的，每处扣1分。		
	还原装置应设集烟装置。	3	无集烟装置的，不得分。		
	配置对装置内气体压力进行监测的装置。	10	无监测装置的，不得分；监测装置不能满足监测要求的，每处扣4分。		
	固定式锑冶炼炉的排放口应配置堵口装置。	9	无堵口装置的，不得分；不能满足堵口要求的，每处扣1分。		
	应装备炉体温度监测报警装置。	8	无监测报警装置的，不得分；不能满足监测要求的，每处扣2分。		
	带有水冷件的冶炼炉，应设置流量、温度报警装置；应有防止冷却水大量进入炉内的安全设施（如：切断阀、水冷闸板、泄流口等）。	8	无报警装置、防水进入炉内的设施的，不得分；控制其参数未传至上传至自动控制系统的，不得分；每缺一项扣2分。		
	小计	45	得分小计		
燃料供给系统（25分）	防爆区域照明灯具、电磁阀、电气控制箱等应有防爆装置或接地装置。	2	无防爆装置或接地装置的，每处扣1分；不能满足要求的，不得分。		
	煤气站、制氧站及煤气输送管道必须设置有效的防静电措施。	3	煤气站、制氧站及煤气输送管道未设置防静电措施的，不得分。		
	煤气站必须设置煤气O2含量在线监测。	2	煤气站未设置O2含量在线监测的，不得分。		
	煤气的燃烧装置、超敏感气体报警器，应有煤气紧急切断阀，以及火灾火灾报警器、超敏感度气体报警器的。	3	未设紧急切断阀的，不得分；未设煤气火灾报警器，不得分。		
	使用气体燃料的锑锡炉灶应安装气体泄漏检测的装置和防静电装置。	2	无检测报警装置和防静电装置的，每处扣1分；不能满足要求的，不得分。		

设备名称	考评内容	标准分值	评分标准	自评/评审描述	实际得分
	煤粉罐及输送煤粉的管道设施，应有除尘降爆设施；气体燃料需单独设置输送管道，储存粉煤、煤气的罐体应设置泄爆阀；泄爆孔的朝向，不应存在泄爆时危及人员和设备的可能性。	2	无泄爆阀或泄爆阀朝向存在隐患的，不得分；不能满足要求的，每处扣1分。		
	燃料燃烧器和输送管道之间，应设有逆止阀、自动切断阀或防回火装置。	2	无逆止阀和自动切断阀的，不得分；不能满足要求的，每处扣1分。		
	检查煤粉设备时，应配备铜质检测工具。	2	不使用铜质工具的，不得分。		
	根据使用燃料的特点，设立温度、CO浓度、CO_2浓度、O_2浓度等检测设备，应有除尘降爆设施，并配置报警装置。	2	无报警装置的，不能满足要求的，每处扣1分。		
	煤粉仓罐应设充惰性气体设施。	1	无充惰气设施的，不得分。		
	燃气站、油站及煤粉储存区应设有烟雾火灾自动报警器、监视装置及灭火装置；应采取防火墙、防火门间隔等建筑设施。	2	无火灾自动报警器、监视装置及灭火装置、防火门间隔等建筑设施的，不得分；不能满足要求的，每处扣1分。		
	采用煤气燃烧的冶炼炉，应满足以下要求： (1) 工作场所应配备固定式和便携式 CO 监测设备； (2) 煤气管道必须采用有低压报警装置和低压快速切断装置，并纳入工业自动化控制系统； (3) 煤气使用点必须备有煤气应急防护用品。	2	未达到要求的，每处扣1分。		
	小计	25	**得分小计**		
除尘系统（20分）	所有产生烟气及粉尘的系统，必须采用在线监测进行实时监控；产生粉尘、烟气的必须采用可靠的净化或收尘系统。	4	未采用在线监测和设净化或除尘收尘系统的，每处扣2分；本分值扣完后再加扣8分。		
	产生粉尘、烟气的设备和输送装置均应设置密闭罩壳。	2	未设置密闭罩壳的，不得分。		
	除尘设施的开停，应与工艺设备一致；收集的粉尘应采用密闭运输方式，避免二次扬尘产生。	2	未密封运输的，不得分；不能满足要求的，每处扣1分。		

设备名称	考评内容	标准分值	评分标准	自评/评审描述	实际得分
	主抽风机操作室应与风机房隔离，应有隔音和调温设施。	2	无隔音和调温措施的，不能满足要求的，每处扣1分。		
	处理含易燃、易爆介质的除尘器应安装易燃、易爆气体检测装置、联锁报警控制系统、防爆装置。	4	无检测装置、联锁报警控制系统、防爆装置的，不得分；不能满足要求的，每处扣2分。		
	布袋收尘器高压供电系统应具备安全连锁装置；进入布袋收尘器内部应监测有毒有害气体是否排净，作业人员应配置便携式气体检测仪。	4	无安全连锁装置的，不得分；不能满足要求的，每处扣1分。		
	气力输送系统中的贮气包、吹灰机或罐车，均应设有安全阀、减压阀和压力表。	2	不符合要求的，不能满足要求的，每处扣1分。		
小计		20	得分小计		
空压站-风机房（20分）	风机、空压机需配备相应的压力表、温度计、油位计、流量计等测量装置。	3	无测量装置的，不得分；不能满足要求的，每处扣1分。		
	空压机需配备相应的安全阀、排污阀。	2	无安全阀、排污阀的，不得分；安全阀缺项的，排污阀每缺一项扣1分。		
	35Kw以上的风机必须设置紧急复位操作系统。	3	无紧急复位的手动操作装置的，不得分。		
	2051Kw、800Kw、671Kw 风机必须设置自动监测轴承振动装置。	2	无测量装置的，不得分；不能满足要求的，每处扣1分。		
	顶吹炉炉前环保风机应采用DCS系统控制。	3	未采用DCS系统控制的，不得分。		
	风机、空压机现场需设有隔音降噪设施。	3	现场未设有隔音降噪设施的，不得分；不能满足要求，每处扣1分。		
	2051Kw、800Kw、671Kw 风机必须设有喘振报警功能，控制系统需拥有防喘振功能。	4	风机未设有喘振报警的，不得分；控制系统无防喘振功能的，不得分。		
小计		20	得分小计		

设备名称	考评内容	标准分值	评分标准	自评/评审描述	实际得分
电气设备及电力系统（20分）	电气设备、配电系统上的安全防护装置、信号装置、警报装置、安全连锁装置等必须齐全、有效。	4	防护装置不齐全、破损或失效的，不得分；不能满足要求的，每处扣2分。		
	供电、整流机组一次回路应设置避雷器、二次回路设置防止操作过电压及浪涌的装置。	4	未设置避雷器、整理器柜未设置过电压吸收装置的，不得分；二次回路交直流电源未设置浪涌吸收装置的，每处扣2分。		
	供电、整流机组必须设置自动喷淋消防系统。	4	未设置自动喷淋消防系统的，不得分。		
	整流器室、控制室、变配电室等要害部位，除有正常出入口及通道外，应设逃生通道，且门应向外开。	4	不符合要求的，每处扣2分。		
	整流机组及动力变配电设备应设有继电保护装置和非电量保护电装置。	4	无继电保护装置和非电量保护装置的，不得分；不能满足要求的，每处扣1分。		
	小计	20	得分小计		
	合计	200	得分合计		

附录C: 汞冶冶炼设施、设备要求

设备名称	考评内容	标准分值	评分标准	自评/评审描述	实际得分
汞熔烧设备设施（70分）	加入各冶炉的原料、燃辅料应有专用厂房或仓库，厂房或仓库设施应有防雨、防潮设施。	5	无防雨、防潮设施的，不满足要求的，每处扣2分。		
	干燥窑、汞熔炼炉必须采用DCS系统控制。	10	有一项未采用DCS系统控制的，不得分。		
	熔炼炉等配料系统原料输送机必须设置紧急复位操作系统。	4	无复位操作系统的，不得分。		
	熔炼炉应备炉体温度监测报警装置；对于出现炉温过高的紧急情况应有冷却应急处置措施。	5	无报警装置、应急处置设施的，不得分；不满足要求的，每处扣1分。		
	熔炼炉渣排放口必须设置紧急排渣设施，并采取及时有效的防爆措施。	5	有一处未设置的，不得分。		
	各熔炼炉、水循环冷却，必须设置上传至冷却控制系统；应有防止冷却水大量进入炉内的安全设施（如：止回阀、快速切断阀、泄流口等）。	6	无报警装置、防水进入炉内的设施的，不得分；控制参数未传至自动控制系统的，不得分；不满足要求的，每处扣1分。		
	各冶炼炉应装集烟装置，操作平台必须设立安全防护设施。	3	无集烟装置的，不得分；不满足要求的，每处扣1分。		
	汞熔炼炉的附属机构设备、电气设备、配电系统、压力容器、起重机械的安全防护装置、信号装置、警铃装置、限位装置、连锁装置等必须安全、有效。	10	不符合的规定的，每处扣5分。**本分值扣完后再加扣20分。**		
	受高温辐射、设备、操作室等、炉渣喷溅的操作平台或熔体放置平台的梁柱结构和墙壁，应有隔热、防撞击的安全设施。	4	无隔热、防撞击措施的，不得分；隔热、防撞击的，每处扣1分。		
	应设置熔体泄漏后能够存放熔体的应处置，如安全设施、操作室、设备、隔离带等；并储备一定数量的应处置物资，如灭火墙、挡火墙、沙袋、防火服等。	5	无安全设施、应急处置物资的，不得分；应急处置物资不满足要求的，每处扣1分。		
	顶吹炉等进行富氧熔炼的炉子、氧气输送管道必须设置有效的防静电措施。	4	氧气输送管道未设置防静电措施的，不得分。		
	产生或使用有毒有害气体的场所，按规定设置气体泄漏检测、报警装置。	5	有一处未设置的，不得分。		

设备名称	考评内容	标准分值	评分标准	自评/评审描述	实际得分
	锅炉、干燥窑、收尘设备等的排烟系统应设置泄爆门。	4	未设泄爆门的，每处扣2分；泄爆门设置不合理的，每处扣2分。		
	小计	70	得分小计		
采冷凝、产品收集装置（45分）	冷凝装置应配置测温装置、压力表和流量计。	13	无计量设施的，不得分；计量设施不全的，每处扣1分。		
	冷凝装置附属的泵类设备应有停泵自动报警装置。	12	无报警装置的，不得分；自动报警不全的，每处扣1分。		
	产品收集装置应密闭或设水封。	10	无密闭或水封的，不得分；不满足要求的，每处扣2分。		
	产品装罐区域应有防泄漏设施。	10	无防泄漏设施的，不得分。		
	小计	45	得分小计		
燃料供给系统（25分）	防爆区域照明灯具、电气控制箱等应有防爆装置或接地装置。	2	无防爆装置或接地装置的，每处扣1分。		
	煤气站、制氧站及煤气输送管道必须设置有效的防静电措施。	3	煤气站、制氧站及煤气输送管道未设置防静电措施的，不得分。		
	煤气站必须设置煤气O^2含量在线监测。	2	煤气站未设置O^2含量在线监测的，不得分。		
	煤气的燃烧装置、应有煤气紧急切断阀，以及火灾火报警器。	3	未设紧急切断阀的，不得分；未设煤气火灾报警器、超敏度气体报警器的，不得分。		
	使用气（体）燃料的熔锡炉灶应安装泄漏检测的装置和防静电装置。	2	无检测装置和防静电装置的，每处扣1分。		
	煤粉罐及输送煤粉的管道，有供应压缩空气的旁路设施，有气体燃料需单独设置输送管道，储存粉煤，不应存在泄爆孔的朝向，不应存在泄爆时危及人员和设备的可能性。	2	无泄爆阀或泄爆朝向存在隐患的，不得分；不满足要求的，每处扣1分。		
	燃料燃烧喷吹器和输送管道之间，应设有逆止阀、自动切断阀防回火装置。	2	无逆止阀和自动切断阀的，不得分；无，1分。		
	检查煤粉喷吹工具，应配备铜质检测工具。	2	不使用铜质工具的，不得分。		

设备名称	考评内容	标准分值	评分标准	自评·评审描述	实际得分
	根据使用燃料的特点,设立温度、CO浓度、CO²浓度、O²浓度等检测设备,应有除尘降温设施,并配置气体报警装置。	2	无报警装置的,不得分;不能满足要求的,每处扣1分。		
	煤粉仓储应设无惰性气体设施。	1	无充情气设施的,不得分。		
	燃气站、油站及粉煤储存区应设有烟雾火灾自动报警器、监视装置及灭火装置;应采取防火墙、防火门间隔等建筑设施。	2	无火灾自动报警器、监视装置及灭火装置、防火门间隔等建筑设施的,不能满足要求的,每处扣1分。		
	采用煤气燃烧的冶炼炉,应满足以下要求: (1)工作场所应配备固定式和便携式CO监测设备; (2)煤气管道必须设有低压报警装置和低速压快速切断装置; (3)煤气使用点必须用煤气应急防护用品。	2	未达到要求的,每处扣1分。		
	小计	25	得分小计		
除尘系统(20分)	所有产生烟气及粉尘的系统,必须采用在线监测和设置可靠的净化或收尘系统。	4	未采用在线监测和设净化或收尘系统的,每处扣2分;**本分值扣完后再加扣8分。**		
	产生粉尘的设备和输送装置均应设置密闭罩壳。	2	未设置密闭罩壳的,不得分。		
	除尘设施的开停,应与工艺设备一致;收集的粉尘应采用密闭运输方式,避免二次扬尘产生。	2	未密封运输的,每处扣1分;不能满足要求的,不得分。		
	主抽风机操作室应与风机房隔离,应有隔音和调温设施。	2	无隔音和调温措施的,不得分;不能满足要求的,每处扣1分。		
	处理含易燃、易爆介质的除尘器应安装易燃、易爆气体检测装置、联锁报警控制系统、防爆装置。	4	无检测装置、联锁报警控制系统、防爆装置的,不得分;不能满足要求的,每处扣2分。		
	布袋收尘器高压供电系统应具备安全连锁装置;进入布袋除尘器内部作业前应监测有害气体是否排净,作业人员应配置便携式气体检测仪。	4	无安全连锁装置的,不得分;不能满足要求的,每处扣1分。		
	气力输送系统中的贮气包、吹灰机或罐车,均应设有安全阀、减压阀和压力表。	2	不符合要求的,不得分;不能满足要求的,每处扣1分。		
	小计	20	得分小计		

设备名称	考评内容	标准分值	评分标准	自评/评审描述	实际得分
空压站-风机房(20分)	风机、空压机需配备相应的压力表、温度计、油位计、流量计等测量装置。	3	无测量装置的，不得分；不能满足要求的，每处扣1分。		
	空压机需配备相应的安全阀、排污阀。	2	无排污阀、安全阀缺项的，不得分；排污阀缺失的，每处扣1分。		
	35Kw 以上的风机必须设置紧急复位操作系统。	3	无紧急复位的手动操作装置的，不得分。		
	2051Kw、800Kw、671Kw 风机必须设置自动监测轴承振动装置。	2	无测量装置的，不得分；不能满足要求的，每处扣1分。		
	顶吹护炉前环保风机应采用 DCS 系统控制。	3	未采用 DCS 系统控制的，不得分。		
	风机、空压机现场需设有隔音降噪设施。	3	现场未设有隔音降噪设施的，不得分；不能满足要求的，每处扣1分。		
	2051Kw、800Kw、671Kw 风机需拥有喘振报警功能，控制系统需拥有防喘振功能。	4	风机未设有喘振报警的，不得分；控制系统无防喘振功能的，不得分。		
	小计	20	得分小计		
电气设备及电力系统(20分)	电气设备、配电系统上的安全防护装置、信号装置、警报装置、安全连锁装置等必须齐全、有效。	4	防护装置不齐全、破损或失效的，不得分；不能满足要求的，每处扣2分。		
	供电、整流机组一次回路应设置避雷器、二次回路应设置防止操作过电压及浪涌的装置。	4	未设置避雷器、整流器柜未设置过电压吸收装置的，不得分；二次回路未设置电涌浪吸收装置的，每处扣2分。		
	供电、整流机组必须设置自动喷淋消防系统。	4	未设置自动喷淋消防系统的，不得分。		
	整流器室、控制室、变配电室等重要部位，除有正常出入口及通道道外，应设逃生通道，且门应向外开。	4	不符合要求的，每处扣2分。		
	整流机组及动力变配电设备应设有继电保护装置和非电量保护装置。	4	无继电保护装置和非电量保护装置的，不得分；不能满足要求的，每处扣1分。		
	小计	20	得分小计		
	合计	200	得分合计		

附录 D: 锡冶炼设施、设备要求

设备名称	考评内容	标准分值	评分办法	自评/评审描述	实际得分
锡粗炼设备设施（70分）	加入各冶炼炉的原料、燃辅料应有专用厂房或仓库；厂房或仓库设施应有防雨、防潮设施。	5	无防雨、防潮设施的，不得分；不满足要求的，每处扣2分。		
	锡粗炼顶吹炉、电炉、沸腾炉、烟化炉吹炼必须采用DCS系统控制。	10	未采用DCS系统控制的，不得分。		
	顶吹炉、电炉、烟化炉配料系统输送机必须设置紧急复位操作系统。	4	无复位操作系统的，不得分。		
	顶吹炉应设备炉体温度监测报警装置；对于出现炉体温度过高的紧急情况应有冷却和应急处置设施。	5	无报警装置、应急处置设施的，不得分；不满足要求的，每处扣1分。		
	顶吹炉、烟化炉炉渣排放口必须设置紧急排渣设施，并采取及时有效的防爆措施。	5	有一处未设置的，不得分。		
	顶吹炉、电炉、真空炉水循环冷却，必须设置水流量、温度报警装置；其参数应上传至自动控制系统，应有防止冷却水大量进入炉内的安全设施，泄流口等。	6	无报警装置、防水进入炉内的设施的，不得分；控制参数未传至自动控制系统的，不得分；不满足要求的，每处扣1分。		
	各冶炼炉应安装集烟装置，切断阀门，操作平台必须立设安全防护设施。	3	无集烟装置的，不得分；不满足要求的，每处扣1分。		
	锡粗炼顶吹炉、电炉、沸腾炉、烟化炉吹炼的附属机构设备、电气设备、配电系统、压力容器、起重装置、警报装置、安全连锁装置等护装置、信号装置必须齐全、有效。	10	不符合规定的，每处扣5分；本分值扣完后再加扣10分。		
	受高温辐射、炉渣喷溅的操作平台或对物体撞击的梁柱结构和操作室、操作室、设备，应有隔热、防撞击设施。如安全设施、挡火墙、隔离室、防火服、沙袋等。	4	无隔热、防撞击措施的，不得分；隔热、防撞设施不要求的，每处扣1分。		
	应设置熔体泄漏后能够存放熔体的安全设施，如坑、挡火墙、隔离带等；并储备一定数量的应急处置物资等。	5	无安全设施、应急处置物资的，不得分；安全设施、应急处置物资不满足要求的，每处扣1分。		
	顶吹炉、沸腾炉、烟化炉等进行富氧熔炼的炉子、氧气输送管道必须设置有效的防静电措施。	4	氧气输送管道未设置防静电措施的，不得分。		

设备名称	考评内容	标准分值	评分办法	自评/评审描述	实际得分
	产生或使用有毒有害气体的场所，按规定设置气体泄漏检测、报警装置。	5	未设置的，不得分		
	锅炉、回转窑、收尘设备设施等的排烟系统应设置泄爆门。	4	未设泄爆门的，每处扣2分；泄爆门设置不合理的，每处扣2分。		
	小计	70	得分小计		
锡火法精炼设备设施（10分）	锡精炼结晶机必须采用DCS系统控制，必须设置紧急复位开关。	4	未采用DCS系统控制的，不得分；未设置紧急复位开关的，不得分。		
	锡精炼结晶机应对槽体温度监测报警装置；对出现槽体温度过高情况应有冷却处理应急处置设施。	2	未装备槽体温度监测报警装置的，不得分；未设置冷却处理应急处置设施的，不得分。		
	锡锭铸造自动浇铸生产流程中必须设置锡液紧急排放和储存的设施。	2	未设锡液紧急排放和储存设施的，不得分。		
	锡产品格锡锅应设有可靠的隔热层。	2	未设隔热层的，不得分。		
	小计	10	得分小计		
锡电解精炼设备设施（35分）	锡湿法精炼整流机组及动力变配电系统的电，操控设备应有安全连锁、快停、急停等本质安全设计与装置；整流机组及动力变配电设备应按设计规范要求设置电保护继电量保护装置和非电量保护装置。	5	整流机组未设置断路器、隔离开关、接地开关之间合闸电气连锁装置的，未按规定设置保护装置的，不得分；电气连锁不全的，每处扣1分；动力变配电系统开关柜未设置机械及电气连锁装置的，设置不全的，每处扣1分；保护装置不全的，每处扣1分。		
	电解土建设施及构建筑物应做防腐处理。	2	无防腐处理设施的，防腐处理不完全的，每处扣1分。		
	电解厂房周围应设置畅通的排水设施，厂房间应防止雨水进入槽子地坪的措施，确保电解液下不积水。	2	未设置排水设施的，不得分；排水设施不畅通有积水的，未设置防止电解液溢流清措施的，不得分。		
	导电母排应设绝缘设施。	2	无绝缘设施的，不得分；绝缘设施不完全的，每处扣1分。		
	电解车间槽旁应设置应急冲洗装置。	2	无冲洗装置的，不得分；冲洗装置不足的，每处扣1分。		
	硅氟酸储存池应高出零平面2m，易观察池子是否泄漏，电解液循环池及循环泵应设置防泄漏外流设施。	5	硅氟酸储存池不符合要求或设置无防泄漏设施的，不得分；无防泄漏设施的，每处扣1分。		
	应配置安全存放电解液的设施，存放设施应能满足泄漏，急停电解时的电解液的存放，需设置应急泵。	4	无存放设施的，不得分；存放设施不满足要求的，不得分；无应急泵类设施的，不得分。		

设备名称	考评内容	标准分值	评分办法	自评/评审描述	实际得分
	电解厂房应具备符合生产安全要求通风条件，电解槽面需配置防止酸雾超标设施。	3	通风条件达不到生产安全要求的，扣2分；无防止酸雾超标设施的，扣2分，不满足要求的，每处扣1分。		
	出装槽行车与电解槽面应设置绝缘设施。	3	无绝缘装置的，不得分；绝缘设施不完全的，每处扣1分。		
	出装槽专用吊车应设置接液盘。	2	无接液盘的，不得分；接液盘不满足要求的，每处扣1分。		
	电解锡熔铸面通风系统与煤气燃烧器应设联锁装置。	3	无联锁装置的，不得分；联锁装置不满足要求的，不得分。		
	光杆机房应设抽风系统及酸雾吸收装置。	2	无抽风系统或吸收装置的，不得分；吸收装置不满足要求的，不得分。		
	小计	35	得分小计		
燃料供给系统（25分）	防爆区域照明灯具、电磁阀、电气控制箱等应有防爆装置或接地装置。	2	无防爆装置或接地装置的，不得分；不能满足要求的，每处扣1分。		
	煤气站、制氧站及煤气输送管道必须设置有效的防静电措施。	3	煤气站、制氧站及煤气输送管道未设置防静电措施的，不得分。		
	煤气站必须设置煤气 O_2 含量在线监测。	2	煤气站未设置 O_2 含量在线监测的，不得分。		
	煤气的燃烧装置，应有煤气紧急切断阀，以及火灾报警器，超敏感度煤气报警器。	3	无防爆装置或接地装置的，不得分；未设煤气紧急切断阀的，不得分；未设火灾报警器、超敏感度煤气报警器的，不得分。		
	使用气体燃料的熔锡炉灶应安装泄漏检测的装置和防静电装置。	2	无检测装置和防静电装置的，不得分；不能满足要求的，每处扣1分。		
	煤粉输送及输送煤粉的管道，有供应压输空气的旁路设施，有供燃料需单独设置输送管道；气体燃料泄爆阀、泄爆孔的葡萄，不应存在泄爆时危及人员和设备的可能性。	2	无泄爆阀或泄爆阀朝向存在隐患的，不得分；不能满足要求的，每处扣1分。		
	燃料燃烧器和输送管道之间，应设有逆止阀、自动切断阀或防回火装置。	2	无逆止阀和自动切断阀的，不得分；不能满足要求的，每处扣1分。		
	检查煤粉喷设备时，应配备铜质检测工具。	2	不使用铜质工具的，不得分。		

设备名称	考评内容	标准分值	评分办法	自评/评审描述	实际得分
	根据使用燃料的特点，设立温度、CO浓度、CO_2浓度、O_2浓度等检测设备，应配置降尘设施，并配置气体报警装置。	2	无报警装置的，不得分；不能满足要求的，每处扣1分。		
	煤粉仓罐应设置充惰性气体设施。	1	无充惰气设施的，不得分。		
	燃气站、油站及灭火煤雾火灾自动报警器、监视装置及灭火装置；应采取防火墙、防火门间隔等建筑设施。	2	无火灾自动报警器，监视装置及灭火装置，防火门间隔等建筑设施的，不得分；不能满足要求的，每处扣1分。		
	采用煤气燃烧的冶炼炉，应满足以下要求：(1)工作场所应配备固定式和便携式CO监测设备；(2)煤气管道必须有报警装置和低压快速切断系统；(3)煤气使用点必须有煤气应急防护用品。	2	未达到要求的，每处扣1分。		
	小计	25	得分小计		
除尘系统(20分)	所有产生烟气粉尘的系统，必须采用在线监测进行实时监控；并设置可靠的净化或收尘系统。	4	未采用在线监测和设尘净化或收尘系统的，每处扣2分；本分值扣完后再加扣8分。		
	产生粉尘、烟气的设备应设置密闭罩完。	2	未设置密闭罩完的，不得分。		
	除尘设施的开停，应与工艺设备一致；收集的粉尘应采用密闭运输方式，避免二次扬尘产生。	2	未密封运输的，不得分；不能满足要求的，每处扣1分。		
	主抽风机操作室应有隔音和调温设施。	2	无隔音和调温措施的，不得分；不能满足要求的，每处扣1分。		
	处理含易燃、易爆介质的除尘器应安装易燃、易爆气体检测装置、联锁报警控制系统、防爆装置。	4	无检测装置、联锁报警控制系统、防爆装置的，不得分；不能满足要求的，每处扣2分。		
	布袋收尘器高压供电系统前应具备安全连锁装置；进入布袋收尘器内部作业前应监测有害有毒气体是否排净，作业人员应配备便携式气体检测仪。	4	无安全联锁装置的，不得分；不能满足要求的，每处扣1分。		
	气力输送系统中的贮气包、吹灰机或罐车，均应设有安全阀、减压阀和压力表。	2	不符合要求的，不得分。		
	小计	20	得分小计		

设备名称	考评内容	标准分值	评分办法	自评/评审描述	实际得分
空压站-风机房（20分）	风机、空压机需配备相应的压力表、温度计、油位计、流量计等测量装置。	3	无测量装置的，不得分。		
	空压机需配备相应的安全阀、排污阀。	2	无安全阀、排污阀的，不得分；排污阀缺失的，每处扣1分。		
	35Kw以上的风机必须设置紧急复位操作系统。	3	无紧急复位的手动操作装置的，不得分。		
	2051Kw、800Kw、671Kw风机必须设置自动监测和承振动装置。	2	无测量装置的，不得分；每处扣1分。		
	顶吹炉炉前环保风机应采用DCS系统控制。	3	未采用DCS系统控制的，不得分。		
	风机、空压机现场需设有隔音降噪设施。	3	现场未设有隔音降噪设施的，不得分；每处扣1分。		
	2051Kw、800Kw、671Kw风机必须设有喘振报警功能，控制系统需拥有防喘振功能。	4	风机未设有喘振报警的，不得分；控制系统无防喘振功能的，不得分。		
	小计	20	得分小计		
电气设备及电力系统（20分）	电气设备、配电系统上的安全防护装置、信号装置、警报装置、安全连锁装置等必须齐全、有效。	4	防护装置不齐全、破损或失效的，不得分；每处扣2分。		
	供电、整流机组一次回路应设置避雷器，二次回路设置防止操作过电压及浪涌的装置。	4	未设置避雷器，整理器柜未设置过电压吸收装置的，整理器柜未设置电源交直流回路交直流电压浪涌未设吸收装置的，每处扣2分。		
	供电、整流机组必须设置自动喷淋消防系统。	4	未设置自动喷淋消防系统的，不得分。		
	整流器室、控制室、变配电室等要害部位，除有正常出入口及通道外，应设逃生通道，且门应向外开。	4	不符合要求的，每处扣2分。		
	整流机组及动力变配电设备应设有继电保护装置和非电量保护装置。	4	无继电保护装置和非电量保护装置的，不得分；不能满足要求的，每处扣1分。		
	小计	20	得分小计		
	合计	200	得分合计		

附录 E: 镍冶炼设施、设备要求

设备名称	考评内容	标准分值	评分办法	自评/评审描述	实际得分
镍熔炼设备设施 (70分)	加入各冶炼炉的原料、燃辅料应有专用厂房或仓库，厂房或仓库设施应有防雨、防潮设施。	5	无防雨、防潮设施的，不满足要求的，每处扣 2 分。		
	干燥窑、镍熔炼顶吹炉、沉降电炉、转炉、闪炼炉必须采用 DCS 系统控制。	10	未采用 DCS 系统控制的，不得分。		
	顶吹炉、闪炼炉等配料系统原料输送机必须设置紧急复位操作系统。	4	无复位操作系统的，不得分。		
	顶吹炉应装备体温监测报警装置；对于出现炉体温度过高情况应有冷却应急处置设施。	5	无报警装置，应急处置设施的，不得分；不满足要求的，每处扣 1 分。		
	顶吹炉、闪炼炉渣排放口必须设置紧急排渣设施，并采取有效的防爆措施。	5	有一处未设置的，不得分。		
	顶吹炉、沉降电炉、闪炼炉，水循环冷却，必须设置水流量、温度报警装置；其参数应上传至自动控制系统；应防止冷却水大量进入炉内的安全设施（如：止回阀、快速切断阀、泄流口等）。	6	无报警装置，防水进入炉内的设施的，不得分；控制参数未传至自动控制系统的，不得分；不满足要求的，每处扣 1 分。		
	各冶炼炉等应安装集烟装置。操作平台必须设立安全防护设施。	3	无集烟装置的，不得分；不满足要求的，每处扣 1 分。		
	镍熔炼顶吹炉、沉降电炉、闪炼炉炉的附属机构设备、电气设备、配电系统、压力容器、起重机械的安全防护装置、信号装置、警报装置、安全连锁装置、限位装置等必须齐全、有效。	10	不符合规定的，每处扣 5 分；**本分值扣完后再加扣 20 分。**		
	受高温辐射、炉渣喷溅的操作平台或物体撞击的梁柱结构和墙壁等，应有隔热、防撞击设施。	4	无隔热、防撞击措施的，不得分；隔热、防撞击措施不满足要求，每处扣 1 分。		
	应设置熔体泄漏后能够存放熔体的安全设施，如安全坑、挡火墙、隔离带等，并备有一定数量的应急处置物资，如灭火器、沙袋、防火服等。	5	无安全设施、应急处置物资的，不得分；安全设施、应急处置物资不满足要求的，每处扣 1 分。		
	顶吹炉等进行富氧熔炼的炉子，氧气输送管道必须设置有效的防静电措施。	4	氧气输送管道未设置防静电措施的，不得分。		
	产生或使用有毒有害气体的场所，按规定设置气体泄漏检测、报警装置。	5	有一处未设置的，不得分。		

设备名称	考评内容	标准分值	评分办法	自评/评审描述	实际得分
门。	锅炉、干燥器、收尘设备设施等的排烟系统应设置泄爆门。	4	未设泄爆门的,每处扣2分;泄爆门设置不合理的,每处扣2分。		
	小计	70	得分小计		
镍电解精炼设备(45分)	镍湿法精炼整流机组及动力变配电系统的电,操控设备有安全连锁、快停、急停等本质安全设计与装置;整流机组及动力变配电设备应按设计规范要求设置继电保护装置。	6	整流机组未设置断路器、隔离开关、接地开关之间电气连锁装置的,未按规定设置保护系统不得分;动力变配电系统开关柜未设置机械及电气连锁装置的,不得分;设置动力变配电设备应按设计规范要求设置继电保护装置设置不全的,每处扣1分。		
	电解土建设施及构建筑物应做防腐处理。	2	无防腐处理的,不得分;防腐处理不完全的,每处扣1分。		
	电解厂房不得漏雨,厂房周围应设置排水设施和防止雨水进入槽下地坪的措施,确保电解槽下不积水;电解槽下须设置防止电解液外流的措施。	3	未设置排水设施的,不得分;排水设施不畅通有积水的,扣1分;未设置防止液外流设施的,不得分。		
	导电母排应设置绝缘设施。	3	无绝缘设施的,不得分;绝缘设施不完全的,每处扣1分。		
	电解车间槽面和酸液储液池务应设置应急冲洗装置。	3	无冲洗装置的,不得分;冲洗装置不足的,每处扣1分。		
	在浓酸储存处应设置应设防泄漏设施。	6	无防泄漏设施的,不得分。		
	应配置安全存放电解液的设施,存放设施应配能满足急停电时电解液的存放,需设置应急系类设施。	6	无存放设施的,扣3分;无应急系类设施的,扣3分;不满足要求的,每处扣1分。		
	电解厂房应具备符合生产安全要求通风条件;电解槽面应配置防止酸雾超标设施。	3	通风条件不达到生产安全要求的,扣2分;无防止酸雾超标设施的,每项扣2分;不满足要求的,每处扣1分。		
	出装槽行车与电解槽槽面应设绝缘装置。	4	无绝缘装置的,不得分;绝缘设施不完全的,每处扣1分。		
	出装槽专用吊车应设置接液盘。	3	无接液盘的,不得分;接液盘不满足要求的,每处扣1分。		
	电解槽面通风系统与硅整流应设置联锁装置。	4	无联锁装置的,不得分;联锁装置不满足要求的,每处扣3分。		

工贸企业安全生产标准化工作指南

设备名称	考评内容	标准分值	评分办法	自评/评审描述	实际得分
	洗涤机组应设置酸雾排放装置。	2	无收集装置的，不得分。		
	小计	45	得分小计		
燃料供给系统（25分）	防爆区或照明灯具、电磁阀、电气控制箱等应有防爆装置或接地装置。	2	无防爆装置或接地装置的，不能满足要求的，每处扣1分。		
	煤气站、制氧站及煤气输送管道必须设置有效的防静电措施。	3	煤气站、制氧站及煤气输送管道未设置防静电措施的，不得分。		
	煤气站必须设置煤气 O_2 含量在线监测。	2	煤气站未设置 O_2 含量在线监测的，不得分。		
	煤气的燃烧装置，应有煤气紧急切断阀，以及火灾报警器。	3	未设紧急切断阀的，不得分；未设煤气火灾报警器、超敏感气体报警器的，不得分。		
	使用气体燃料的熔锡炉灶应安装泄漏检测的装置和防静电装置。	2	无检测装置和防静电装置的，不得分；不能满足要求的，每处扣1分。		
	煤粉罐及输送煤粉的管道；气体燃料输送管道，有供应压缩空气的旁路设施，需单独设置管道，泄爆阀、泄爆孔的朝向的，不应存在泄爆时危及人员和设备的可能性。	2	无泄爆阀或泄爆阀朝向存在隐患的，不得分；不能满足要求的，每处扣1分。		
	燃料燃烧器和输送管道之间，应设逆止阀、自动切断阀。	2	无逆止阀和自动切断阀的，不得分；不能满足要求的，每处扣1分。		
	检查煤粉喷吹设备时，应配备铜质检测工具。	2	不使用铜质工具的，不得分。		
	根据使用燃料的特点，设立温度、CO浓度、CO_2浓度、O_2浓度等检测设备，并有除尘降温设施，应配除尘降温设备。	2	无报警装置的，不得分；不能满足要求的，每处扣1分。		
	煤粉仓储区应设充惰性气体设施。	1	无充惰气设施的，不得分。		
	燃气站、油站及煤粉储存区应设有烟雾火灾自动报警器、监视装置及灭火装置；防火门间隔等建筑设施，应采取防火大墙。	2	无火灾自动报警器、监视装置及灭火装置，防火门间隔等建筑设施的，不能满足要求的，每处扣1分。		

设备名称	考评内容	标准分值	评分办法	自评/评审描述	实际得分
	采用煤气燃烧的冶炼炉，应满足以下要求： （1）工作场所应配备固定式和便携式CO监测设备； （2）煤气管道必须设有低压报警装置和低压快速切断装置，并纳入工业自动化控制系统； （3）煤气使用点必须有煤气应急防护用品。	2	未达到要求的，每处扣1分。		
	小计	25	得分小计		
除尘系统（20分）	所有产生烟气及粉尘的系统，必须采用在线监测进行实时监控；并设置可靠的净化或收尘系统。	4	未采用在线监测和设备净化或收尘系统的，每处扣2分；本分项扣完后再加扣8分。		
	产生粉尘、烟气的设备和输送装置均应设置密闭罩壳。	2	未设置密闭罩壳的，不得分。		
	除尘设施的开停，应与工艺设备一致；收集的粉尘应采用密闭运输方式，避免二次扬尘产生。	2	未密封运输的，每处扣1分。		
	主抽风机操作室应与风机房隔离，应有隔音和调温设施。	2	无隔音和调温措施的，不得分。		
	处理气体易燃、易爆介质的除尘器应安装易燃、易爆气体报警控制系统、防爆装置。	4	无检测装置、联锁报警控制系统、防爆装置的，不得分；不能满足要求的，每处扣2分。		
	布袋收尘器高压供电系统应具备安全连锁装置；进入布袋收尘器内部作业前应监测有毒有害气体是否排净，作业人员应配置便携式气体检测仪。	4	无安全联锁装置、不能满足要求的，每处扣1分。		
	气力输送系统中的贮气包、吹灰机或罐车，均应设有安全阀、减压阀和压力表。	2	不符合要求的，不得分；不能满足要求的，每处扣1分。		
	小计	20	得分小计		
空压站-风机房（20分）	风机、空压机应配备相应的压力表、温度计、油位计、流量计等测量装置。	3	无测量装置的，不得分；不能满足要求的，每处扣1分。		
	空压机应配备相应的安全阀、排污阀。	2	无安全阀、排污阀的，不得分；排污阀每缺一项的，不得分；安全阀缺项的，不得分。		
	35Kw以上的风机必须设置紧急复位操作系统。	3	无紧急复位的手动操作装置的，不得分。		

设备名称	考评内容	标准分值	评分办法	自评／评审描述	实际得分
	2051Kw、800Kw、671Kw 风机必须设置自动监测轴承振动装置。	2	无测量装置的，不得分；不能满足要求的，每处扣 1 分。		
	顶吹炉炉前环保风机应采用 DCS 系统控制。	3	未采用 DCS 系统控制的，不得分。		
	风机、空压机现场需设有隔音降噪设施。	3	现场未设有隔音降噪设施的，不得分；不能满足要求的，每处扣 1 分。		
	2051Kw、800Kw、671Kw 风机必须设有喘振报警功能、控制系统需拥有防喘振功能。	4	风机未设有喘振报警的，不得分；控制系统无防喘振功能的，不得分。		
	小计	20	得分小计		
电气设备及电力系统（20分）	电气设备、配电系统上的安全防护装置、信号装置、警报装置、安全连锁装置等必须齐全、有效。	4	防护装置不齐全、破损或失效的，不得分；不能满足要求的，每处扣 2 分。		
	供电、整流机组一次回路应设置避雷器、二次回路应设置防止操作过电压及浪涌的装置。	4	未设置避雷器、整理器、整流器柜未设置过电压吸收装置的，不得分；二次回路交直流电源未设置浪涌吸收装置的，每处扣 2 分。		
	供电、整流机组必须设置自动喷淋消防系统。	4	未设置自动喷淋消防系统的，不得分。		
	整流器室、控制室、变配电室等要害部位，除有正常出入口及通道外，应设逃生通道，且门应向外开。	4	不符合要求的，每处扣 2 分。		
	整流机组及动力变配电设备应设有继电保护装置和非电量保护装置。	4	无继电保护装置和非电量保护装置的，每处扣 1 分；不能满足要求的，不得分。		
	小计	20	得分小计		
	合计	200	得分合计		

附录 F: 铅冶炼设施、设备要求

设备名称	考评内容	标准分值	评分办法	自评/评审描述	实际得分
铅熔炼设施设备（70分）	加入各冶炼炉的原料、燃辅料应有专用厂房或仓库，厂房或仓库设施应有防雨、防潮设施。	5	无防雨、防潮设施的，不得分；不满足要求的，每处扣2分。		
	熔池熔炼炉具有紧急停车和安全联锁装置，并纳入工业自动化控制系统。	8	未配备的，不得分。		
	必须配备对熔炼温度、熔池高度、鼓风压力、烟气量等重要工艺参数的测量显示装置。	6	未配备的，每处扣1分。		
	配料系统原料输送机必须设置紧急复位操作系统。	4	无复位操作系统的，不得分。		
	熔炼炉应设备炉体温度监测报警装置；对于出现炉体温度过高的情况应有冷却应急处置设施。	5	无报警装置、设施的，不得分；不满足要求的，每处扣1分。		
	熔炼炉渣排放口必须设置紧急排渣设施，并采取及时有效的防爆措施。	5	有一处未设置的，不得分。		
	熔炼炉循环冷却、必须设置水流量、温度报警装置；其参数值上传至冷却系统；应有防止冷却水大量进入炉内的安全设施（如：止回阀、快速切断阀、泄流口等）。	6	无报警装置、防水进入炉内的设施的，不得分；控制参数未传至自动控制系统的，不得分；不满足要求的，每处扣1分。		
	各冶炼炉应安装集烟装置，操作平台必须设立安全防护设施。	3	无集烟装置的，不得分；不满足要求的，每处扣1分。		
	熔炼炉的附属机构设备、电气设备、配电系统、压力容器、起重机械的安全防护装置、信号装置、限位装置、安全连锁装置、报警装置等必须齐全、有效。	6	不符合规定的，每处扣3分；本分值扣完后再加扣12分。		
	受高温辐射、炉渣喷溅的操作平台或物体撞击的梁柱结构和墙壁，应有隔热、防撞击设施。	4	无隔热、防撞击措施的，不得分；防撞击、隔热，防撞击措施不满足要求的，每处扣1分。		
	应设置熔体泄漏后能够存放熔体的安全设施，如安全坑、挡火墙、隔离带等；并备有一定数量的应急处置物资，如灭火器、沙袋、防火服等。	5	无安全设施、应急处置物资的，不得分；应急处置物资不满足要求的，每处扣1分；安全设施、应急处置物资。		
	进行富氧熔炼的炉窑，氧气输送管道必须设置有效的防静电措施。	4	氧气输送管道未设置防静电措施的，不得分。		

设备名称	考评内容	标准分值	评分办法	自评/评审描述	实际得分
	产生或使用有毒有害气体的场所，按规定设置气体泄漏检测、报警装置。	5	有一处未设置的，不得分。		
	锅炉、回转窑、收尘设备设施等的排烟系统应设置泄爆门。	4	未设泄爆门的，每处扣2分；泄爆门设置不合理的，每处扣2分。		
	小计	70	得分小计		
还原部分(25分)	对流程各点烟气设置收集处理设施，并正常运行。	4	未设置的，不得分；设置不完整的，每处扣分。		
	燃料（还原剂）的入炉有准确的计量装置，并有记录。	5	无计量装置的，扣3分；无记录的，扣2分。		
	熔融体的流动过程有监控（监控视频或专人值班监控）。	4	未设置的，扣2分。		
	与还原炉配套的余热锅炉或气化水套安全附件、监测控制设施完备。	4	不完备的，扣3分。		
	余热锅炉水系统有强制循环的，循环泵必须配备备用泵并有联锁自启装置。	5	未配备的，不得分；无可靠的安全联锁自启装置的，每处扣1分。		
	炉面值班室、控制室应设置安全双通道。	3	未设置的，每处扣2分。		
	小计	25	得分小计		
火法精炼(10分)	加料熔铝铝锅设置防护栏，加料过程报警，实现区域隔离。	2	未实现的，不得分。		
	采用机械捞渣，实现职业防护。	1	未采用机械捞渣的，不得分。		
	铝液流动有防护装置。	2	未配备的，不得分。		
	熔铝锅配置烟气收集处理装置。	3	未配置的，不得分；装置不满足要求的，扣2分。		
	有温度测量显示。	2	未配置的，不得分；装置不满足要求的，不得分。		
	小计	10	得分小计		

设备名称	考评内容	标准分值	评分办法	自评/评审描述	实际得分
电解精炼（10分）	浇铸模具周围有防护装置，保证铝液不造成伤害。	4	无防护装置的，扣2分。		
	配置的行车必须设声音报警，并有效运行。	3	未配置或不能有效运行的，不得分。		
	铝电解槽布置须有利于槽子面，行车的立体交叉作业。	2	布置不规范的，不得分。		
	行车应配置软限位和机械限位。	1	未配置的，扣1分。		
小计		10	得分小计		
燃料供给系统（25分）	防爆区域照明灯具、电气控制箱等应有防爆装置或接地装置。	2	无防爆装置或接地装置的，每处扣1分。		
	煤气站、制氧及煤气输送管道必须设置有效的防静电措施。	3	煤气站、制氧站及煤气输送管道未设置防静电措施的，不得分。		
	煤气站必须设置煤气O$_2$含量在线监测。	2	煤气站未设置O$_2$含量在线监测的，不得分。		
	煤气的燃烧装置，应有煤气紧急切断阀，以及火灾报警超敏度气体报警器。	3	未设急切断阀的，不得分；未设煤气火灾报警超敏度气体报警器，不得分。		
	使用用气体燃料的熔铝炉上应安装泄漏检测的装置和防静电装置。	2	无检测装置和防静电装置的，不能满足要求的，不得分。		
	煤粉罐及输送煤粉的管道，有供应压缩空气的旁路设施，有除尘降温设施；气体燃料需单独设置管道储存粉煤、煤气的罐体应设泄爆阀、泄爆孔，不应存在泄爆时危险人员和设备的可能性。	2	无泄爆阀或泄爆阀朝向存在隐患的，不能满足要求的，每处扣1分。		
	燃料输送器和输送管道之间，应有逆止阀，自动切断阀或防回火装置。	2	无逆止阀和自动切断阀的，每处扣1分。		
	检查煤粉喷吹设备时，应配备铜质检测工具。	2	不使用铜质工具的，不得分。		
	根据使用燃料的特点，设立温度、CO浓度、CO$_2$浓度、O$_2$浓度等检测设备，并配置报警设施。	2	无报警装置的，不得分；不能满足要求的，每处扣1分。		
	煤粉仓罐应设惰性气体设施。	1	无充惰性气体设施的，不得分。		

设备名称	考评内容	标准分值	评分办法	自评/评审描述	实际得分
	燃气站、油站及粉煤储存区应设有烟雾火灾自动报警器、监视装置及灭火装置，应采取防火墙、防火门闸隔等建筑设施。	2	无火灾自动报警器、监视装置及灭火装置，防火门闸隔等建筑设施的，不得分；不能满足要求的，每处扣1分。		
	采用煤气燃烧的冶炼炉，应满足以下要求： (1) 工作场所应配备固定式和便携式CO监测设备； (2) 煤气管道必须设有低压报警装置和低压快速切断装置，并纳入工业自动化控制系统； (3) 煤气使用点必须配有煤气应急防护用品。	2	未达到要求的，每处扣1分。		
	小计	25	得分小计		
除尘系统（20分）	所有产生烟气及粉尘的系统，必须采用在线监测进行实时监控，并设置可靠的净化或收尘系统。	4	未采用在线监测和设有净化或收尘系统的，每处扣2分；本分值扣完后再加扣8分。		
	产生粉尘、烟气的设备和输送装置均应设置密闭罩壳。	2	未设置密闭罩壳的，不得分。		
	除尘设施的开停，应与工艺设备一致；收集的粉尘应采用密闭运输方式，避免二次扬尘产生。	2	未密闭运输的，不能满足要求的，每处扣1分。		
	主抽风机操作室应与风机房隔离，应有隔音和调温设施。	2	无隔音和调温措施的，不得分；不能满足要求的，每处扣1分。		
	处理易燃、易爆介质的除尘器应安装易燃、易爆气体检测装置、联锁报警控制系统、防爆装置。	4	无检测装置、联锁报警控制系统、防爆装置的，不得分；不能满足要求的，每处扣2分。		
	布袋收尘器内部高压供电系统应具备安全连锁装置；进入布袋收尘器内部作业前应监测有毒有害气体是否排净、作业人员应配置便携式气体检测仪。	4	无安全连锁装置的，不得分；不能满足要求的，每处扣1分。		
	气力输送系统中的贮气包、吹灰机或罐车，均应设有安全阀、减压阀和压力表。	2	不符合要求的，不得分；不能满足要求的，每处扣1分。		
	小计	20	得分小计		

设备名称	考评内容	标准分值	评分办法	自评/评审描述	实际得分
空压站-风机房(20分)	风机、空压机需配备相应的压力表、温度计、油位计、流量计等测量装置。	3	无测量装置的，不得分；不能满足要求的，每处扣1分。		
	空压机需配备相应的安全阀、排污阀。	2	无安全阀、排污阀的，不得分；安全阀、排污阀每项缺一项的，扣1分。		
	35Kw以上的风机必须设置紧急急复位操作系统。	3	无紧急复位的手动操作装置的，不得分。		
	2051Kw、800Kw、671Kw风机必须设置自动监测轴承振动装置。	2	无自动监测装置的，不得分；每处扣1分。		
	顶吹炉炉前环保风机应采用DCS系统控制。	3	未采用DCS系统控制的，不得分。		
	风机、空压机现场需设有隔音降噪设施。	3	现场未设有隔音降噪设施的，不得分；每处扣1分。		
	2051Kw、800Kw、671Kw风机必须设有喘振报警功能，控制系统拥有防喘振功能。	4	风机未设有喘振报警的，不得分；控制系统无防喘振振动功能的，不得分。		
	小计	20	得分小计		
电气设备及电力系统(20分)	电气设备、配电装置上的安全防护装置、信号装置、警报装置、安全连锁装置等必须齐全、有效。	4	防护装置不齐全、破损或失效的，每处扣2分。		
	供电、整流机组一次回路应设置避雷器，防止操作过电压及浪涌的装置。	4	未设置避雷器、整理器柜未设置电直流电源过电压吸收装置的，不得分；二次回路交直流电源未设浪涌吸收装置的，每处扣2分。		
	供电、整流机组必须设置自动喷淋消防系统。	4	未设置自动喷淋消防系统的，不得分。		
	整流器室、控制室、变配电室等要害部位，除有正常部位，入口及逃生通道，且门口应向外开。	4	不符合要求的，每处扣2分。		
	整流机组及动力变配电设备应设有继电保护装置和非电量保护装置。	4	无继电保护装置和非电量保护装置的，不得分；不能满足要求的，每处扣1分。		
	小计	20	得分小计		
	合计	200	得分合计		

附录 G: 锌冶炼设施、设备要求

设备名称	考评内容	标准分值	评分标准	自评/评审描述	实际得分
加压（常压）氧浸系统（30分）	加入各冶炼炉的原料、燃辅料应有专用厂房或仓库，厂房或仓库设施应有防雨、防潮设施。	4	无防雨、防潮设施的，不得分；不满足要求的，每处扣2分。		
	作业槽、罐、高压（常压）釜等配置液位、温度、压力、供氧量检测器及报警装置。	4	没根据工艺需求配置相应检测仪器的，不得分；报警装置不齐全的，每处扣2分。		
	生产控制必须实现自动工艺联锁控制系统，并设置应急停车工艺联锁系统。	4	工艺设计中未设置自动工艺联锁控制功能的，不得分；无紧急停车工艺联锁功能的，不得分。		
	与高压配套设备（或氧气）等工艺管道应根据工艺需求配置截止阀等安全设施。	4	未配置的，不得分；配置不齐全的，每处扣2分。		
	生产控制中在加压釜（常）供氧需有相应的工艺控制措施。	4	设备调节或试工艺控制无控制措施的，不得分。		
	硫磺仓库必须有消防、通风、粉尘检测报警等安全控制措施；配置有视频监控系统、防火报警系统。	5	消防设施不齐全的，扣4分；无通风措施的，扣3分；无粉尘检测报警的，扣4分；无视频监控及防火报警，每处扣2分。		
	硫磺仓库厂房要采用防爆电气开关及防爆灯。	5	作业现场未采用防爆电气开关及防爆灯的，不得分。		
小计		30	得分小计		
常规锌湿法沸腾焙烧炉系统（30分）	工艺流程配备收尘及 SO_2 烟气收集处理系统，并且正常运行。	2	未配置的，不得分；未正常运行的，不得分。		
	与沸腾炉配套的余热锅炉或汽化水套安全附件、监控设施设置完备。	2	安全设施不齐全的，不得分。		
	应配备重要工艺参数的测量装置，测量数据传输至工业自动化控制系统，设置UPS电源供电，并实现双回路供电。	2	没实现UPS供电的，不得分；没采用双回路供电，扣1分。		
	热力双回路供电与备用泵设置自动联锁功能，泵实现双回路供电；锅炉给水、汽包压力控制及蒸汽输送设置自动联锁控制。	3	没实现自动联锁控制的，不得分；泵未实现双回路供电的，不得分。		

设备名称	考评内容	标准分值	评分标准	自评/评审描述	实际得分
	必须配备对沸腾温度、给水流量、给水压力、汽包压力、蒸汽压力、蒸汽温度、汽包水位、各检测点负压（沸腾炉出口、电收尘、排烟机入口）等重要工艺参数的测量显示装置，部分配备报警功能，并有记录。	3	监测参数缺失的，每处扣1分；无报警功能的，扣1分；无监测记录的，扣1分。		
	锅炉水质满足工业锅炉水质（GB1576）标准；汽包水位计实现现场视频监控和DCS主控室双监控；安全附件未实现双套显示，不得分。	3	水质不满足要求的，不得分；未实现双监控的，扣1分。		
	入炉原燃料有准确的计量装置，并有记录。	3	无计量装置的，不得分；无记录的，扣1分。		
	高压鼓风机（排送风机）设置温度、振动值高限报警及联锁控制系统。	3	无联锁控制系统的，不得分；无报警功能的，扣1分。		
	高压鼓风机操作室与风机房隔离，并采取隔音措施。	3	未分开的，不得分；无隔音措施的，扣1分。		
	除尘设备的开停应与工艺设备一同开启，实现连锁控制；收集的粉尘应采用密闭运输方式，避免二次扬尘产生。	3	未采取密闭运输的，不得分；密封不完好的，扣2分。		
	采用电收尘设备系统的，必须设置安全可靠的接地设施；电收尘应配置CO在线检测及报警系统。	3	无接地设施的，不得分；接地设施不完好的，扣2分；无CO在线检测的，扣2分；无报警系统的，扣1分。		
	小计	30	得分小计		
溶液制备系统（15分）	各种作业槽、桶配置的自然（强制）抽风设施完好，必须实现负压操作。	3	不完好的，每处扣2分。		
	在易产生砷化氢气体的作业现场配置便携式砷化氢气体检测仪器。	4	无检测仪器的，不得分；仪器不完好的，扣2分。		
	压滤机安装需满足相关规范，压滤机头的安装方向与人行通道相反，方向不一致的需在活塞杆运行方向前部加装防护板。	4	压滤机头的安装方向与人行运行方向相反的，不得分；未按要求安装的，不得分。		
	使用调酸作业的净化生产工艺，必须有在线PH检测及相应的工艺控制措施。	2	无在线检测的，不得分；无工艺控制措施的，不得分。		
	中间贮槽液位配置液位检测仪及报警装置。	2	无检测仪器的，不得分；无报警的，不得分。		
	小计	15	得分小计		

设备名称	考评内容	标准分值	评分标准	自评/评审描述	实际得分
锌电积、熔铸系统（25分）	电解槽布置须利于槽面、行车的立体交叉作业；槽面上空高度不置小于4米。	2	未按要求布置的，不得分。		
	电解槽、导电母排应设置相应的绝缘设施。	2	无绝缘设施的，不得分；绝缘设施不完全的，每处扣1分。		
	电解土建设施及构筑建筑物应做防腐处理。	3	未防腐处理的，不得分；防腐不完全的，每处扣1分。		
	电解厂房应具备符合安全生产要求通风条件，配置酸雾强制或自然抽风系统。	4	厂房不设计不符合要求的，不得分；无设置抽风系统的，扣1分。		
	实现机械化自动铸锭生产工艺；锌片采用机械化自动给料操作。	2	采用传统操作方式的，不得分。		
	每次铸锭机停机后的开机，必须先预热锭模，并检查确认锭模中无水分，必要时涂上一层油。	3	未预热的，不得分；不检查确认的，每处扣1分。		
	锌电解使用的混合池上部（周角）应有防护装置。	3	未配置的，不得分；防护装置不完全的，每处扣1分。		
	锌锭的浇铸与打捆、吊装必须在不同区域进行，符合安全操作规范。	4	场地规划达不到要求的，不得分。		
	浇铸模具周围有防护装置，保证锌液不造成伤害。	2	无防护装置的，不得分。		
	小计	25	得分小计		
阴阳极制造（15分）	坩埚带翻边，且盖住接线圈，防止铝液外溢烫损线圈。	4	无翻边的，不得分。		
	工频炉炉基为内嵌下凹地基，收集液因坩埚破损时渗漏铅水，防烫伤及铝烟气污染。	5	未按此要求进行设计的，不得分。		
	设备带有机械和电气安全双重限位装置，确保模具下行至最低限位时自行停止，以保护模具和轧制铝板。	4	无双重限位装置的，不得分。		
	机组设置红外线安全防护栅栏装置，防止机械伤害，可对进入人、物进行报警、防止机械伤害。	2	无防护栅装置的，不得分。		
	小计	15	得分小计		

设备名称	考评内容	标准分值	评分标准	自评 / 评审描述	实际得分
燃料供给系统 (25分)	防爆区域照明灯具、电气控制箱等应有防爆装置或接地装置。	2	无防爆装置或接地装置的，不得分；不能满足要求的，每处扣1分。		
	煤气站、制氧站及煤气输送管道必须设置有效的防静电措施。	3	煤气站、制氧站及煤气输送管道未设置防静电措施的，不得分。		
	煤气站必须设置煤气 O_2 含量在线监测。	2	煤气站未设置 O_2 含量在线监测的，不得分。		
	煤气的燃烧装置，应有煤气紧急切断阀。以及火灾报警器。超灵敏度气体报警器。	3	未设紧急切断阀的，不得分；未设煤气火灾报警器、超灵敏度气体报警器的，不得分。		
	使用气体燃料的熔锡炉应安装泄漏检测的装置和防静电装置。	2	无检测装置和防静电装置的，不得分；不能满足要求的，每处扣1分。		
	煤粉罐及输送煤粉的管道，有供应压缩空气的劳路设施，应有除尘降爆设施；气体燃料需单独设置输送管道、储存粉煤、煤气的罐体应设置泄爆阀，泄爆孔的朝向，不应存在泄爆时伤及人员和设备的可能性。	2	无泄爆阀或泄爆阀朝向存在隐患的，不得分；不能满足要求的，每处扣1分。		
	燃料燃烧喷吹设备和输送管道之间，应设有逆止阀、自动切断阀或防回火装置。	2	无逆止阀和自动切断阀的，不得分；不能满足要求的，每处扣1分。		
	检查煤粉检测设备时，应配备铜质检测工具。	2	不使用铜质检测工具的，不得分。		
	根据使用燃料的特点，设立温度、CO 浓度、CO_2 浓度、O_2 浓度等检测设备，应有除尘降爆设施，并配置气体报警装置。	2	无报警装置的，不得分；不能满足要求的，每处扣1分。		
	煤粉仓罐应设充惰性气体设施。	1	无充惰气设施的，不得分。		
	燃气站、油站及煤粉煤储存区应设有烟雾火灾自动报警器、监视装置及灭火装置；防火门间隔等建筑设施。	2	无火灾自动报警器、监视装置及灭火装置；防火门间隔等建筑设施的，不得分；不能满足要求的，每处扣1分。		
	采用煤气燃烧的冶炼炉，应满足以下要求：(1) 工作场所应配备固定式和便携式 CO 监测设备；(2) 煤气管道必须有低压报警装置和低压快速切断装置，并纳入工业自动化控制系统；(3) 煤气使用点必须有煤气应急防护用品。	2	未达到要求的，每处扣1分。		
	小计	25	得分小计		

设备名称	考评内容	标准分值	评分标准	自评/评审描述	实际得分
除尘系统（20分）	所有产生烟气及粉尘的系统，必须采用在线监测进行实时监控，并设置可靠的净化或收尘系统。	4	未采用在线监测和设置净化或收尘系统的，每处扣2分；**本分值扣完后再加扣8分。**		
	产生粉尘、烟气的设备和输送装置均应设置密闭罩壳。	2	未设置密闭罩壳的，不得分。		
	除尘设施的开停，应与工艺设备一致；收集的粉尘应采用密闭运输方式，避免二次扬尘产生。	2	未密封运输的，不得分；不能满足要求的，每处扣1分。		
	主抽风机操作室应与风机房隔离，应有隔音和调温设施。	2	无隔音和调温措施的，不得分；不能满足要求的，每处扣1分。		
	处理含易燃、易爆介质的除尘器应安装易燃、易爆气体检测报警控制系统。	4	无检测装置、联锁报警控制系统、防爆装置的，不得分；不能满足要求的，每处扣1分。		
	布袋收尘器高压供电系统应具备安全连锁装置；进入布袋收尘器内部作业前应监测有毒有害气体是否排净，作业人员应配置便携式气体检测仪。	4	无安全联锁装置的，不得分；不能满足要求的，每处扣1分。		
	气力输送系统中的贮气包、吹灰机或罐车，均应设有安全阀、减压阀和压力表。	2	不符合要求的，不得分；不能满足要求的，每处扣1分。		
	小计	20	得分小计		
空压站-风机机房（20分）	风机、空压机需配备相应的压力表、温度计、油位计、流量计等测量装置。	3	无测量装置的，不得分；不能满足要求的，每处扣1分。		
	空压机需配备相应的安全阀、排污阀。	2	无排污阀、安全阀缺失的，不得分；排污阀缺失的，每处扣1分。		
	35Kw以上的风机必须设置紧急复位操作系统。	3	无紧急复位的手动操作装置的，不得分。		
	2051Kw、800Kw、671Kw风机必须设置自动监测轴承振动装置。	2	无测量装置的，不得分；不能满足要求的，每处扣1分。		
	顶吹炉前环保风机现场需采用DCS系统控制。	3	未采用DCS系统控制的，不得分。		
	风机、空压机现场需设有隔音降噪设施。	3	现场未设有隔音降噪设施的，不得分；不能满足要求的，每处扣1分。		
	2051Kw、800Kw、671Kw风机必须设有喘振报警功能，控制系统需拥有防喘振功能。	4	风机未设有喘振报警的，不得分；控制系统无防喘振功能的，不得分。		
	小计	20	得分小计		

设备名称	考评内容	标准分值	评分标准	自评/评审描述	实际得分
电气设备及电力系统（20分）	电气设备、配电系统上的安全防护装置、信号装置、警报装置、安全连锁装置等必须齐全、有效。	4	防护装置不齐全、破损或失效的，不得分；不能满足要求的，每处扣2分。		
	供电、整流机组一次回路应设置避雷器、二次回路操作过电压及浪涌的装置。	4	未设置避雷器、整理器柜未设过电压吸收装置的，不得分；二次回路交直流电源未设置浪涌吸收装置的，每处扣2分。		
	供电、整流机组必须设置自动喷淋消防系统。	4	未设置自动喷淋消防系统的，不得分。		
	整流器室、控制室、变配电室等要害部位，除有正常出入口及通道外，应设逃生通道，且门应向外开。	4	不符合要求的，每处扣2分。		
	整流机组及动力变配电设备应设有继电保护装置和非电量保护装置。	4	无继电保护装置和非电量保护装置的，不得分；不能满足要求的，每处扣1分。		
	小计	20	得分小计		
	合计	200	得分合计		

附录 H: 铋冶炼设施、设备要求

设备名称	考评内容	标准分值	评分办法	自评/评审描述	实际得分
粗铋冶炼炉窑（70分）	加入各冶炼炉的原料、燃辅料应有专用厂房或仓库，厂房或仓库设施应有防雨、防潮设施。	5	无防雨、防潮设施的，不满足要求，每处扣2分。		
	粗铋冶炼炉必须采用 DCS 系统控制。	10	未采用 DCS 系统控制的，不得分。		
	冶炼铋炉配料系统原料输送机必须设置紧急复位操作系统。	4	无复位操作系统的，不得分。		
	冶炼炉应设备炉体温度监测报警装置；对于出现炉体温度过高的紧急情况应有冷却应急处置设施。	5	无报警装置、设施的，不满足要求的，每处扣1分。		
	冶炼炉渣排放口必须设置紧急排渣设施，并采取及时有效的防爆措施。	5	有一处未设置的，不得分。		
	冶炼炉水循环冷却，必须设置水流量、温度报警装置其及参数上传至自动控制系统，应有防止冷却水大量进入炉内的安全设施。如：止回阀、快速切断阀、泄流口等。	6	无报警装置、防水进入炉内的设施的，不得分；控制参数未传至冷却水自动控制系统的，不满足要求的，每处扣1分。		
	各冶炼炉应安装集烟装置，操作平台必须设立安全防护设施。	3	无集烟装置的，不得分；不满足要求的，每处扣1分。		
	铋粗冶炼炉的附属机构设备、电气设备、配电系统、压力容器、起重机械的安全防护装置、信号装置、安全连锁装置、限位装置、警报装置等必须齐全、有效。	10	不符合的规定的，每处扣5分；**本分值扣完后再加扣20分。**		
	受高温辐射、炉渣喷溅的操作平台或熔体撞击的梁柱结构和墙壁、设备、操作室等，应有防隔热、防撞击措施。	4	无隔热、防撞击措施的，不得分；隔热、防撞击措施不满足要求的，每处扣1分。		
	应设置熔体泄漏后能够存放熔体的安全设施，如安全坑、挡火墙、隔火墙、加灭火器、沙袋、防火服等，并备有一定数量的应急处置物资。	5	无安全设施、应急处置设施的，不得分；安全设施、应急处置物资不满足要求的，每处扣1分。		
	进行富氧熔炼的炉窑、氧气输送管道必须设置有效的防静电措施。	4	氧气输送管道未设置防静电措施的，不得分。		
	产生或使用有毒有害气体的场所，按规定设置气体泄漏检测、报警装置。	5	有一处未设置的，不得分。		

设备名称	考评内容	标准分值	评分办法	自评/评审描述	实际得分
	门。		未设泄爆门的,每处扣2分;泄爆门设置不合理的,每处扣2分。		
	小计	70	得分小计		
	必须设置锅面氯气吸收装置,并考虑收集流程中各点氯气。	4	有一处未设置的,不得分。		
	必须设置烟气收集处理系统,并考虑收集流程中各点烟气。	2	未设置的,不得分。		
	原料、辅料的入炉有计量装置,并有记录。	2	未设置的,不得分;没有记录的,不得分。		
	原料、辅料的入炉必须采取防尘措施。	3	未采取的,不得分。		
	精炼锅的收尘装置必须配备温度、负压检测设施。	5	未设置的,不得分。		
	精铋精炼锅工作场所应配备便携式CO监测设备。	4	未配备的,不得分。		
铋精炼锅(25分)	必须具备对熔炼温度、烟气量的测量显示装置。	5	未设置的,不得分;设置不完备的,每处扣1分;		
	小计	25	得分小计		
	浇铸精铋锭前,确保模、中间包、浇包、干燥及浇铸设备测试正常。	6	不符合的,每处扣1分。		
	浇铸过程中必须有相应的模温控制措施,确保在浇铸位无积水或精铋锭充分冷却。	4	不符合的,每处扣2分。		
	在返品返浇铸时必须保证返品的干燥、同时轻放、防止爆炸和飞溅。	3	不符合的,每处扣3分。		
	电解铋熔铸锅面通风系统与煤气燃烧器应设联锁装置。	4	无联锁装置的,不得分;联锁装置不满足要求的,扣3分。		
铋锭浇铸系统(20分)	光杆机房应设抽排风系统及酸雾吸收装置。	3	无抽风系统或吸收装置的,不得分;吸收装置不满足要求的,每处扣2分。		
	小计	20	得分小计		
	防爆区域照明灯具、电磁阀、电气控制箱等应有防爆装置或接地装置。	2	无防爆装置的,不得分;不能满足要求的,每处扣1分。		
燃料供给系统(25分)	煤气站、制氧站及煤气输送管道必须设置有效的防静电措施。	3	煤气站、制氧站、制氧站及煤气输送管道未设置防静电措施的,不得分。		

设备名称	考评内容	标准分值	评分办法	自评/评审描述	实际得分
	煤气站必须设置煤气O²含量在线监测。	2	煤气站未设置O²含量在线监测的，不得分。		
	煤气的燃烧装置，应设有煤气紧急切断阀，以及煤气火灾报警器、超敏感度气体报警器。	3	未设紧急切断阀的，不得分；未设煤气火灾报警器、超敏感度气体报警器的，不得分。		
	使用气体燃料的熔炉锐炉柱应安装泄漏检测的装置和防静电装置。	2	无检测装置和防静电装置的，不得分；不能满足要求的，每处扣1分。		
	煤粉罐及输送煤粉的管道，有供应压缩空气的旁路设施，应设除尘降噪设施；气体输送管道、储存粉煤、储存煤气泄漏时危及人员和罐体的朝向，不应存在泄漏爆孔及人员和设备的可能性。	2	无泄爆阀或泄爆阀朝向存在隐患的，不得分；不能满足要求的，每处扣1分。		
	燃料燃烧器和输送回火装置。阀或防回火装置之间，应设有逆止阀、自动切断阀。	2	无逆止阀和自动切断阀的，不得分；不能满足要求的，每处扣1分。		
	检查煤粉喷吹设备时，应配备铜质检测工具。	2	不使用铜质工具的不得分。		
	根据使用燃料的特点，设立温度、CO浓度、CO²浓度、O²浓度等检测设备，应配置除尘降噪装置。	2	无报警装置的，不得分；不能满足要求、每处扣1分。		
	煤粉仓储应充有惰性气体设施。	1	无充惰性气体的，不得分。		
	燃气站、油站及粉煤储存区应设有烟雾火灾自动报警器、监视装置及灭火装置；应采取防火墙、防火门间隔等建筑设施。	2	无火灾自动报警器、监视装置及灭火装置、防火门间隔等建筑设施的，不得分；不能满足要求的，每处扣1分。		
	采用煤气燃烧的冶炼炉，应满足以下要求：（1）工作场所应配备固定式和便携式CO监测设备；（2）煤气管道必须设有低压报警装置和低压快速切断装置，并纳入工业自动化控制系统；（3）煤气使用点必须设有煤气应急防护用品。	2	未达到要求的，每处扣1分。		
	小计	25	得分小计		
除尘系统（20分）	所有产生烟气及粉尘的系统，必须采用在线监测和设备净化或收尘系统进行实时监控；并设置可靠单的低速切断系统。	4	未采用在线监测和设备净化或收尘系统的，每处扣2分；本分扣完后再加扣8分。		
	产生粉尘、烟气的设备和输送装置均应设置密闭罩壳。	2	未设置密闭罩壳，不得分。		

设备名称	考评内容	标准分值	评分办法	自评/评审描述	实际得分
	除尘设施的开停，应与工艺设备一致；收集的粉尘应采用密闭运输运输方式，避免二次扬尘产生。	2	未密封运输的，不得分；不能满足要求的，每处扣1分。		
	主抽风机操作室应与风机房隔离，应有隔音和调温措施。	2	无隔音和调温措施的，不得分；不能满足要求的，每处扣1分。		
	处理含易燃、易爆介质的除尘设施应安装易燃、易爆气体检测装置、联锁报警控制系统、防爆装置。	4	无检测装置、联锁报警装置、防爆装置的；不能满足要求的，每处扣2分。		
	布袋收尘器高压供电系统应具备安全连锁装置；进入布袋收尘器内部作业前应监测有毒有害气体是否排净，作业人员应配置便携式气体检测仪。	4	无安全联锁装置的，不得分；不能满足要求的，每处扣1分。		
	气力输送系统中的贮气包、吹灰机或罐装车，均应设有安全阀、减压阀和压力表。	2	不符合要求的，不得分；不能满足要求的，每处扣1分。		
	小计	20	得分小计		
空压站-风机房（20分）	风机、空压机需配备相应的压力表、温度计、流量计等测量装置。	3	无测量装置的，不得分；不能满足要求的，每处扣1分。		
	空压机配备相应的安全阀、排污阀。	2	无排污阀、安全阀缺失的，不得分；排污阀缺失的，每处扣1分。		
	35Kw以上的风机必须设置急复位操作装置。	3	无紧急复位的手动操作装置的，不得分。		
	2051Kw、800Kw、671Kw风机必须采用DCS系统控制；振动装置。	2	无测量装置的，不得分；不能满足要求的，每处扣1分。		
	顶吹炉前环保风机应采用DCS系统控制。	3	未采用DCS系统控制的，不得分。		
	风机、空压机现场需设有隔音降噪设施。	3	现场未设有隔音降噪设施的，不得分；不能满足要求的，每处扣1分。		
	2051Kw、800Kw、671Kw风机现场必须设有端振报警功能，控制系统需拥有防喘功能。	4	风机未设有喘振报警的，不得分；控制系统无防喘振功能的，不得分。		
	小计	20	得分小计		
电气设备及电力系统（20分）	电气设备、配电系统上的安全防护装置、信号装置、安全连锁装置等必须齐全、有效。	4	防护装置不齐全、破损或失效的，不得分；不能满足要求的，每处扣2分。		

设备名称	考评内容	标准分值	评分办法	自评/评审描述	实际得分
	供电、整流机组一次回路应设置避雷器、二次回路设置防止操作过电压及浪涌的装置。	4	未设置避雷器、整理器柜未设置过电压吸收装置的，不得分；二次回路交直流电源未设置浪涌吸收装置的，每处扣2分。		
	供电、整流机组必须设置自动喷淋消防系统。	4	未设置自动喷淋消防系统的，不得分。		
	整流器室、控制室、变配电室等要害部位，除有正常出入口及通道外，应设逃生通道，且门应向外开。	4	不符合要求的，每处扣2分。		
	整流机组及动力变配电设备应设有继电保护装置和非电量保护装置。	4	无继电保护装置和非电量保护装置的，不得分；不能满足要求的，每处扣1分。		
	小计	20	得分小计		
	合计	200	得分合计		

附录 l: 镉冶炼设施、设备要求

设备名称	考评内容	标准分值	评分办法	自评/评审描述	实际得分
海绵镉制备系统（70分）	加入各台炉的原料、燃辅料应有专用厂房或仓库，厂房或仓库设施应有防雨、防潮设施。	5	无防雨、防潮设施的，不得分；不满足要求的，每处扣2分。		
	作业桶、槽抽风完好，必须实现负压操作。	4	抽风不完善的，不得分。		
	作业现场禁止火源，动火作业实行动火确认管理制度。	7	不执行动火确认制的，不得分。		
	配置有毒有害气体检测仪器及安全控制管理措施。	7	无检测仪器及安全控制措施的，不得分。		
	生产过程中桶、槽液体积应有控制措施；溶液上空保持50-80cm的上空，杜绝溢液现象液达到的发生；并配置液位检测器及报警装置。	6	无检测及报警装置的，不得分；无检测及报警装置的，扣3分。		
	桶、槽有毒有害置换措施。槽周期性清理管理制度，并有记录；清理前的降温。	5	无管理制度或控制措施的，不得分。		
	桶、槽、槽内进行作业或检修必须对其进行清理，并用检测仪器对有毒有害气体进行检测确认制。	6	无控制措施和检测确认制的，不得分。		
	生产现场部需要防爆设备按要求采用防爆电气开关。	4	未按要求采用的，不得分。		
	生产现场必须配置石灰乳浆化设备及相应工艺管道，并确保随时能够开启设备。	6	无相关设备或工艺管道，不能正常开启的，扣4分。		
	镉湿法厂房外必须配置污水收集池，将生产过程中产生的废水回收至生产流程，杜绝直接外排造成镉污染。	6	不能进行回收的，不得分。		
	压滤布不得采用含酸溶液进行洗涤，如采用含酸溶液进行清洗，也不得采用含酸溶液进行酸洗，滤布拓或布进行清洗的应按相应的规范放置措施。	7	不按此标准执行的，不得分。		
	生产过程中使用的各类添加剂，应有防火、防潮、通风等学物性进行相应的物理或化措施。	4	无相应措施的，不得分。		
	锅炉、回转窑、收尘设备等的排烟系统应设置泄爆门。	3	未设泄爆门的，每处扣2分；泄爆门设置不合理的，每处扣2分。		
小计		70	得分小计		

设备名称	考评内容	标准分值	评分办法	自评/评审描述	实际得分
粗镉熔炼系统（20分）	粗镉熔炼锅必须保持负压操作。	5	不能实现负压操作的，不得分。		
	采用密闭无氧转锭工艺技术，避免镉渣及镉烟气的污染。	2	采用传统工艺的，不得分。		
	采用开启闸门放高温镉转精镉液回收碱渣工艺技术。	3	采用传统工艺的，不得分。		
	火法镉厂房内必须配置精镉液清洗或喷淋设施。	2	未配置的，不得分。		
	镉回法厂外必须配置污水收集池，将生产过程中产生的生产废水及雨水回收至生产流程，严格杜绝直接外排造成镉污染。	4	不能进行回收的，不得分。		
	粗镉熔镉海绵镉饼的给料采用自动操作控制系统。	4	采用传统的操作方式的，不得分。		
	小计	20	得分小计		
真空精炼炉（25分）	相关接触部位安装抽风系统。	4	无抽风系统的，不得分。		
	采用氩气无氧转锭工艺技术。	2	采用传统工艺的，不得分。		
	采用自控制精镉锭的铸锭工艺技术。	2	采用传统工艺的，不得分。		
	精镉渣的规范堆存及安全处置。	6	不符合规范的，不得分。		
	主炉、中间锅无渗漏现象。	4	有渗漏的，不得分。		
	精镉锭必须采用密封包装，严禁与氧化剂、酸类、食用化学品等混合储存。	5	不符合规范的，不得分。		
	光杆机房应设置抽风系统及酸雾吸收装置。	2	无抽风系统或吸收装置的，不得分；吸收装置不满足要求的，每处扣2分。		
	小计	25	得分小计		
燃料供给系统（25分）	防爆区域照明灯具、电磁阀、电气控制箱等应有防爆装置或接地装置。	2	无防爆装置或接地装置的，每处扣1分。		
	煤气站、制氧站及煤气输送管道必须设置有效的防静电措施。	3	未设置防静电措施的，不得分。		
	煤气站必须设置煤气O²含量在线监测装置。	2	未设置O²含量在线监测的，不得分。		
	煤气站的燃烧器，应有煤气紧急切断阀，以及火灾报警器、超灵敏度气体报警器。	3	未设置紧急切断阀，不得分；未设置煤气火灾报警器、超灵敏度气体报警器的，不得分。		
	使用气体燃料的熔锡炉灶应安装泄漏检测的装置和防静电装置。	2	无检测装置和防静电装置的，每处扣1分。		

设备名称	考评内容	标准分值	评分办法	自评/评审描述	实际得分
	煤粉罐及输送煤粉的管道、有供应压缩空气的旁路设施，应有除尘降爆设施；气体燃料输送管道、储存粉煤、煤气的罐体应设置泄爆阀，泄爆孔应存在泄爆时危及人员和设备的可能性。	2	无泄爆阀或泄爆阀朝向存在隐患的，不得分；不能满足要求的，每处扣1分。		
	燃料燃烧器和输送管道之间，应设有逆止阀、自动切断阀或防回火装置。	2	无逆止阀和自动切断阀的，不得分；不能满足要求的，每处扣1分。		
	检查煤粉喷吹设备时，应配备铜质检测工具。	2	不使用铜质工具的，不得分。		
	根据使用燃料的特点，设立温度、CO浓度、CO²浓度、O²浓度等检测设备，并配置报警装置。	2	无报警装置的，不得分；不能满足要求的，每处扣1分。		
	煤粉仓罐应设充惰性气体设施。	1	无充惰气设施的，不得分。		
	燃气站、油站及粉煤储存区应设有烟雾火灾自动报警器、监视装置及灭火装置，防火门间隔火墙等取防火隔离设施建筑设施。	2	无火灾自动报警器、监视装置及灭火装置、防火门间隔火墙等建筑设施的、不能满足要求的，每处扣1分。		
	采用煤气燃烧的冶炼炉，应满足以下要求： （1）工作场所应配备固定式和便携式CO监测设备； （2）煤气管道必须设有低压报警装置和低压快速切断装置，并纳入工业自动化控制系统； （3）煤气使用点必须有煤气应急防护用品。	2	未达到要求的，每处扣1分。		
小计		25	得分小计		
除尘系统（20分）	所有产生烟气及粉尘的系统，必须采用在线净化或除尘收尘系统；并设置可靠的净化或收尘系统。	4	未采用在线监测和设净化或收尘系统的，每处扣2分；本分值扣完后再加扣8分。		
	产生粉尘、烟气的设备和输送装置均应设置密闭罩壳。	2	未设置密闭罩壳的，不得分。		
	除尘设施的开停，应与工艺设备一致；收集的粉尘应采用密闭运输方式，避免二次扬尘产生。	2	未密封运输的，不能满足要求的，每处扣1分。		
	主抽风机操作室应与风机房隔离，应有隔音和调温设施。	2	无隔音和调温措施的，每处扣1分。		

设备名称	考评内容	标准分值	评分办法	自评/评审描述	实际得分
	处理含易燃、易爆介质的除尘器应安装易燃、易爆气体检测装置、联锁报警控制系统、防爆装置。	4	无检测装置、联锁报警控制系统、防爆装置的，不得分；不能满足要求的，每处扣2分。		
	布袋收尘器高压供电系统应具备安全连锁装置；进入布袋收尘器内部作业前应监测有毒有害气体是否排净，作业人员应配置便携式气体检测仪。	4	无安全连锁装置的，不得分；不能满足要求的，每处扣1分。		
	气力输送系统中的贮气包、吹灰机或罐车，均应设有安全阀、减压阀和压力表。	2	不符合要求的，不得分；不能满足要求的，每处扣1分。		
	小计	20	得分小计		
空压站-风机房（20分）	风机、空压机需配备相应的压力表、温度计、油位计、流量计等测量装置。	3	无测量装置的，不得分；不能满足要求的，每处扣1分。		
	空压机需配备相应的安全阀、排污阀。	2	无排污阀、安全阀缺失的，不得分；排污阀缺失的，每处扣1分。		
	35Kw以上的风机必须设置急应复位操作系统。	3	无紧急复位的手动操作装置的，不得分。		
	2051Kw、800Kw、671Kw风机必须设置自动监测轴承振动装置。	2	无测量装置的，不得分；不能满足要求的，每处扣1分。		
	顶吹炉护前环保风机应采用DCS系统控制。	3	未采用DCS系统控制的，不得分。		
	风机、空压机现场需设有隔音降噪设施。	3	现场未设有隔音降噪设施的，每处扣1分；不能满足要求的，每处扣1分。		
	2051Kw、800Kw、671Kw风机必须设有喘振报警功能。控制系统拥有防喘振功能。	4	风机未设有喘振报警的，不得分；控制系统无防喘振的，不得分。		
	小计	20	得分小计		
电气设备及电力系统（20分）	电气设备、配电系统上的安全防护装置、信号装置、报警装置、安全连锁装置等必须齐全、有效。	4	防护装置不齐全、破损或失效的，不得分；不能满足要求的，每处扣2分。		

设备名称	考评内容	标准分值	评分办法	自评/评审描述	实际得分
	供电、整流机组一次回路应设置避雷器、二次回路设置防止操作过电压及浪涌的装置。	4	未设置避雷器、整理器柜未设置过电压吸收装置的,二次回路交直流电源未设置浪涌吸收装置的,每处扣2分。		
	供电、整流机组必须设置自动喷淋消防系统。	4	未设置自动喷淋消防系统的,不得分。		
	整流器室、控制室、变配电室等要害部位,应设逃生通道,且门应向外开。除有正常出入口及通道外,	4	不符合要求的,每处扣2分。		
	整流机组及动力变配电设备应设有继电保护装置和非电量保护装置。	4	无继电保护装置和非电量保护装置的,不得分;不能满足要求的,每处扣1分。		
小计		20	得分小计		
合计		200	得分合计		

第八节 作业安全的标准化考评项目、内容与考评办法

一、作业安全的标准化考评项目和内容

1. 生产现场管理和生产过程控制

（1）对以下危险性大的作业，按照相关管理制度严格执行审批手续和签发工作票，安排专人进行现场安全管理，并确保安全措施的落实：

①危险区域动火作业；

②进入受限空间作业；

③高处作业；

④大型吊装作业；

⑤临时用电作业；

⑥抽堵盲板作业；

⑦破土（断路）作业；

⑧交叉作业；

⑨其他危险作业。

（2）作业活动监护人员应具备基本救护技能和作业现场的应急处理能力，持相应作业许可证进行监护作业，作业过程中不得离开监护岗位。

（3）应对生产现场和生产工艺过程、环境存在的风险和隐患进行辨识、评估分级，并制定相应的控制措施。

（4）应禁止与生产无关人员进入生产操作现场。应划出非岗位操作人员行走的安全路线，其宽度一般不小于1.5m。

（5）操作人员都熟知安全操作规程（程序或动作标准），并按规程进行操作。

（6）现场临时用电作业应执行《建设工程施工现场供用电安全规范》GB50194。

（7）现场各种物料、备品备件、废弃物、工具等堆放、摆放实行定置管理并符合安全卫生要求。

（8）氧气瓶、乙炔瓶及易燃易爆等危险化学品，必须专人管理，按规定存放、搬运和使用。

2. 作业行为管理

（1）应对生产作业过程中人的不安全行为进行辨识，并制定相应的控制措施。

（2）涉及高压场所的维护检修，应配备并使用绝缘棒、绝缘手套、绝缘鞋、绝缘垫、高压验电器、安全接地用具等。

（3）在全部停电或部分停电的电气设备上作业，应遵守下列规定：

①拉闸断电，并采取开关箱加锁等措施；

②验电、放电；

③各相短路接地；

④悬挂"禁止合闸，有人工作"的标示牌和装设遮拦。

（4）管理人员不违章指挥；作业人员应严格执行操作规程，不违章作业，不违反劳动纪律。

（5）要害岗位及电气、机械等设备，应实行操作牌制度。

（6）作业现场应环境整洁；物品、物料、工具、防护器具等应定点存放。

3. 警示标志和安全防护

（1）应建立警示标志管理台账。

（2）应根据《建筑设计防火规范》（GB50016）、《爆炸和火灾危险环境电力装置设计规范》（GB50058）等规定，结合生产实际，确定具体的危险场所和危险部位；在有较大危险因素的作业场所和设备设施上，设置明显的、符合 GB2894 的安全警示标志，进行危险提示、警示，告知危险的种类、后果及应急措施等；并严格管理其区域内的作业。

（3）在重大危险源现场设置明显的安全警示标志。

（4）按有关规定，在厂内道路设置限速、限高、禁行等标志。

（5）在检维修、施工、吊装等作业现场设置警戒区域和安全标志，在检修现场的坑、井、洼、沟、陡坡等场所设置围栏和警示标志。

（6）使用酸、碱的场所，应有防止人员灼伤的措施，并设置安全喷淋或洗涤设施。

（7）设备裸露的转动或快速移动部分，应设有结构可靠的安全防护罩、防护栏杆或防护挡板。

（8）放射源和射线装置，应有明显的标志和防护措施，并定期检测。

4. 相关方管理

（1）应对承包商、供应商等相关方的资格预审、选择、服务前准备、作业过程监督、提供的产品、技术服务、表现评估、续用等进行管理，建立相关方的名录和档案。

（2）工程项目应发包给具备相应资质的单位，与相关方签订安全生产管理协议，明确规定双方的安全生产责任和义务。

（3）根据相关方提供的服务作业性质和行为定期识别服务行为风险，采取行之有效的风险控制措施，并对其安全绩效进行监测。

甲方应统一协调管理同一作业区域内的多个相关方的交叉作业。

5. 变更

（1）企业应执行变更管理制度，对机构、人员、法律法规、工艺、技术、设备设施、作业过程及环境等永久性或暂时性的变化进行有计划的控制。

（2）对工艺、技术、设备设施、作业过程及环境的变更，应对变更过程及变更后所产生的风险和隐患进行辨识、评估和控制，并履行以下变更程序：

①变更申请；

②变更审批；

③变更实施；

④变更验收。

（3）企业安全生产管理部门应及时识别机构变化、人员变化、法律法规的变化，并就上述变化对企业安全生产管理体系的影响进行分析，制定相应的控制措施，并组织实施。

（4）变更安全设施，在建设阶段应经设计单位书面同意，在投用后应经安全管理部门书面同意；重大变更的，还应报安全生产监督管理部门备案。

二、作业安全的标准化考评办法

考评类目	考评项目	考评内容	标准分值	评分标准	自评/评审描述	实际得分
七、作业安全	7.1 生产现场管理和生产过程控制	对以下危险性大的作业，按照相关管理制度严格执行审批手续和签发工作票，安排专人进行现场安全管理，并确保安全措施的落实： (1) 危险区域动火作业； (2) 进入受限空间作业； (3) 高空作业； (4) 大型吊装作业； (5) 临时用电作业； (6) 抽堵盲板作业； (7) 破土（断路）作业； (8) 交叉作业； (9) 其他危险作业。	40	未执行审批手续或工作票的，不得分；工作票中危险分析和控制措施不全的，扣5分；授权签发工作票不清或签字不全的，扣5分；审批手续及工作票未存档的，扣5分；未安排专人进行现场安全管理的，扣5分；安全措施未落实的，每处扣15分。		
		作业活动监护人员应具备基本救护技能和作业现场的应急处理能力，持相应作业许可证进行监护作业，作业过程中不得离开监护岗位。	10	作业活动监护人员未持证监护，或监护过程中离岗的，不得分。		
		应对生产现场和生产工艺过程、环境存在的风险点进行辨识、评估分级，并制定相应的控制措施。	20	无企业风险和隐患辨识、评估分级总资料的，不得分；辨识所涉及的范围未全部涵盖的，每处扣1分；缺少风险和隐患辨识、评估分级的，每处扣1分；缺少控制措施或针对性不强的，每类扣1分；现场岗位人员不清楚岗位有关风险及其控制措施的，每人次扣1分。		
		应禁止与生产无关人员进入生产操作现场。应划出非岗位操作人员行走的安全路线，其宽度一般不小于1.5m。	10	有与生产无关人员进入生产操作现场的，不得分；未划出非岗位操作人员行走安全路线的，不得分；安全路线宽度小于1.5m的，扣1分。		
		操作人员都熟知安全操作规程（程序或操作标准），并按照规程进行操作。	10	岗位安全操作规程不适用或没有错误的，每处扣2分；现场发现违反安全操作规程的，每人次扣5分；本分值扣完后再加扣20分。		
		现场临时用电作业应执行《建设工程施工现场供用电安全规范》GB50194。	5	未执行本规范的，每处扣1分。		
		现场各种物料、备品备件、废弃物、工具等堆放、摆放实行定置管理并符合安全卫生要求。	10	未进行定置管理的，不得分；没有定置图的，扣2分；摆放与定置图不符的，扣2分；不符合要求的，每处扣2分。		

考评类目	考评项目	考评内容	标准分值	评分标准	自评/评审描述	实际得分
		氧气瓶、乙炔瓶及危险易燃易爆等危险化学品，必须专人管理，按规定存放、搬运和使用。	5	有一处不符合要求的，扣1分。		
		应对生产作业过程中人的不安全行为进行辨识，并制定相应的控制措施。	10	缺少人的不安全行为辨识的，每项扣1分；未建立作业人员典型违章案例数据库的，每项扣1分；缺少控制措施或针对性对性不强的，每项扣1分；作业人员不清楚风险及控制措施的，每人次扣1分。		
		涉及高压场所的维护检修，应配备并使用绝缘棒、绝缘手套、绝缘鞋、绝缘垫、高压验电器、安全接地用具等。	5	未配备、使用安全用具的，不得分。		
	7.2 作业行为管理	在全部停电或部分停电的电气设备上作业，应遵守下列规定： （1）拉闸断电，并采取开关箱加锁等措施； （2）验电、放电； （3）各相短路接地； （4）悬挂"禁止合闸，有人工作"的标示牌和装设遮拦。	30	有一处不符合要求的，扣10分。		
		管理人员不违章指挥；作业人员应严格执行操作规程，不违章作业，不违反劳动纪律。	10	发现一次"三违"现象的，每次扣5分。		
		要害岗位应有电气、机械等设备，应实行挂牌操作制度。	10	未挂操作牌就作业的，不得分；操作牌污损的，每处扣1分。		
		作业现场应环境整洁：物品、物料、工具、防护器具等应定点存放。	10	现场环境不整洁，物品未实现定置管理的，每处扣2分。		
		应建立警示标志管理台账。	5	未建立管理台账的，不得分；账物不符的，扣1分，扣完为止。		
	7.3 警示标志和安全防护	应根据《建筑设计防火规范》（GB50016）、《爆炸和火灾危险环境电力装置设计规范》（GB50058）等规定，结合生产实际，在有较大危险因素的作业场所和设备设施上，设置具体作业场所的危险部位，符合GB2894的安全警示标志，告知危险的种类、后果及应急措施等；并严格管理其区域内的作业。	10	不符合要求的，每处扣2分。		

考评类目	考评项目	考评内容	标准分值	评分标准	自评·评审描述	实际得分
		在重大危险源现场设置明显的安全警示标志。	10	重大危险源现场未设置明显安全警示标志的，不得分。		
		按有关规定，在厂内道路设置限速、限高、禁行等标志。	10	不符合要求的，每处扣2分。		
		在检维修、施工、吊装作业现场设置警戒区域和安全标志，在检修现场所设置的坑、井、洼、沟、陡坡等处设置警戒和警示标志。	10	不符合要求的，每处扣2分。		
		使用酸、碱的场所，应有防止人员灼伤的措施，并设置安全防护或洗漱设施。	10	无防灼伤措施的，不得分；未设置安全喷淋或洗漱设施或措施不符合要求的，每处扣1分。		
		设备裸露的转动或快速移动部分，应有明显的安全防护罩、防护栏或者防护挡板。	10	不符合要求的，每处扣2分。		
		放射源和射线装置，应有明显的标志和防护措施，并定期检测。	10	无标志的，每处扣3分；无防护措施的，不得分；未定期检测的，不得分。		
	7.4 相关方管理	应对承包商、供应商等相关方的资格预审、选择、服务前准备、作业过程监督、提供的产品、技术服务、绩效评估、表现安全绩效进行管理，建立相关方的名录和档案。	10	以包代管的，不得分；未纳入甲方统一安全管理的，不得分；各未将安全绩效与绩用挂钩的，不得分；相关方档案资料不全的，每处扣1分；未建立承包商档案的，扣2分。		
		工程项目应自发包给具备相应资质的单位，与相关方签订安全生产管理协议，明确规定双方的安全生产责任和义务。	20	发包给无相应资质的相关方的，除本分值扣完外再加扣40分；承包协议中未明确双方安全生产责任和义务的，每项扣5分；未执行协议的，每项扣5分。		
		根据相关方提供的服务性质和行为定期识别服务行为风险，采取行之有效的风险控制措施，并对其安全绩效进行监测。	10	相关方在甲方场所内发生工亡事故的，除本分值扣完外再加扣20分；未定期进行风险评估的，每处扣2分；风险控制措施缺乏针对性、操作性的，每处扣2分；未对其进行安全绩效监测的，每处扣2分；甲方未进行安全监管一协调管理交叉作业的，扣5分。		
	7.5 变更	企业应执行变更管理制度，对机构、人员、法律法规、工艺、技术、设备设施、作业过程及环境等永久性或暂时性的变化进行有计划的控制。	10	无实施计划的，不得分；未按计划实施的，每处扣1分；未执行变更管理的，每处扣1分。		

考评类目	考评项目	考评内容	标准分值	评分标准	自评/评审描述	实际得分
		对工艺、技术、设备设施、作业过程及环境的变更，应对变更及变更后所产生的风险和隐患进行辨识、评估和控制，并履行以下变更程序： （1）变更申请； （2）变更审批； （3）变更实施； （4）变更验收。	20	对工艺、技术、设备设施、作业过程及环境的变更，未对变更产生新的风险和隐患进行辨识、评估和控制的，不得分；辨识、评估和控制措施不到位的，每处扣5分；未履行变更手续的，不得分；变更手续不全的，每处扣5分；无变更审批和验收报告的，每缺少一个环节扣5分；未审批和验收报告的，不得分。		
		企业安全生产管理部门应及时识别机构的变化、人员变化、法律法规的变化，并就上述变化对企业安全生产管理体系的影响进行分析，制定相应的控制措施，并组织实施。	10	未及时识别变化的，每处扣2分；未对变化进行分析、采取控制措施的，每处扣2分。		
		变更安全设施、在建设阶段应经设计单位书面同意；重大变更安全设施，在投用后应经安全管理部门书面同意，还应报安全生产监督管理部门备案。	10	未经书面同意就变更的，每处扣1分；未及时时备案的，每处扣1分。		
	小计		350	得分小计		

第九节 隐患排查和治理的标准化考评项目、内容与考评办法

一、隐患排查和治理的标准化考评项目和内容

1. 隐患排查

（1）建立隐患排查治理的管理制度，明确责任部门、人员、方法。

（2）制定隐患排查工作方案，明确排查的目的、范围、方法和要求等。

（3）按照方案进行隐患排查工作。

（4）对隐患进行分析评估，确定隐患等级，登记建档。

2. 排查范围与方法

（1）隐患排查的范围应包括所有与生产经营场所、环境、人员、设备设施和活动。

（2）采用综合检查、专业检查、季节性检查、节假日检查、日常检查等方式进行隐患排查工作。

3. 隐患治理

（1）根据隐患排查的结果，制定隐患治理方案，对隐患进行治理。方案内容应包括目标和任务、方法和措施、经费和物资、机构和人员、时限和要求。重大事故隐患在治理前应采取临时控制措施并制定应急预案。隐患治理措施应包括工程技术措施、管理措施、教育措施、防护措施、应急措施等。

（2）在隐患治理完成后对治理情况进行验证和效果评估。

（3）按规定对隐患排查和治理情况进行统计分析并向安全监管部门和有关部门报送书面统计分析表。

4. 预测预警

企业应根据生产经营状况及隐患排查治理情况，采用技术手段、仪器仪表及管理方法等，建立安全预警指数系统。

二、隐患排查和治理的标准化考评办法

考评类目	考评项目	考评内容	标准分值	评分标准	自评/评审描述	实际得分
八、隐患排查和治理	8.1 隐患排查	建立隐患排查治理的管理制度，明确责任部门、人员、方法。	6	无该项制度的，不得分；制度与《安全生产事故隐患排查治理暂行规定》等有关规定不符的，扣2分。		
		制定隐患排查工作方案，明确排查的目的、范围、方法和要求等。	10	无该方案的，不得分；方案依据标准不正确的，每处扣3分；方案内容缺项的，每处扣3分。		
		按照方案进行隐患排查工作。	10	未按方案排查的，不得分；有未排查出隐患的，每处扣3分；排查人员不能胜任的，每人次扣3分；未进行汇总总结的，扣5分。		
	8.2 排查范围与方法	对隐患进行分析评估，确定隐患等级，登记建档。	10	无隐患汇总台账的，不得分；无隐患评估分级的，不得分；隐患登记档案资料不全的，每处扣3分。		
		隐患排查的范围应包括所有与生产经营管理有关的场所、环境、人员、设备设施和活动。	10	隐患排查范围缺失的，每处扣3分。		
		采用综合检查、专业检查、季节性检查、节假日检查、日常检查等方式进行隐患排查工作。	10	各类检查表缺少的，每处扣3分；检查表缺少的，每次扣2分；检查表针对性不强的，每次扣2分；无人签字或签字不全的，每次扣3分。		
	8.3 隐患治理	根据隐患排查的结果，对隐患进行治理。制定隐患治理方案，方案内容包括治理目标和任务、方法和经费和物资、时限和要求。重大事故隐患在治理前应采取临时控制措施并制定应急预案。隐患治理应包括工程技术措施、管理措施、教育措施、防护措施、应急措施等。	20	无方案的，不得分；方案针对性不强的，每处扣5分；每项隐患整改措施未落实的，每处扣5分；隐患治理工作未形成闭路循环的，扣5分。		
		在隐患治理完成后对治理情况进行验证和效果评估。	10	未进行验证或对评估报告的，每处扣1分。		
	8.4 预测预警	按规定对隐患排查和治理情况进行统计分析并向安全监管部门和有关部门报送书面统计分析表。	6	无统计分析表的，不得分；未及时报送的，不得分。		
		企业应根据生产经营状况及隐患排查治理情况，采用技术手段、仪器仪表等，建立安全预警指数系统。	8	无安全预警指数系统的，不得分；未实现对安全生产状况及发展趋势纳入安全预警系统的，扣2分；未将隐患治理情况所反映的问题，及时采纳进行分析、测算，扣2分；未对预警系统所采取针对性措施的，扣2分；未每月进行风险分析的，扣2分。		
小计			100	得分小计		

第十节 危险源监控与管理的标准化考评项目、内容与考评办法

一、危险源监控与管理的标准化考评项目和内容

1. 辨识与评估

（1）建立危险源的管理制度，明确辨识与评估的职责、方法、范围、流程、控制原则、回顾、持续改进等。

（2）按相关规定对本单位的生产设施或场所进行危险源辨识、评估，确定危险源及重大危险源（包括企业确定的重大危险源）。

2. 监控与管理

（1）对危险源（包括企业确定的危险源）采取措施进行监控，包括技术措施（设计、建设、运行、维护、检查、检验等）和组织措施（职责明确、人员培训、防护器具配置、作业要求等）。

（2）在危险源现场设置明显的安全警示标志和危险源点警示牌（内容包含名称、地点、责任人员、事故模式、控制措施等）。

（3）相关人员应按规定对危险源进行检查，并在检查记录本上签字。

3. 监控与管理

（1）对危险源（包括企业确定的危险源）采取措施进行监控，包括技术措施（设计、建设、运行、维护、检查、检验等）和组织措施（职责明确、人员培训、防护器具配置、作业要求等）。

（2）在危险源现场设置明显的安全警示标志和危险源点警示牌（内容包含名称、地点、责任人员、事故模式、控制措施等）。

（3）相关人员应按规定对危险源进行检查，并在检查记录本上签字。

二、危险源监控与管理的标准化考评办法

考评类目	考评项目	考评内容	标准分值	评分标准	自评/评审描述	实际得分
九、危险源监控与管理	9.1 辨识与评估	建立危险源的管理制度，明确辨识与评估的职责、方法、范围、流程、控制原则，回顾、持续改进等。	5	无该项制度的，不得分；制度中缺少相关内容要求的，每处扣2分。		
		按相关规定对本单位的生产设施或所进行危险源辨识、评估，确定危险源（包括企业确定的重大危险源）。	15	未进行辨识和评估的，不得分；未按制度规定严格进行，不得分；辨识和评估不充分、准确的，每处扣5分。		
	9.2 登记建档与备案	对确认的危险源及时登记建档。	10	无危险源档案资料的，不得分；档案资料不全的，每处扣3分。		
		按照相关规定，将重大危险源向安全监管部门和相关部门备案。	10	未备案的，不得分；备案资料不全的，每处扣3分。		
	9.3 监控与管理	对危险源（包括企业确定的危险源）采取措施进行监控，包括技术措施（设计、建设、运行、维护、检查、检验等）和组织措施（职责明确、人员培训、防护器具配置、作业要求等）。	25	未实施监控的，不得分；监控技术措施和组织措施不全的，每处扣5分；有重大隐患或带病运行，严重危及安全生产的，除本分值外再加扣50分。		
		在危险源现场设置明显的安全警示标志和危险源警示牌（内容包含名称、地点、人员、事故模式、控制措施等）。	15	无安全警示标志的，每处扣5分；内容不全的，每处扣2分；警示标志污损或表示不明显的，每处扣3分。		
		相关人员应按规定对危险源进行检查，并在检查记录本上签字。	10	未按规定进行检查的，不得分；检查未签字的，每处扣2分；检查结果与实际状态不符的，每处扣2分。		
	小计		90	得分小计		

第十一节 职业健康的标准化考评项目、内容与考评办法

一、职业健康的标准化考评项目和内容

1. 职业健康管理

（1）建立职业健康的管理制度。

（2）按有关要求，为员工提供符合职业健康要求的工作环境和条件。

（3）建立健全职业卫生档案和员工健康监护档案。

（4）对职业病患者按规定给予及时的治疗、疗养。对患有职业禁忌症的，应及时调整到合适岗位。

（5）定期识别作业场所职业危害因素，并定期进行检测，将检测结果公布、存入档案。

（6）对可能发生急性职业危害的有毒、有害工作场所，应当设置报警装置，制定应急预案，配置现场急救用品和必要的泄险区。

（7）指定专人负责保管、定期校验和维护各种防护用具，确保其处于正常状态。

（8）指定专人负责职业健康的日常监测及维护监测系统处于正常运行状态。

（9）工作场所操作人员每天连续接触噪声的时间、接触碰撞和冲击等的脉冲噪声，应符合《工业企业设计卫生标准》（GBZ1）的规定。

（10）积极采取防止噪声的措施，消除噪声危害。达不到噪声标准的作业场所，作业人员应佩戴防护用具。

2. 职业危害告知和警示

（1）与从业人员订立劳动合同（含聘用合同）时，应将保障从业人员劳动安全和工作过程中可能产生的职业危害及其后果、职业危害防护措施、待遇等如实以书面形式告知从业人员，并在劳动合同中写明。

（2）对员工及相关方宣传和培训生产过程中的职业危害、预防和应急处理措施。

（3）对存在严重职业危害的作业岗位，按照《工作场所职业病危害警示标识》（GBZ158）要求，在醒目位置设置警示标志和警示说明。

3. 职业危害申报

（1）按规定，及时、如实地向当地主管部门申报生产过程存在的职业危害因素。

（2）下列事项发生重大变化时，应向原申报主管部门申请变更：

①新、改、扩建项目；

②因技术、工艺或材料等发生变化导致原申报的职业危害因素及其相关内容发生重大变化；
③企业名称、法定代表人或主要负责人发生变化。

二、职业健康的标准化考评办法

考评类目	考评项目	考评内容	标准分值	评分标准	自评/评审描述	实际得分
十、职业健康	10.1 职业健康管理	建立职业健康的管理制度。	6	无该项制度的，不得分；制度与有关法规规定不一致的，扣3分。		
		按有关要求，为员工提供符合职业健康要求的工作环境和条件。	6	不符合要求的，每处扣2分。一年内有新增职业病患者的，此类目不得分。		
		建立健全职业卫生档案和员工健康监护档案。	6	未进行员工健康检查的，不得分；健康检查每少一人次的，扣2分；无档案的，不得分；每缺少一人档案的，扣2分。		
		对职业病患者按规定给予及时的治疗、疗养，对患有职业禁忌症的，应及时调整到合适岗位。	6	未及时给予治疗、疗养的，不得分；治疗、疗养每少一人的，扣2分；没有及时调整患者的，每人扣2分。		
		定期识别作业场所职业危害因素，并定期进行检测，将检测结果公布、存入档案。	6	未定期识别作业场所职业危害因素的或未进行检测的，不得分；检测项目、地点，有害因素等不符合要求的，每项扣2分；结果未公开公布的，不得分。		
		对可能发生急性职业危害的有毒、有害工作场所，应当设置报警装置，制定应急预案，配置现场急救用品和必要的泄险区。	6	无报警装置，不得分；缺少报警装置或不能正常工作的，每处扣2分；无应急预案的，不得分；无急救设备、冲洗设备，应急撤离通道和必要的泄险区的，不得分。		
		指定专人负责保管、定期校验和维护各种防护用具，确保其处于正常状态。	6	未指定专人保管或未全部定期校验和维护的，不得分；未定期校验和维护的，每处扣2分；校验和维护记录未存档保存的，不得分。		
		指定专人负责职业健康的日常监测及维护，监测系统处于正常运行状态。	6	未指定专人负责的，不得分；人员不能胜任的（含无资格证书或未经专业培训的），每缺少一次的，扣2分；日常监测每处不能正常运行的，扣2分。		
		工作场所操作人员每天连续接触噪声的时间，接触碰撞和冲击等的脉冲噪声，应符合《工业企业设计卫生标准》(GBZ1)的规定。	6	工作场所操作人员每天连续接触噪声的时间，接触脉冲和冲击等的脉冲和冲击次数不符合《工业企业设计卫生标准》的规定的，一处扣2分；未进行噪声检测的，扣2分。		

考评类目	考评项目	考评内容	标准分值	评分标准	自评评审描述	实际得分
		积极采取防止噪声危害的措施，消除噪声危害。达不到噪声标准的作业场所，作业人员应佩戴防护用具。	6	对高噪音场所没有防止噪声措施的，扣2分；达不到噪声标准的作业场所，作业人员没有佩戴防护用具的，扣2分。		
	10.2 职业危害告知和警示	与从业人员订立劳动合同（含聘用合同）时，应将保障从业人员安全和工作过程中可能产生的职业危害及其后果、职业危害防护措施、待遇等如实以书面形式告知从业人员，并在劳动合同中写明。	6	未书面告知的，不得分；告知内容不全的，每缺一项内容的，扣2分；未在劳动合同中写明的（含未签合同的），不得分；劳动合同中写明内容不全的，每缺一项内容，扣2分。		
		对员工及相关方宣传和培训生产过程中的职业危害，预防和应急处理措施。	6	无培训及记录的，不得分；培训无针对性或缺失内容的，每次扣2分；员工及相关方不清楚的，每人次扣2分。		
		对存在严重职业危害的作业岗位，按照《工作场所职业病危害警示标识》（GBZ158）要求，在醒目位置设置警示标志和警示说明。	4	未设置标志的，不得分；缺少标志的，每处扣2分；标志内容（含职业危害的种类、后果、预防以及应急救治措施等）不全的，每处扣2分。		
	10.3 职业危害申报	按规定、及时、如实地向当地主管部门申报生产过程存在的职业危害因素。	4	未申报材料的，不得分；申报内容不全的，每缺少一类扣2分。		
		下列事项发生重大变化时，应向原申报主管部门申请变更： （1）新、改、扩建项目； （2）因技术、工艺或材料等发生变化导致原申报的职业危害因素及其相关内容发生重大变化； （3）企业名称、法定代表人或主要负责人发生变化。	10	未申报的，不得分；每缺少一类变更申请的，扣4分。		
	小计		90	得分小计		

第十二节 应急救援的标准化考评项目、内容与考评办法

一、应急救援的标准化考评项目和内容

1. 应急机构和队伍

（1）建立事故应急救援制度。

（2）按相关规定指定负责安全生产应急管理工作的机构或专职人员。

（3）建立与本单位生产安全特点相适应的专兼职应急救援队伍或指定专兼职应急救援人员。

（4）定期组织专兼职应急救援队伍和人员进行训练。

2. 应急预案

（1）按应急预案编制导则，结合企业实际制定生产安全事故应急预案，包括综合预案、专项应急预案和处置方案。

（2）生产安全事故应急预案的评审、发布、培训、演练和修订应符合《生产安全事故应急预案管理办法》（国家安全监管总局令第 17 号）。

（3）根据有关规定将应急预案报当地主管部门备案，并通报有关应急协作单位。

3. 应急设施装备、物资

（1）按应急预案的要求，建立应急设施，配备应急装备，储备应急物资。

（2）对应急设施、装备和物资进行经常性的检查、维护、保养，确保其完好可靠。

4. 应急演练

（1）按规定组织生产安全事故应急演练。

（2）对应急演练的效果进行评估。

5. 事故救援

（1）发生事故后，应立即启动相关应急预案，积极开展事故救援。

（2）应急结束后应编制应急救援报告。

二、应急救援的标准化考评办法

考评类目	考评项目	考评内容	标准分值	评分标准	自评/评审描述	实际得分
十一、应急救援	11.1 应急机构和队伍	建立事故应急救援制度。	5	无该项制度的，不得分；制度内容不全或针对性不强的，扣2分。		
		按相关规定指定负责安全生产应急管理工作的机构或专职人员。	5	没有指定机构或专人负责的，不得分；机构或专人未及时调整的，每次扣2分。		
		建立与本单位生产安全特点相适应的专兼职应急救援队伍或指定专兼职应急救援人员。	5	未建立队伍或指定专兼职人员，不得分；队伍或人员不能满足要求的，不得分。		
		定期组织专兼职应急救援队伍和人员进行训练。	5	无训练计划和记录的，不得分；未定期训练的，每次扣2分；训练科目不全的，每项扣2分；救援人员不清楚能否熟悉救援装备使用的，每人次扣2分。		
	11.2 应急预案	按应急预案编制导则，结合企业实际制定生产安全事故应急预案，包括综合预案、专项应急预案和处置方案。	5	无应急预案的，不得分；应急预案的格式和内容应符合应急预案方案或应急预案方案的，不得分；无在重点作业岗位应急处置措施的，每处扣2分；未在重点作业岗位公布应急处置方案或有关人员不熟悉应急预案和应急处置方案的，每人次扣2分。		
		生产安全事故应急预案的评审、发布、培训、演练和修订应符合《生产安全事故应急预案管理办法》（国家安全监管总局令第17号）。	5	未定期评审或无有关记录的，不得分；未根据评审结果或实际情况的变化修订的，未及时修订的，不得分；每缺一项（个），扣2分；修订后未正式发布或培训的，扣2分。		
	11.3 应急设施、装备、物资	根据有关规定将应急预案报当地主管部门备案，并通报有关应急协作单位。	5	未按规定进行备案的，不得分；未通报有关应急协作单位的，每个扣2分。		
		按应急预案的要求，建立应急设施，配备、储备应急物资。	5	每缺少一类的，扣2分。		
		对应急设施、装备和物资进行经常性的检查、维护、保养，确保其完好可靠。	5	无检查、维护、保养记录的，不得分；每缺少一项记录的，扣2分；有一处不完好、可靠的，扣2分。		

考评类目	考评项目	考评内容	标准分值	评分标准	自评/评审描述	实际得分
	11.4 应急演练	按规定组织生产安全事故应急演练。	5	未进行演练的，不得分；无应急演练方案和记录的，不得分；演练方案简单或缺乏执行性的，扣2分；高层管理人员未参加演练的，每次扣2分。		
		对应急演练的效果进行评估。	5	无评估报告的，不得分；评估报告未认真总结问题或未提出改进措施的，扣2分；未根据评估的意见修订预案或应急处置措施的，扣2分。		
	11.5 事故救援	发生事故后，应立即启动相关应急预案，积极开展事故救援。	3	未及时启动的，不得分；未达到预案要求的，每项扣1分。		
		应急结束后应编制应急救援报告。	2	无应急救援报告的，不得分；未全面总结分析应急救援工作的，每缺一项，扣1分。		
小计			60	得分小计		

第十三节　事故报告、调查和处理的标准化 考评项目、内容与考评办法

一、事故报告、调查和处理的标准化考评项目和内容

1. 事故报告

（1）建立事故的管理制度，明确报告、调查、统计与分析、回顾、书面报告样式和表格等内容。

（2）发生事故后，主要负责人或其代理人应立即到现场组织抢救，采取有效措施，防止事故扩大。

（3）按规定及时向上级单位和有关政府部门报告，并保护事故现场及有关证据。

（4）对事故进行登记管理。

2. 事故调查和处理

（1）按照相关法律法规、管理制度的要求，组织事故调查组或配合有关政府行政部门对事故、事件进行调查。

（2）按照《企业职工伤亡事故分析规则》（GB6442）定期对事故、事件进行统计、分析。

3. 事故回顾

对本单位的事故及其他单位的有关事故进行回顾、学习。

二、事故报告、调查和处理的标准化考评办法

考评类别	考评项目	考评内容	标准分值	评分标准	自评/评审描述	实际得分
十二、事故报告、调查和处理	12.1 事故报告	建立事故的管理制度，明确报告、调查、统计与分析、回顾、书面报告样式和表格等内容。	5	无该项制度的，不得分；制度与有关规定不符的，扣2分；制度中每缺少一项内容，扣2分。		
		发生事故后，主要负责人或其代理人应立即到现场组织抢救，采取有效措施，防止事故扩大。	4	有一次未到现场组织抢救的，不得分；有一次未采取有效措施，导致事故扩大的，不得分。		
		按规定及时向上级单位和有关政府部门报告，并保护事故现场及有关证据。	4	未及时报告的，不得分；未有效保护现场及有关证据的，不得分；报告的事故信息内容和形式与规定不相符的，扣2分。		
		对事故进行登记管理。	4	无登记记录的，不得分；登记管理不规范的，每次扣2分。		
	12.2 事故调查和处理	按照相关法律法规、管理制度的要求，组织事故调查组或配合有关政府部门对事故、事件进行调查。	4	事故发生后，无调查报告的，不得分；未按"四不放过"原则处理的，每次扣2分；调查报告内容不全的，每次扣2分；相关的文件资料未整理归档的，扣2分。		
		按照《企业职工伤亡事故分析规则》（GB6442）定期对事故、事件进行统计、分析。	4	事故发生后，未统计分析的，不得分；统计分析不符合规定的，扣2分；未向领导层汇报分析结果的，扣2分。		
	12.3 事故回顾	对本单位的事故及其他单位的有关事故进行回顾、学习。	5	未进行回顾的，不得分；有关人员对原因和防范措施不清楚的，每人次扣2分。		
小计			30	得分小计		

第十四节 绩效评定和持续改进的标准化
考评项目、内容与考评办法

一、绩效评定和持续改进的标准化考评项目和内容

1. 绩效评定

（1）建立安全生产标准化绩效评定的管理制度，明确对安全生产目标完成情况、现场安全状况与标准化条款的符合情况及安全管理实施计划落实情况的测量评估方法、组织、周期、过程、报告与分析等要求，测量评估应得出可量化的绩效指标。

（2）通过评估与分析，发现安全管理过程中的责任履行、系统运行、检查监控、隐患整改、考评考核等方面存在的问题，由安全生产委员会或安全领导机构讨论提出纠正、预防的管理方案，并纳入下一周期的安全工作实施计划中。

（3）每年至少一次对安全生产标准化实施情况进行评定，并形成正式的评定报告。发生死亡事故后或生产工艺发生重大变化后，应重新进行评定。

（4）将安全生产标准化工作评定报告向所有部门、所属单位和从业人员通报。

（5）将安全生产标准化实施情况的评定结果，纳入部门、所属单位、员工年度安全绩效考评。

2. 持续改进

（1）根据安全生产标准化的评定结果和安全预警指数系统，对安全生产目标与指标、规章制度、操作规程等进行修改完善，制定完善安全生产标准化的工作计划和措施，实施计划、执行、检查、改进（PDCA）循环，不断提高安全绩效。

（2）安全生产标准化的评定结果要明确下列事项：

①系统运行效果；

②系统运行中出现的问题和缺陷，所采取的改进措施；

③统计技术、信息技术等在系统中的使用情况和效果；

④系统中各种资源的使用效果；

⑤绩效监测系统的适宜性以及结果的准确性；

⑥与相关方的关系。

二、绩效评定和持续改进的标准化考评办法

考评类目	考评项目	考评内容	标准分值	评分标准	自评/评审描述	实际得分
十三、绩效评定和持续改进	13.1 绩效评定	建立安全生产标准化绩效评定的管理制度，明确对安全生产目标完成情况、现场安全状况及安全管理实施过程、组织、过程、报告情况的测量评估方法，组织、过程、报告与分析等应得出可量化的绩效指标。	4	无该项制度的，不得分；制度中每缺少一项要求的，扣2分；制度缺乏操作性和针对性的，扣2分。		
		通过评估与分析，发现安全管理过程中的责任履行、系统运行、检查监控、隐患整改、考核等方面存在的问题，由安全生产委员会或安全领导机构提出纠正、预防的管理方案，并纳入下一周期的安全工作实施计划中。	4	未进行讨论未形成会议纪要的，不得分；纠正、预防的管理方案，未纳入下一周期实施计划的，扣2分。		
		每年至少一次对安全生产标准化实施情况进行评定，并形成正式的评定报告。发生死亡事故后或生产工艺发生重大变化后，应重新进行评定。	4	少于每年一次评定的，扣1分；无评定报告的，不得分；主要负责人未组织和参与评定的，扣1分；评定报告未形成其支撑材料不全的，扣1分；缺少元素内容或实效性分析中提出的纠正措施的落实效果进行评价的，扣2分；发生死亡事故或工艺发生重大变化后未及时重新进行安全标准化评定的，不得分。		
		将安全生产标准化工作评定报告向所有部门、所属单位和从业人员通报。	4	未通报的，不得分；抽查发现有关部门和人员对相关内容不清楚的，每人次扣2分。		
		将安全生产标准化实施情况的评定结果，纳入部门、所属单位、员工年度安全绩效考评。	4	未纳入年度考评的，不得分；年度考评每少一个部门，扣1分；单位、人员，扣1分；年度考评结果未落实到部门、单位、人员的，扣1分。		
	13.2 持续改进	根据安全生产标准化的评定结果和安全预警指数系统，对安全生产目标与指标、规章制度、操作规程等进行修改完善，制定完善安全生产标准化的工作计划和措施，实施计划、执行、检查、改进（PDCA）循环，不断提高安全绩效。	4	未进行安全生产标准化系统持续改进的，不得分；未制定完善安全标准化工作计划和措施的，扣2分；修订完善的记录与安全生产标准化系统评定结果不一致的，每处扣2分。		

考评类目	考评项目	考评内容	标准分值	评分标准	自评／评审描述	实际得分
		安全生产标准化的评定结果要明确下列事项： （1）系统运行效果； （2）系统运行中出现的问题和缺陷，所采取的改进措施； （3）统计技术、信息技术等在系统中的使用情况和效果； （4）系统中各种资源的使用效果； （5）绩效监测系统的适宜性以及结果的准确性； （6）与相关方的关系。	6	安全生产标准化的评定结果要明确的事项缺项，或评定结果与实际不符的，每项扣 3 分。		
	小计		30	得分小计		
	总计		1500	得分总计		

附表

自评扣分点及原因说明汇总表

序号	考评类目	考评项目	考评内容	扣分说明	扣分分值

参考文献

1. 国家安全生产监督管理总局宣传教育中心·《企业安全生产标准化基本规范》解读与实施指南·北京：团结出版社，2011

2. 中国安全生产协会·《企业安全生产标准化基本规范》释义·北京：煤炭工业出版社，2010

3. 国家安全生产监督管理总局宣传教育中心·安全生产法律法规汇编·徐州：中国矿业大学出版社，2010